高 等 院 校 信 息 技 术 规 划 教 材

数据库技术及应用

尹为民 曾 慧 吴迪倩 编著

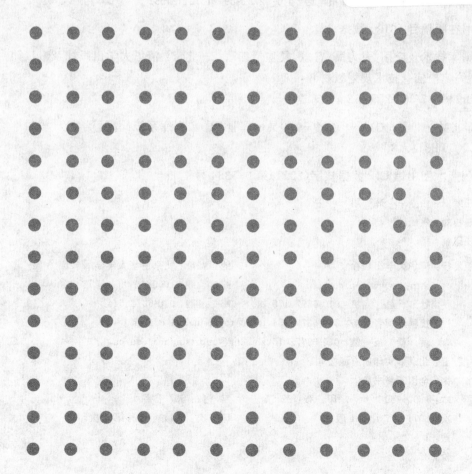

清华大学出版社

北京

内 容 简 介

《数据库技术及应用》是一部关于数据库系统的基本原理与方法、现代技术及应用的教科书。其中分为三个部分：第 1 部分为基础篇，介绍数据库基础知识与基本方法、描述关系数据库语言及关系模式的规范化设计；第 2 部分为技术篇，介绍关系数据库设计方法、数据库系统的调优技术、描述系统建模的新方法与对象关系数据库技术；第 3 部分为应用篇，介绍数据库访问技术与信息系统的结构模式、结合典型的数据库管理系统介绍数据库应用系统的设计与开发、讨论现代数据库技术。本书最后附有数据库设计实例。

本书是作者多年从事数据课程教学与科研实践的结晶，注重核心知识的描述，注意基础理论和现行应用技术的结合，删减繁冗、过时的内容，同时又根据本学科发展的动态，介绍现代数据库系统技术及相关应用知识。本书有相应的课程网站(含配套的课件、练习测试和实习指导等)，以方便师生的教与学。

本书不仅可作为高等院校计算机及相关专业学生数据库课程的教材，还可供从事信息领域工作的科技人员及其他人员参阅。

图书在版编目（CIP）数据

数据库技术及应用/尹为民，曾慧，吴迪倩编著. —北京：清华大学出版社，2011.7
（高等院校信息技术规划教材）
ISBN 978-7-302-25506-2

Ⅰ. ①数…　Ⅱ. ①尹…　②曾…　③吴…　Ⅲ. ①数据库系统－高等学校－教材
Ⅳ. ①TP311.13

中国版本图书馆 CIP 数据核字(2011)第 085384 号

责任编辑：白立军　薛　阳
责任校对：焦丽丽
责任印制：杨　艳

出版发行：清华大学出版社　　　　　　　　　　　地　　　址：北京清华大学学研大厦 A 座
　　　　　http://www.tup.com.cn　　　　　　　邮　　　编：100084
　　　社　总　机：010-62770175　　　　　　　邮　　　购：010-62786544
　　　投稿与读者服务：010-62795954,jsjjc@tup.tsinghua.edu.cn
　　　质　量　反　馈：010-62772015,zhiliang@tup.tsinghua.edu.cn
印　装　者：北京嘉实印刷有限公司
经　　销：全国新华书店
开　　本：185×260　　　　　印　　张：22.75　　　　　字　　数：527 千字
版　　次：2011 年 7 月第 1 版　　　　　　　　　　印　　次：2011 年 7 月第 1 次印刷
印　　数：1～3000
定　　价：35.00 元

产品编号：036936-01

前言

foreword

《数据库技术及应用》是在已有数据库类教材基础上综合、更新、编著而成的,其目的是使该教材更符合当前教学与应用的需要。本教材的编写原则是:根据本学科的发展动态,注重数据库基础理论与应用的结合,介绍数据库系统设计的实用技术,补充数据库系统的新技术及新方法,以适应数据库技术及其应用的快速发展。

从本书的组织结构来看,全书内容分三个部分共10章:

第1部分是关于数据库系统的基础知识,包括第1~3章,主要介绍关系数据库系统的基本概念、关系模型、关系数据库语言以及关系模式的规范化设计。

第2部分介绍数据库设计与数据库系统管理技术,包括第4~6章,主要介绍数据库设计、数据库系统调优方法,数据库安全、完整性控制与事务管理技术,描述数据库系统建模的UML(统一建模语言)方法与对象关系数据库技术。

第3部分关于数据库系统应用技术,包括第7~10章,主要介绍数据库访问技术与信息系统的结构模式,讲解具体数据库应用系统的设计与实现,介绍现代数据库系统的特点及相关技术。

这是一部关于现代数据库系统的基本方法、技术和应用的教科书,具有以下特点:

(1)本教材根据《高等学校计算机科学与技术专业公共核心知识体系与课程》中数据库系统部分的教学大纲与知识单元编写而成,参照了《中国高等学校计算机科学与技术专业(应用型)学科教程》纲要,使之具有符合技术应用与发展要求的知识结构。

(2)本教材简练地介绍数据库的基本技术和方法,补充新型数据库系统的主要技术及知识,强调数据库系统的主流技术,突出数据库技术与实践紧密结合的特征,结合现代的软、硬件环境及应用实例讲解。

(3)有丰富的教学辅助资源,如有配套课程网站(含配套的课件、练习测试和实习指导等)以方便教学。动态更新的课件可从武汉大学计算机学院的精品课程网站上获取(http://webclass.whu.edu.cn/database/db_web/index.aspx)。

  本书力求用勤勉的工作、自己的思考诠释专业规范的思想,把新的课程体系和教学内容生动地表述出来,着眼于帮助学生既掌握数据库系统的基本技术和方法,又了解现代数据库系统应用的特点及技术发展趋势。

  曾慧编著了本书的第3、4、8章及附录的主要内容,尹为民编著了本书的其余章节并负责全书的统稿,参加编写的有华师一附中的吴迪倩、武汉大学的石磊及黄倩同学,他们参与编写了本书的第8章、第9章中的数据库应用系统设计示例及附录部分的实例,并涉及程序调试、英语翻译、图表制作等工作。

  本书存在的不足或疏漏之处,恳请广大读者批评指正。

作　者

2011 年 2 月于武汉大学

目录

contents

第1部分 基 础 篇

第 2 部分　技　术　篇

第3部分　应　用　篇

第 1 部分

基 础 篇

第 1 章

数据库系统导论

数据是人类活动的重要资源。数据管理技术的优劣,直接影响数据处理的效率。数据库技术正是瞄准这一目标,发展起来的专业技术,它主要研究如何存储、使用和管理数据。数据库系统就是研究如何高效地存取和科学地管理数据的计算机系统。

本章主要描述数据库技术的基本概念、基本数据模型及信息模型的表示,介绍数据库系统的结构、组成及特点。

1.1 数据库与信息系统

数据库技术是计算机科学技术中发展最快的领域之一,它的出现使得计算机应用渗透到工农业生产、商业管理、科学研究、工程技术以及国防军事等各个领域。安全可靠的数据库已成为计算机信息管理及其应用系统的重要基石。现在,数据库系统的建设规模,数据库描述信息量的大小以及网络应用的程度已成为衡量一个部门信息化程度的重要标志。

那么,数据库管理技术是怎样发展而来的? 什么是数据库? 什么是数据库管理系统? 什么是数据库系统? 数据库与信息系统的关系是什么? 这就是本节要介绍的内容。

初学者可以把数据库想象成存放数据的仓库,那么数据库管理系统(Data Base Management System,DBMS)这个软件就是仓库保管员,数据库系统就对应整个仓库部门(包括仓库保管员、所有的货物及其存储管理设施),而信息系统就是建立在仓库之上的数据加工厂。

1.1.1 数据管理的发展

数据管理是研究如何对数据分类、组织、编码、存储、检索和维护的一门技术,是数据处理的核心。数据库技术是应数据管理的需要而产生的,而数据管理又是随着计算机技术的发展而完善的。数据管理经历了人工管理、文件系统管理、数据库系统管理 3 个阶段。

1. 人工管理

人工管理阶段是计算机数据管理的初级阶段。当时计算机主要用于科学计算,数据量少、不能保存。由于当时没有专门的软件对数据进行管理,程序员在设计程序时不仅要规定数据的逻辑结构,而且还要设计其物理结构,即数据的存储地址、存取方法、输入输出方式等,这样使得程序与数据相互依赖、密切相关,一旦数据的存储地址、存储方式稍有改变,就必须修改相应的程序。此外,数据面向应用,多个应用涉及的数据相同时,由于用户各自定义自己的数据,无法共享,因此存在大量的数据冗余。

人工管理阶段的主要问题是:数据不能长期保存;数据不能共享、冗余度极大;数据独立性差(即数据与程序之间相互依赖性强)。

2. 文件系统管理

20 世纪 50 年代末,计算机不仅用于科学计算,而且大量用于数据管理,同时磁盘、磁鼓等大容量直接存储设备的出现,可以用来存放大量数据。操作系统中的文件系统就是专门用来管理所存储数据的软件。

这一阶段数据管理的特点有:数据可以长期保存;对文件进行统一管理,实现了按名存取,文件的逻辑结构与物理结构分开,数据在存储器上的物理位置、存储方式等的改变不会影响用户程序;文件系统实现了一定程度的共享(文件部分相同,则难以共享);文件是为某一特定应用服务的,难以在已有数据上增加新的应用、不易扩充。一旦数据的逻辑结构改变,必须修改文件结构的定义,修改应用程序。文件之间相对独立、有较多的数据冗余、应用设计复杂、使用不便。

文件系统管理的主要问题是:逻辑数据独立性较差,数据冗余度较大,文件应用编程复杂。

3. 数据库系统管理

随着数据管理的规模日趋增大,数据量急剧增加,文件系统管理已不能适应需求。20 世纪 60 年代末数据库技术应运而生。数据库系统对数据的管理方式与文件系统不同,它把所有应用程序中使用的数据汇集起来,按一定结构组织集成,在 DBMS 软件的统一监督和管理下使用,多个用户、多种应用可充分共享。数据库管理技术的出现为用户提供了更广泛的数据共享和更高的数据独立性,并为用户提供了方便的操作使用接口。现代数据库管理正向着综合集成、智能化的数据库服务系统时代迈进!

数据管理经历的各个阶段有自己的背景及特点,数据管理技术也在发展中不断地完善,其 3 个阶段的比较如表 1-1 所示。

表 1-1　数据管理 3 个阶段的比较

数据管理的 3 个阶段		人工管理 (20 世纪 50 年代中期)	文件系统(20 世纪 50 年代末—60 年代中期)	数据库系统 (20 世纪 60 年代后期至今)
背 景	应用背景	科学计算	科学计算、管理	大规模数据、分布数据的管理
	硬件背景	无直接存取存储设备	磁带、磁盘、磁鼓	大容量磁盘、可擦写光盘、按需增容磁带机等
	软件背景	无专门管理的软件	利用操作系统的文件系统	由 DBMS 支撑
	数据处理方式	批处理	联机实时处理、批处理	联机实时处理、批处理、分布处理

续表

数据管理的 3 个阶段		人工管理 (20 世纪 50 年代中期)	文件系统(20 世纪 50 年代末—60 年代中期)	数据库系统 (20 世纪 60 年代后期至今)
特点	数据的管理者	用户/程序管理	文件系统代理	由 DBMS 管理
	数据应用的扩充	面向某一应用程序、难以扩充	面向某一应用系统、不易扩充	面向多种应用系统、容易扩充
	数据的共享性	无共享、冗余度极大	共享性较差、冗余度大	共享性好、冗余度小
	数据的独立性	数据的独立性差	物理独立性好,逻辑独立性差	具有高度的物理独立性、具有一定的逻辑独立性
	数据的结构化	数据无结构	记录内有结构、整体无结构	统一数据模型、整体结构化
	数据控制能力	应用程序自己控制	由 OS 提供基本存取控制	由 DBMS 提供数据的安全性、完整性、并发控制及恢复功能

1.1.2　数据库基本概念

1. 数据与信息

现代社会是信息的社会,信息以惊人的速度增长。因此,如何有效地组织和利用它们成为急需解决的问题。引入数据库技术的目的就是为了高效地管理及共享大量的信息,而信息与数据是分不开的。

数据是描述事物的符号记录,也是数据库中存储、用户操纵的基本对象。数据不仅是数值,还可以是文字、图形、图像、声音、视频等。数据是信息的符号表示。例如描述 2011 年武汉大学计划招生信息,可用一组数据"2011 年,92 个专业,招生 7900 人"。这些符号被赋予了特定的语义,具体描述了信息,因此它们就具有了传递信息的功能。

信息是有一定含义的,经过加工处理的,对决策有价值的数据。例如:气象局每天从各地收集到大量有关气象的图形或文字记录,包括各地温度、湿度、风力、阴晴等的具体描述,这些就是表示各地气象信息的数据。当气象局对这些数据进行综合处理、分析、判断,做出气象预报时,人们可以根据气象预报安排生产和生活。这些处理过的数据又表示了对决策或行动有价值的新的信息。因此,信息是对现实世界中存在的客观实体、现象、联系进行描述的有特定语义的数据,它是人类共享的一切知识及客观加工提炼出的各种消息的总和。

信息与数据的关系可以归纳为:数据是信息的载体,信息是数据的内涵。即数据是信息的符号表示,而信息通过数据描述,又是数据语义的解释。

2. 数据库

数据库(Data Base,DB)是按一定结构组织并长期存储在计算机内的、可共享的大量数据的有机集合。

说明：

（1）数据库中的数据是按一定的结构——数据模型来进行组织的，即数据间有一定的联系以及数据有语义解释。数据与对数据的解释是密不可分的，如：2010，若描述一个人的出生日期，表示 2010 年；若描述跑道的长度则表示 2010 米。

（2）数据库的存储介质通常是硬盘，也用磁带、光盘、优盘等，故可大量地、长期地存储及高效地使用。

（3）数据库中的数据能为众多用户所共享，能方便地为不同的应用服务。

（4）数据库是一个有机的数据集成体，它由多种应用的数据集成而来，故具有较少的冗余、较高的数据独立性。

3. 数据库管理系统

数据库管理系统（DBMS）是管理和维护数据库的系统软件，是数据库和用户之间的一个接口，其主要作用是在数据库建立、运行和维护时对数据库进行统一的管理控制和集成服务。

说明：

（1）从操作系统角度：DBMS 是使用者，它建立在操作系统的基础之上，需要操作系统提供底层服务。如创建进程、读写磁盘文件、CPU 和内存管理等。

（2）从数据库角度：DBMS 是管理者，是数据库系统的核心，是为数据库的建立、使用和维护而配置的系统软件，负责对数据库进行统一的管理和控制。

（3）从用户角度：DBMS 是工具或桥梁，是位于操作系统与用户之间的一层数据管理软件。用户发出的或应用程序中的各种操作数据库的命令，都要通过它来执行。

DBMS 主要功能有：对用户提供数据库定义、建立、操作和维护功能；对数据库系统提供事务运行、安全控制、组织与存储管理功能。

产业化的 DBMS 称为数据库产品，常用的数据库产品有 Oracle、DB2、SQL Server、SyBase、FoxPro、MySQL 等。

4. 数据库系统

数据库系统（Data Base System，DBS）是实现有组织地、动态地存储大量关联数据、方便多用户访问的计算机软件、硬件和人组成的系统。

在一般计算机系统中引入数据库技术后即形成数据库系统，故可简单地说数据库系统是具有管理数据库功能的计算机系统，其简化表示为：

$$DBS = 计算机系统（硬件、软件平台、人）+ DBMS + DB$$

数据库系统包含了数据库、DBMS、软件与硬件支撑环境以及各类人员；DBMS 在操作系统（OS）支持下，对数据库进行管理与维护，并提供用户对数据库的操作接口。它们之间的关系如图 1-1 所示。

图 1-1　DB、DBMS、DBS 之间的关系

5. 信息系统

信息系统(Information System,IS)是由计算机硬件、网络和通信设备、计算机软件、信息资源、信息用户等组成的以处理信息流为目的的人机一体化系统。它是具有对信息进行加工处理、存储和传递,同时具有预测、控制和决策等功能的人-机系统。

一个完整的信息系统应包括:控制与自动化系统、辅助决策系统、数据库、知识库以及与外界交换信息的接口等。它是一个人机系统 、一个综合系统、一个动态的管理系统。

信息系统的 5 个基本功能是:输入、存储、处理、输出和控制。信息系统的输入功能取决于系统所要达到的目的及系统的能力和信息环境的许可;存储功能指的是系统存储各种信息资料和数据的能力;处理功能可基于联机分析处理和数据挖掘技术;信息系统的各种功能都是为了保证实现最佳的输出功能;控制功能对构成系统的各种信息处理设备进行控制,对整个信息加工、处理、传输、输出等环节进行管理。

从信息系统的发展和系统特点来看,可大致分为数据处理系统、管理信息系统、决策支持系统、专家系统(人工智能的一个子集)和虚拟办公系统等类型。无论属于哪种类型,它都需要基础数据库与数据管理的支持。所以数据库技术是信息系统的重要支撑技术。信息系统的基本组成如图 1-2 所示。

图 1-2　信息系统的基本组成

1.2　数据模型与信息模型

数据库系统是一个基于计算机的、统一集中的数据管理机构。而现实世界是纷繁复杂的,那么现实世界中各种复杂的信息及其相互联系是如何通过数据库中的数据来反映的呢? 这就是本节要讨论的问题。

1.2.1　三个世界及其联系

现实世界错综复杂联系的事物最后能以计算机所能理解和表现的形式反映到数据库中,这是一个逐步转化的过程,通常分为三个阶段,称之为三个世界,即现实世界、信息世界及机器世界(即计算机世界)。现实世界存在的客观事物及其联系,经过人们大脑的认识、分析和抽象后,用物理符号、图形等表述出来,即得到信息世界的信息,再将信息世界的信息进一步具体描述、规范并转换为计算机所能接受的形式,则成为机器世界的数据表示。三个世界及其联系如图 1-3 所示。

图 1-3　三个世界及其联系

1. 现实世界

现实世界就是客观存在的世界,它是由事物及其相互之间的联系组成。在现实世界中,人们通常选用感兴趣的以及最能表示事物本质的若干特征来描述事物。如在人事档案管理中,人的特征可用姓名、性别、住址等,还可用表示人的生理特征的数据如身高、指纹、相片等来表示。同时事物之间的联系也是丰富多样的。如在学校,有教师与学生的教学关系、管理关系、学生与课程的选课关系等。要想让现实世界在计算机的数据库中得以展现,重要的就是将那些最有用的事物特征及其相互间的联系提取出来。

2. 信息世界

现实世界中的事物及其联系由人们的感官感知,经过人们头脑的分析、归纳、抽象,形成信息。对这些信息进行记录、整理、归类和形式化后,形成一些基本概念及联系,它们就构成了信息世界。信息世界是一种相对抽象与概念化的世界,它介于现实世界与计算机世界之间，起着承上启下的作用。信息世界的基本概念有以下几种：

（1）实体。将现实世界中客观存在，并能相互区分的事物经过加工，抽象成为信息世界的实体。实体是信息世界的基本单位，它可指事物，也可指事物之间的联系；它可以是具体的，也可以是抽象的。例如，一个学生、一门课程、一个公司等均为具体的实体，而一个学生选课、一个公司里雇主与雇员间的雇佣关系等都是抽象的实体，它们反映的是实体之间的联系。信息模型是反映实体集及实体集之间联系的一个抽象模型。

（2）属性。属性指实体所具有的某方面特性。现实世界中的事物都具有一些特征，这些特征在信息世界中通过与其对应的实体反映出来。人们抽取出实体的有用特征后，用属性名来表示。一个实体可由若干属性来刻画。例如，学生实体可用学号、姓名、性别、入学时间等属性来描述。属性类型通常分为：

① 简单属性和复合属性。简单属性也称为原子属性，就是不可再分的属性。例如，人的姓名、性别、年龄。复合属性可以被分解为更简单、更基本的属性。例如，地址这个属性可进一步划分为省、市、区、街道、邮编，故地址就是一个复合属性。若复合属性只作为整体进行引用，则不必将其划分为子属性，而直接作为属性。复合属性的值是由组成它的简单属性的值所构成。

② 单值属性和多值属性。通常，一个实体的某个具体属性只有一个值，这样的属性称为单值属性。如人的年龄。而有些属性可能有多个值，这样的属性称为多值属性。如汽车实体的属性颜色就是个多值属性，因为对于同色的汽车，其颜色只有一个值，而对于双色的汽车，其颜色就不止一个值了。又如经理可能有多个联系的电话号码。

③ 存储属性和派生属性。存储属性和派生属性也称基本属性和导出属性。如学生的平均成绩是由学生的各科成绩总和、再平均计算后得到的。因此，学生的各科成绩是基本属性，而平均成绩就是派生属性。又如，销售商品的总量是由每种商品的销售量统计而来的，故它是派生属性，而每种商品的销售量是基本属性。

（3）属性域。属性域指属性的取值范围。每种属性都有值，而且具有一定的取值范围，此范围称为属性域。例如，职工年龄的域为大于 18 小于 65 的整数，性别的域为男或女。

（4）实体键（又称实体码）。实体键是能唯一标识每个实体的最小属性集。每一个实体集一定有实体键。例如，学号是学生实体的键，每个学生的学号都唯一代表了一个学生。而驾驶执照号则是司机实体的键。

（5）实体型。实体与属性均有"型"和"值"之分。实体型是对某一类数据的结构和特征的描述，它是用实体名及其属性名集合来抽象和刻画同类实体的。如：学生（学号，姓名，性别，所属院系，年龄，年级）是一个实体型，而选课（学号，课名，成绩）也是一个反映联系的实体型。

实体值是实体型的一个具体内容，是由描述某实体型的各属性值构成。如：（99004，王小明，女，信息学院，19，2010）以及（99004，数据库技术，92）均是实体值。

（6）实体集。实体集是指同类型实体的集合。例如，全体学生就是一个实体集。全部图书也是一个实体集。具体表示时，一个文件（或表）中每条记录（一行）是一个实体，表中所有实体具有相同的属性集合即相同的型，因此构成一个实体集。说明：实体集既包含了值又隐含了型。

3. 机器世界

用计算机管理信息,必须对信息进行数据化,数据化后的信息则成为机器世界的数据,数据是能够被计算机识别、存储并处理的。在机器世界采用记录、数据项来描述信息世界的实体及属性。数据模型是一种表示数据及其联系的模型,是对现实世界数据特征与联系的反映与刻画。

4. 两类模型

在现实世界里,常常用物理模型对某个对象进行抽象并模拟。如:建筑模型,它反映了该建筑的风格、外貌、类型及特征。在机器世界里,常常用数据模型来对某个对象进行抽象表示。如:一栋建筑用"钢混结构、楼层、房间数、位置、总面积⋯⋯"等一系列数据来表示,它描述了该建筑的形式、组成与特征。

在数据库技术中,根据模型应用的不同目的,划分为两类:信息模型(也称概念模型)和数据模型。

在信息世界中,对所研究的信息需建立一个抽象的模型,以反映实体集及实体集之间的联系,人们称之为信息模型。它是从用户的观点来对数据建模,主要用于数据库设计。在机器世界则采用数据模型来具体描述、刻画实体集及实体集之间的联系,它是从计算机系统的观点来对数据建模,主要用于 DBMS 的实现。

在不同的环境下解释同一个客观对象时,以不同的方式进行描述,即描述同一个客观对象在信息世界用信息模型,在机器世界用数据模型。

1.2.2　信息模型的表示

信息模型是现实世界到机器世界的一个中间层次。现实世界的事物反映到人的大脑中,人们把这些事物首先抽象为一种既不依赖于具体的计算机系统又不受某一 DBMS 所左右的信息模型,然后再把信息模型转换为计算机上某一 DBMS 支持的数据模型。

1. 实体集间的联系

实体集间的联系包括两种:实体集之间的联系与实体集内部的联系。

实体集之间的联系是指不同实体集之间的联系。例如:学生集合与教师集合、学院集合与班级集合的联系。

实体集内部的联系指实体集的各属性之间的相互联系。例如:学生实体集的"姓名"与其"借书证号"有一个对应关系;"教工"实体集的"职称"与"指导研究生"之间有一定的约束联系,若为初级职称,则不能指导研究生。

两个实体集间的联系分为如下三类:

(1) 一对一联系(1∶1)。对于实体集 X 中的每一个实体,实体集 Y 中有 0 个或 1 个实体与之联系,反之亦然,则称实体集 X 与实体集 Y 之间具有一对一的联系,如图 1-4(a)所示。

例如：一个班级只有一个班长，一个班长仅在一个班中任职，则班级与班长之间具有一对一联系。另外，病人与病床、公司与总经理等均有一对一联系。

(2) 一对多联系(1:n)。对于实体集 X 中的每一个实体，实体集 Y 中有 0 个或多个实体与之联系，反之，对于实体集 Y 中的每一个实体，实体集 X 中有 0 个或 1 个实体与之对应，则称实体集 X 与实体集 Y 具有一对多的联系，如图 1-4(b)所示。

例如：一个班级有若干个学生，每个学生只在某一个班级中学习，则班级与学生之间具有一对多联系。此外，单位与所属职工、大学与所具有的教学楼等均有一对多联系。

(3) 多对多联系(m:n)。对于实体集 X 中的每一个实体，实体集 Y 中有 0 个或多个实体与之联系，反之，对于实体集 Y 中的每一个实体，实体集 X 中有 0 个或多个实体与之对应，则称实体集 X 与实体集 Y 之间具有多对多的联系，如图 1-4(c)所示。

例如：一门课程同时有若干个学生选修，而一个学生同时可选修多门课程，则课程与学生之间具有多对多联系。此外，运动员与项目、售货员与顾客等均有多对多联系。

(a) 1:1联系　　　　(b) 1:n联系　　　　(c) m:n联系

图 1-4　实体集之间的联系

2. 信息模型的表示

信息模型的表示方法有多种，最常用的一种是实体—联系(Entity-Relationship)方法，简称 E-R 法。该方法用 E-R 图来描述现实世界的信息模型，故又称实体联系模型。E-R 图提供了表示实体集、属性和联系的方法。在 E-R 图中，事物用实体集表示，事物的特征用属性表示，事物之间的关联用联系表示。实体联系模型是数据库设计的有效工具。

E-R 图中的基本成分如下：

(1) 实体集：用矩形表示，矩形框内标注实体集名(一般用名词)。

(2) 属性：用椭圆形表示，椭圆形框内标注属性名(一般用名词)，并用无向边将其与相应的实体集连接起来。

(3) 联系：用菱形表示，菱形框内标注联系名(一般用动词)，并用无向边分别与有关实体集连接起来，同时在无向边旁标上联系的类型(1:1、1:n 或 m:n)。

用 E-R 图表示的信息模型示例如图 1-5 所示。该图反映了实体集学生与课程、课程与院系的属性及其联系。需要说明的是，联系上也可以有属性，如：属性成绩是学生与课程发生联系——选课的结果，故作为联系上的属性。

图 1-5　用 E-R 图表示的信息模型

1.2.3　数据模型的组成

数据模型是表示实体集及实体集之间联系的模型。它是在信息模型的基础上建立的一个适于计算机表示的数据库层的模型,是对信息世界进一步数据描述得到的模型。

1. 数据模型的三要素

一个数据模型应当描述数据对象的三个要素:数据结构、数据操作和数据的完整性约束。

(1) 数据结构。数据结构是指数据对象类型的集合,它描述数据对象的数据类型、性质、内容以及数据对象之间的联系。数据结构是对数据库静态特性的描述。

说明:

① 数据库对象类型的集合包括两类。

第一类是与数据类型、性质有关的对象,如关系模型中的域、属性、关系等。

第二类是与数据之间联系有关的对象,如关系模型中的各种键。

② 数据结构是描述数据模型最重要的方面,通常按数据结构的类型来命名数据模型。如:层次结构即树结构的数据模型叫层次模型,网状结构即图结构的数据模型叫网状模型,关系结构即表结构的数据模型叫关系模型。

③ 表示数据之间的联系有隐式的和显式的两类。隐式联系是指通过数据本身关联或相对位置顺序表明联系,显式联系是指通过附加指针表明联系或直接表示。

(2) 数据操作。数据操作指对数据库中各种数据值允许进行的操作的集合,包括操作语言及有关操作规则。在数据模型中须对其详细定义。数据操作是对数据库动态特性的描述。

说明:

① 数据库主要有查询和更新(包括插入、删除、修改)两大类操作。

② 数据模型必须定义这些操作的确切含义、操作符号、操作规则(如优先级)以及实现操作的语言。

(3) 数据的完整性约束。数据的完整性约束是一组数据完整性规则的集合。它是对数据以及数据之间关系的制约和依存规则。

说明:完整性规则是给定的数据模型中数据及其联系所具有的约束和存储规则,用以限定符合数据模型的数据库状态以及状态的变化,以保证数据的正确、有效、相容。如限定：学生成绩应在 0～100 分之内；一个学校的学生证编号应是唯一的；学生所选的课程应是已经开设的课程等。

2. 数据模型的分类

常见的数据模型大体可分为以下几类：

(1) 三种基本数据模型。基本数据模型指层次模型、网状模型和关系模型。层次模型将数据库的数据按树结构的形式进行组织。网状模型将数据库的数据按图结构的形式进行组织。关系模型将数据库的数据按表结构的形式进行组织，关系数据模型是当今数据库中最主要的基本模型。它们都以数据项组成的数据记录作为数据结构的基本单元。

(2) 面向对象数据模型。面向对象数据模型以对象类及其类层次为基本的数据结构，采用了面向对象方法中的对象、方法、消息、属性、继承等概念，对现实世界的抽象更为自然和直接。该模型能描述复杂世界，具有较强的灵活性、可扩充性与可重用性。

(3) 谓词模型(逻辑模型)。谓词模型是一种基于逻辑的数据模型，它用一阶谓词及谓词公式表示实体集、属性、联系与完整性约束等，以建立数据的抽象模型。该模型表现力强、形式简单，是演绎数据库及知识库的主要模型。

(4) XML 数据模型。XML(Extensible Markup Language，可扩展的标记语言)是互联网上数据表示和交换的标准。网页数据是一种特殊的半结构化数据。XML 数据模型本身是树状模型，一篇格式良好且有效的 XML 文档经过解析之后，就会在内存中建立一棵树。因此，对于现实世界中数据具有的次序语义和层次结构，该数据模型能够方便地表示和便于动态维护。因为 XML 是层次化的，故很容易以自然的格式捕捉不同数据之间的关系。

(5) 扩充的数据模型。在基本数据模型基础上进行扩充、综合多种模型的特点所得到的模型，这类模型扬长避短，具有多种模型的优势。如：对象关系模型、数据联合模型等。

从数据库发展历史看，按数据模型来划分，数据库可分为：①层次数据库；②网状数据库；③关系数据库；④面向对象数据库；⑤对象关系数据库；⑥XML 数据库；⑦演绎数据库；⑧智能数据库。

1.2.4 基本数据模型

数据库系统中，基本数据模型有三种：层次模型、网状模型和关系模型。

1. 层次模型

层次模型是数据库系统中最早出现的数据模型。层次模型用树形结构表示各类实体集以及实体集间的联系。20 世纪 60 年代末，层次模型数据库系统曾流行一时。其中最具代表性的是美国 IBM 公司的 IMS(Information Management Systems)。

(1) 层次模型的数据结构。层次模型是用树形结构来表示各类实体集以及实体集间的联系。图 1-6(a)给出了一个层次模型。它表示了该层次数据库的型，其层次模型所对应数据库的部分值如图 1-6（b）所示。层次模型对父子实体集间具有一对多的层次关系的描述非常自然、直观、容易理解。层次模型具有两个较为突出的问题：首先，在层次模型中具有一定的存取路径，需按路径查看给定记录的值。其次，层次模型比较适合于表示数据记录类型之间的一对多联系，而对于多对多的联系难以直接表示，需进行转换，将其分解成若干个一对多联系。

(a) 教师—学生层次数据库模型

(b) 教师—学生层次数据库的值

图 1-6　层次数据库的型和值示例

（2）层次模型的数据操作。数据库的基本操作包括：数据记录的查询、插入、删除和修改等操作。层次模型的物理数据常用两种存储方法：按先根次序顺序存储及用左孩子右兄弟链式存储。故层次模型支持按层次顺序查询和按层次路径查询操作。由此可知，对层次模型数据库中的数据进行查询操作时，操作者必须熟悉数据的层次结构，而且每次操作只能取一个记录，若要取多个记录，必须使用循环。此外，系统提供给用户的数据库语言为过程化的语言，数据独立性较差。

（3）层次模型的数据完整性约束。层次数据的结构特性使得对层次模型数据库进行插入、删除、修改操作时必须遵守父子约束、一致性约束、数据的型和值需保持树形结构等。层次模型的数据结构组织，使得它适应变化的能力非常差。在层次模型中，不能改变原数据库结构中所定义的记录型间的父子关系，否则就要对整个数据库进行重新组织，这无疑大大增加了系统的开销，且难以适应许多动态变化的应用环境。

（4）层次模型的优缺点。层次模型的主要优缺点如下：

① 数据结构较简单，查询效率高；

② 提供良好的完整性支持；

③ 不易表示多对多的联系；

④ 数据操作限制多、独立性较差。

2. 网状模型

现实世界中广泛存在的事物及其联系大都具有非层次的特点,若用层次结构来描述,既不直观,也难于理解。于是人们提出了另一种数据模型——网状模型,其典型代表是 DBTG 系统,它是 20 世纪 70 年代数据系统语言研究会下属的数据库任务组(Data Base Task Group,DBTG)提出的一个系统方案。该方案代表着网状模型的诞生。

网状模型是一个图结构,它是由字段(属性)、记录类型(实体型)和系(set)等对象组成的网状结构的模型。从图论的观点看,它是一个不加任何条件的有向图。

(1) 网状模型的数据结构。网状模型是用图结构来表示各类实体集以及实体集间的联系。网状模型与层次模型的根本区别是:一个子节点可以有多个父节点,在两个节点之间可以有多种联系。同样,网状模型对于多对多的联系难以直接表示,需进行转换,将其分解成若干个一对多联系。网状数据库的型与值示例,如图 1-7 所示。

(a) 学生—选课—课程网状数据库模型

(b) 学生—选课—课程网状数据库的值

图 1-7 网状数据库型与值示例

(2) 网状模型的数据操作。包括查询、插入、删除和修改等操作,使用的是过程化语言。网状模型数据库值的存储常用链接法。由于实体集间的联系本质上通过存取路径指示的,因此网状数据库是导航式数据库,用户在对数据库进行操作时,必须说明做什么,如何做。如进行查询操作时,不仅要在语句中说明查询对象,还要规定其存取的路径。

(3) 网状模型的数据完整性约束。对网状数据模型数据库进行插入、删除、修改操作时必须遵守的主要约束是父子约束、主从约束。

（4）网状模型的优缺点。网状模型的主要优缺点如下：

① 较为直接地描述现实世界；

② 存取效率较高；

③ 结构较复杂、不易使用；

④ 数据独立性较差。

3. 关系模型

关系模型是最重要的一种基本模型。美国 IBM 公司的研究员 E. F. Codd 于 1970 年首次提出了数据库系统的关系模型。关系模型的建立，是数据库历史发展中最重要的事件。过去 40 年中大量的数据库研究都是围绕着关系模型进行的。数据库领域当前的研究多数是以关系模型及其方法为基础扩展、延伸的。

一个关系模型的数据结构是若干二维表结构，它表示不同的实体集及实体集之间的联系。在关系模型中，通常把二维表称为关系，二维表由行和列组成。每行称为一个元组，每列称为一个属性。

与网状和层次模型不同，关系模型中，实体集之间的联系是通过表格自然表示的。此外，表之间还有型和值的隐式联系（用于完整性约束和关联查询），均不需人为设置指针。关系模型的数据结构示例如图 1-8 所示，虚线表示隐式联系。

图 1-8　关系模型的数据结构示例

由于数据本身和数据之间的联系均是通过表结构描述，故物理存储时，数据只需以文件的形式存储即可。关系模型的数据操作主要包括查询和更新数据。这些操作必须满足关系的完整性约束（具体将在第 2.1 节介绍）。

关系模型的主要优缺点为：有坚实的理论基础；结构简单、易用；数据独立性及安全性好；查询效率较低。

说明：由于表结构是一种线性结构，且存取路径对用户透明，故查询效率往往不如非关系数据模型。此外，它在执行查询操作时，还需要执行一系列的检索表、拆分表、连接、合并表操作，故较耗时。因此，为了提高性能，系统必须对用户的查询请求进行优化，这增加了 DBMS 的负担。

20 世纪 80 年代以来，计算机厂商新推出的 DBMS 几乎都支持关系模型，非关系系统的产品也大都加上了关系接口。由于关系模型具有坚实的逻辑和数学基础，使得基于关系模型的 DBMS 得到了最广泛的应用，占据了数据库市场的主导地位。

4. 基本数据模型的比较

三种基本数据模型之间的比较如表 1-2 所示。

表 1-2　三种基本数据模型比较

特点 模型	数据结构	联系表示的特点	联系的方式	使用与效率	数据操作语言	理论基础
层次模型	树结构	适于表示 $1:n$ 层次联系	通过指针（或路径）	较难使用效率较高	过程化	无
网络模型	图结构	可间接表示 $m:n$ 联系	通过指针（或路径）	使用复杂效率较高	过程化	无
关系模型	表结构	便于表示 $m:n$ 联系	自然联系及创建联系	容易使用效率较低	非过程化过程扩展	关系理论

说明：同一客观事物可以用若干不同的数据模型来描述。层次、网状和关系三种模型描述可以相互转换。采用先进查询优化技术的现代关系数据库系统的操作效率，已超过了传统的建立在层次、网状模型上的数据库系统。

1.3　数据库系统

要了解数据库系统，首先需要了解其结构。从数据库管理系统角度来看，数据库系统内部的体系结构通常采用三级结构。从最终用户角度来看，数据库系统外部的体系结构，即数据库应用体系结构分为单用户式、主从式、分布式、客户/服务器式和并行结构等。本节仅介绍前一种。后一种将在第 7.4 节中介绍。

1.3.1　数据库系统的结构

数据库系统的结构是由子模式、模式和内模式三级结构组成。数据库系统的三级结构如图 1-9 所示。

图 1-9　数据库系统的三级结构

1. 模式（Schema）

模式（也称概念模式或逻辑模式）是数据库中全体数据的逻辑结构和特征的描述，是所有用户的公用数据库结构。它描述了现实世界中的实体及其性质与联系，具体定义了记录型、数据项、访问控制、保密定义、完整性约束以及记录型之间的各种联系。

说明：

（1）一个数据库只有一个模式。

（2）模式与具体应用程序无关，它只是装配数据的一个框架。

（3）模式用语言描述和定义，需定义数据的逻辑结构、数据有关的安全性等。

2. 子模式（External Schema）

子模式（也称外模式或用户模式）是数据库用户所见和使用的局部数据的逻辑结构和特征的描述，是用户所用的数据库结构。子模式是模式的子集，它主要描述用户视图的各记录的组成、相互联系、数据项的特征等。

说明：

（1）一个数据库可以有多个子模式，每个用户至少使用一个子模式。

（2）同一个用户可使用不同的子模式，而每个子模式可为多个不同的用户所用。

（3）模式是对全体用户数据及其关系的综合与抽象，子模式是根据所需对模式的抽取。

3. 内模式（Internal Schema）

内模式（也称存储模式）是数据物理结构和存储方法的描述。它是整个数据库的最底层结构的表示。内模式中定义的是存储记录的类型、存储域的表示，存储记录的物理顺序、索引和存取路径等数据的存储组织。如：存储方式按 HASH 方法存储，索引按顺序方式组织，数据以压缩、加密方式存储等。

说明：

（1）一个数据库只有一个内模式。内模式对用户透明。

（2）一个数据库由多种文件组成。如用户数据文件、索引文件及系统文件等。

（3）内模式设计直接影响数据库的性能。

图 1-10 是关系数据库系统三级结构的一个实例。

4. 数据独立性与二级映像功能

数据独立性是指数据与程序间的互不依赖性。一般分为物理独立性与逻辑独立性。

物理独立性是指数据库物理结构的改变不影响逻辑结构及应用程序。即数据的存储结构的改变，如存储设备的更换、存储数据的位移、存取方式的改变等都不影响数据库的逻辑结构，从而不会引起应用程序的变化。

逻辑独立性是指数据库逻辑结构的改变不影响应用程序。即数据库总体逻辑结构的改变，如修改数据结构定义、增加新的数据类型，改变数据间联系等，不需要相应修改应用程序,这就是数据的逻辑独立性。

为实现数据独立性,数据库系统在三级模式之间提供了两级映像。

(1) 映像 1:子模式/模式映像。子模式/模式映像是指由模式生成子模式的规则。它定义了各个子模式和模式之间的对应关系。

(2) 映像 2:模式/内模式映像。模式/内模式映像是说明模式在物理设备中的存储结构。它定义了模式和内模式之间的对应关系。

说明:

(1) 模式/内模式映像是唯一的。当数据库的存储结构改变时,如采用了更先进的存储结构,由数据库管理员对模式/内模式映像作相应改变,可以使模式保持不变,从而保证了数据的物理独立性。

(2) 子模式/模式映像不唯一。当模式改变时,如增加新的数据项、数据项改名等,由数据库管理员对各个子模式/模式的映像作相应改变,可以使子模式保持不变,从而保证了数据的逻辑独立性。

例如:图 1-10 中,若模式"学生关系"分解为"学生关系 1——简表"和"学生关系 2——档案表"两部分,此时子模式"学生成绩单",只需由这两个新关系和原来的"学生选课关系"映射产生即可。不必修改子模式,因而也不会影响原应用程序,故在一定程度上实现了数据的逻辑独立性。

以上所述说明,正是这三级模式结构和它们之间的两层映像,保证了数据库系统的数据能够具有较高的逻辑独立性和物理独立性。有效地实现三级模式之间的转换是 DBMS 的职能。

说明:模式与数据库的概念是有区别的。模式是数据库结构的定义和描述,只是建立一个数据库的框架,它本身不涉及具体的数据;数据库是按照模式的框架装入数据而

图 1-10　关系数据库系统三级结构的一个实例

建成的,它是模式的一个"实例"。数据库中的数据是经常变化的,而模式一般是不变或很少变化的。

1.3.2　数据库系统的组成

数据库系统由三大部分组成:硬件平台;软件系统(包括操作系统、DBMS、数据库、语言工具与开发环境、数据库应用软件等);各类人员。这三大部分构成了一个以 DBMS 为核心的完整的运行实体,称为数据库系统,如图 1-11所示。

图 1-11　数据库系统的组成

1. 硬件平台

数据库系统中的硬件平台包括以下两类:

(1) 计算机设备。它是系统中硬件的基础平台,如:微型机、小型机、中型机、大型机及特殊工作站。

(2) 网络及其通信设施。过去数据库系统一般建立在单机上,现在它更多地建立在网络上。

总之,在数据库系统中应有存放数据文件的大容量存储器,还需要相应的输入/输出(I/O)设备、中央处理机等,它们构成了数据库系统运行的基础硬件。在数据处理中,数据处理的速度除了与计算机本身的运算速度有关外,主要的就是 I/O 所占的时间。在为数据库系统选取硬件设备时,要着重考虑 CPU、I/O 的速度和存储容量。对于网络上运行的数据库系统,还需要考虑网络上的传输效率。

一个数据库系统的硬件环境有多种实现方式,它可以是一台微机上的独立的数据库系统,也可以是多台计算机通过网络互联,共享服务器上数据的数据库系统,还可以是利用射频自动识别、无线数据通信技术,通过互联网实现物品的自动识别、互联与信息共享的物联网数据库系统等。

2. 软件系统

在数据库系统中,其软件包括:

(1) DBMS。它是为建立、使用和维护数据库而配置的系统软件,由数据库软件制造商提供。一些 DBMS 仅提供数据库管理的功能,因此,当开发基于数据库的信息系统时,还要利用一些开发工具,现在多数高端 DBMS 自带可视化集成开发环境或商业智能开发平台。

(2) 操作系统。它是整个数据库系统的重要软件平台,提供基础功能与支撑环境。目前常用的有 Windows、UNIX、Linux 与 OS2 等。

(3) 语言工具与开发环境。开发数据库应用系统所使用的语言、工具及集成开发环境,它包括高级程序设计语言、可视化开发工具、与网络有关的编程环境,如. NET、XML、C♯、各种脚本语言以及一些专用图形、图像、视频等处理工具。此外,数据库与应用、数据库与网络之间存在着多种访问接口或中间件,实现异构数据库的互访、互操作。

(4) 数据库应用软件。数据库系统中,应用软件和界面是利用 DBMS 及其相关的开发工具为特定应用而开发的软件。

(5) 数据库。它是反映企业或组织当前状态的数据集合。这里当前状态是指企业或组织的经营情况。如当前财务情况,人员构成情况。为应用方便,用数据库中主体数据的含义来标识数据库。如人事数据库、生物数据库、学生学籍成绩数据库等。

3. 人员

数据库系统的建设、使用与维护可以看作一个系统工程,需要各种人员配合来完成,数据库系统中的人员包括:

(1) 要数据库管理员(DataBase Administrator,DBA)。DBA 是数据库系统中的一个重要角色,主要负责设计、建立、管理和维护数据库,协调各用户对数据库的要求等。因此,DBA 要熟悉、掌握程序语言和多种系统软件,充分了解各种用户的需求、各应用部门的业务工作,才能控制全局。大系统的 DBA 往往是一个工作小组,其主要职责有:数据库各级模式设计;数据库维护;调整数据库结构、扩充系统功能、改善数据库系统性能等。

(2) 系统分析员和数据库设计人员。系统分析员是数据库系统设计中的高级人员。主要负责数据库系统建设的前期工作,包括:应用系统的需求分析、规范说明和数据库系统的总体设计等。数据库设计人员参与用户需求调查、应用系统的需求分析后,主要负责数据库的设计,包括:各级模式的设计、确定数据库中的数据等。

(3) 应用程序员。应用程序员负责设计、编写数据库应用的程序模块,用以完成对数据库的操作。他们使用某些高级语言或利用多种数据库开发工具生成应用程序,组合成系统,并负责调试和安装。

(4) 用户。也称终端用户,如公司、银行的职员、操作员等。人们通过用户界面,如浏览器网页、图形表格、功能菜单等使用数据库。

1.3.3　数据库系统的特点

数据库系统有很多特点,基本特点如下。

1. 数据集成性好

数据库系统的数据集成性主要表现在如下几个方面:
(1) 统一的数据模型。这是数据库系统与文件系统的本质区别。
(2) 面向多个应用。数据库是全局的、多个应用共享的、易扩充的。
(3) 局部与全局的独立统一。局部与局部、局部与全局的结构既独立又统一。

2. 数据共享性高

数据共享性高主要表现在如下几个方面:
(1) 充分共享且范围广。数据库中数据的共享可到数据项级;数据库组织的规范和标准也有利于数据的网络传输和更大范围、更多应用的共享。

（2）冗余度低。冗余度是指同一数据被重复存储的程度，数据库系统由于数据整体按结构化构造、规范化组织，并充分精简，使得冗余可以降到最低。

（3）易扩充。由于设计时考虑数据充分组织并结构化，面向整个系统，而不是面向某个应用，所以容易扩充。应用改变时，可重选或扩充数据集。

（4）减少数据的不一致性。所谓数据的不一致性是指同一数据的不同副本的数据值不一致。数据冗余少不仅可省存储空间，更重要的是可减少数据的不一致性。

3. 数据独立性强

一个具有数据独立性的系统可称为面向数据的系统，即数据的逻辑结构、存储结构与存取方式的改变不影响应用程序，而应用的改变也不至于马上引起数据库结构的调整。由于应用程序不是直接从数据库中取数，是通过 DBMS 间接存取，而 DBMS 提供了相应的屏蔽功能，故较好地实现了应用与数据库数据的物理独立性和保持了较高的逻辑独立性。

4. 数据控制力度大

数据库中数据由 DBMS 统一管理和控制。由于数据库是共享的，即多个用户可以同时存取数据库中的数据，甚至可以共享数据库中同一个数据。为此 DBMS 必须提供强有力的数据安全控制等功能。主要表现为：

（1）数据的完整性检查。检查数据库中的数据以保证数据的正确、一致性。

（2）数据的安全性保护。监督数据库的访问者以防止非法访问。

（3）并发控制。控制多个应用的并发访问，以防止相互干扰，保证其正确操作。

（4）数据库故障恢复。提供数据恢复能力，使数据库具有抗破坏性。

1.4　本章小结

数据库技术是研究数据库的结构、存储、设计、管理和使用的一门软件学科。它已成为多种计算机应用及信息系统的基石。

在信息世界中，常使用一种典型的信息模型，即通过 E-R 图来描述实体集及其联系。在机器世界则采用数据模型来具体描述、刻画实体集及其联系。

基本数据模型有关系模型、层次模型、网状模型。关系模型中，一切实体及其联系均用二维表结构来表示。层次模型中，用树结构来表示数据关系及其数据组织。网状模型中，用图结构表示数据关系及数据组织。

数据库系统结构为三级模式结构。子模式是直接面向用户的，表示局部的用户数据库结构；模式描述全局数据库的逻辑结构；内模式是全局数据库结构的物理表示，描述数据的实际存储结构及方法。数据库系统的三级结构和两级映像保证了较高的数据独立性。

数据库系统是包括 DBMS、数据库在内的整个计算机系统。主要由硬件平台，软件系统以及各类人员组成。数据库系统的特点是能对数据实行统一、高效的集中管理,提高数据独立性,实现高度共享,保证数据的完整性与安全性。

习　题　1

1. 数据库(DB)、数据库管理系统(DMBS)、数据库系统(DBS)与信息系统(IS)之间的关系是什么? 信息模型与数据模型的区别是什么? 模式、子模式、内模式式有何不同?

2. 人工管理、文件系统和数据库系统阶段的数据管理各有哪些特点?

3. 什么是数据冗余? 数据库系统与文件系统相比怎样减少冗余?

4. 试述数据模型的 3 个要素,其主要内容有哪些?

5. 层次模型、网状模型和关系模型是根据什么来划分的? 这三种基本模型各有哪些优缺点?

6. 数据库系统的三级结构描述了什么? 为什么要在三级结构之间提供两级映像?

7. 数据库系统由哪几部分组成? 数据库系统的基本特点是什么?

8. 举例并分别表示出两个实体集之间具有一对一、一对多、多对多的三种联系。

9. 设学校中有若干院系,每个院系有若干班级和教研室,每个教研室有若干教员,每个班有若干学生,每个学生选修若干课程,每门课可由若干学生选修。自行设计各实体的属性,用 E-R 图画出此学校的信息模型。

10. 有一个记录球队、队员和球迷信息的数据库,包括:

(1) 对于每个球队,有球队的名字、队员、队长(队员之一)以及队服的颜色。

(2) 对于每个队员,有其姓名和所属球队。

(3) 对于每个球迷,有其姓名、最喜爱的球队、最喜爱的队员以及最喜爱的颜色。用 E-R 图画出该数据库的信息模型。

第 2 章

关系数据库及其语言

本章主要描述关系数据库系统的基础知识,其中包括关系数据库的基本概念、关系模型的要素、关系代数及其扩充、关系数据库标准语言,为以后学习关系数据库系统技术作知识准备。

2.1 关 系 模 型

2.1.1 关系模型的特点

关系数据库应用数学方法来处理数据库中的数据。系统而严格地提出关系模型的是美国 IBM 公司的 E.F. Codd,他从 1970 年起连续发表了多篇论文,奠定了关系数据库的理论基础。不久,人们开始了关系数据库原型的研制,并不断使数据库走向实用化。于是,1981 年的图灵奖授予了 E.F. Codd——"关系数据库之父"。

20 世纪 80 年代末,关系数据库系统已成为数据库发展的主流,不但用在大型机和小型机上,而且微机上的产品也越来越多。20 世纪 90 年代以来,伴随着计算机网络的广泛使用,与之相适应的分布式数据库系统也日渐成熟,随后又产生了对象关系数据库、Web数据库、物联网数据库以及其他扩充的关系数据库系统,数据库的研究与应用取得了辉煌的成就。其中,关系模型及关系数据理论为数据库后续研究与发展奠定了坚实的基础。

关系模型是用表结构表示实体集与实体集之间联系的一种模型。它具有以下特点:

(1) 结构简单,表达力强。在关系模型中,实体集和实体集间的联系都用关系来表示,不用人为设置指针。用户透明度高,易于理解和掌握。

(2) 语言的一体化。数据模式的描述与数据操纵统一的语言表示,从而使得关系模型的数据语言一体化,简化了数据语言,极大地方便了用户的使用。

(3) 非过程化的操作。在关系模型中,用户不必了解系统内的数据存取路径,只需提出干什么,而不必具体指出该怎么干。

(4) 坚实的数学基础。关系模型以关系代数为基础,其特点是可用数学方法来表示关系模型系统,为进一步扩展创造了条件。

组成关系模型的三个要素是：关系数据结构，关系数据操作，关系的完整性约束。

2.1.2 关系数据结构

在关系模型中，实体及实体之间的联系均用关系来表示。那么，关系数据结构如何表示？为了说明这一点，首先介绍一组相关概念。

1. 笛卡儿积

笛卡儿积是在域上的一种运算。域是一组具有相同数据类型的值的集合。例如，整数、实数、字符串、集合，小于 100 的正整数等都可以是域。域用来表明所定义属性的取值范围。给定一组域 $D1,D2,\cdots,Dn$，则 $Dl,D2,\cdots,Dn$ 的笛卡儿积为：

$$D1\times D2\times\cdots\times Dn=\{(d1,d2,\cdots,dn)\mid di\in Di,i=1,2,\cdots,n\}$$

其中每一个元素 $(d1,d2,\cdots,dn)$ 叫做一个元组，元素中的每一个值 di 称为一个分量，di 值取自对应的域 Di。允许一组域中存在相同的域。

【例 2.1】 设给出两个域：姓名集 $D1=\{$李倩，王刚，张洪宁$\}$ 和性别集 $D2=\{$男，女$\}$。则 $D1\times D2=\{($李倩，男$)($王刚，男$)($张洪宁，男$)($李倩，女$)($王刚，女$)($张洪宁，女$)\}$。笛卡儿积产生的这 6 个元组可构成一张二维表，表中部分元组称做其子集，如图 2-1 所示。从图中可看出，笛卡儿积会包含一些无意义的元组。

2. 关系

笛卡儿积的有限子集称做对应域上的关系。

设有属性 $A1,A2,\cdots,An$，它们分别在域 $D1,D2,\cdots,Dn$ 中取值，则这些域构成的一个笛卡儿乘积空间 $D=D1\times D2\times\cdots\times Dn$ 中的任意一个子集 D' 为一个关系，记为 R。R 表示关系的名字。称 R 是 n 元（或 n 目）关系。

由上可知，关系是元组的集合。关系基本的数据结构是二维表。每一张表称为一个具体关系或简称为关系。

在实际使用中，关系是属性值域的笛卡儿积中有意义的元组的集合。可从图 2-1 的笛卡儿积中取出一个有意义的子集来构造一个关系：People(姓名，性别)，该关系的元组是实际的姓名与性别值，如表 2-1 所示。

图 2-1 笛卡儿积中抽取子集

表 2-1 People 关系

姓名	性别
王刚	男
张洪宁	男
李倩	女

关系中基本术语如下：

（1）元组与属性。二维表中的每一行称为关系的元组（Tuple），二维表中的每一列称为关系的属性（有型和值之分），列中的元素为该属性的值，称做分量。每个属性所对应的值变化的范围叫属性的域，它是一个值的集合。如学生关系中，其元组、属性和域及其关联如图 2-2 所示。

图 2-2　关系、元组、属性和域及其关联

（2）候选键（简称键）。在一个关系中，若某一属性（或属性集）的值可唯一地标识每一个元组，即其值对不同的元组是不同的，这样的属性集合称为候选键（也称候选码）。例如：图 2-2 中，学号可唯一地标识每一个学生元组，故为候选键。若增加一个学生借书卡号属性，因借书卡号也可唯一地标识每一个学生，故它也是候选键。可见一个关系中候选键可能有多个。

（3）主键（主关键字）。当用关系组织数据时，常选用一个候选键作为组织该关系及唯一性操作的对象。被选用的候选键称为主键。例如：图 2-2 中学号为候选键，选其作为组织该关系的主键。那么，按学号进行查询、插入、删除等操作时，操作的元组是唯一的；还可在学号上建索引，使其值在逻辑上有序。

（4）外键（外来关键字）。若关系 R1 的属性（或属性集）A1 不是 R1 的候选键，而是另一关系 R2 的候选键，则称 A1 为 R1 的外键。外键提供了一种表示两个关系联系的方法。

有时需要一个关系的全部属性作为该关系的候选键，例如：购买关系涉及顾客、商品、售货员这三个属性及其值，由于这三者均为多对多关系，任何一个或两个属性的值不能决定整个元组，故选顾客、商品、售货员三者组合为候选键，也作为主键，称之为全键。

3. 关系的性质

关系应具备下列性质：

（1）列的同质性。即每一列中的分量是同一类型的数据，来自同一个域。

（2）列名唯一性。即每列要给予不同的属性名，但不同列的值可出自同一个域。如：学号和年龄的值均可出自整数域。

（3）元组相异性。即关系中任意两个元组不能完全相同，至少主键值不同。

　　在许多实际关系数据库产品中,若用户没有定义相关的约束条件,允许关系表中存在两个完全相同的元组。

　　(4) 行序无关性。行的次序无关紧要,可以互换。

　　(5) 列序无关性。列的次序无关紧要,可以互换。

　　(6) 分量原子性。即分量值是原子的,每一个分量都必须是不可分的数据项。

　　关系模型要求关系必须是规范的,最基本的条件是,关系的每一个分量必须是一个不可分的数据项,即不允许表中出现表达式或一个分量多个值,不允许表嵌套,不符合关系模型规范的表如表 2-2 所示。

表 2-2   不符合关系模型规范的表

车间号	班组	工资		超额奖	实发
		基本	补助		
01	甲组	5000	200	500	5700
	乙组	4500	100	300	4900
02	甲组	4800	0	200+50	5050
03	丙组	3500	500	500～900	4500

4. 关系模式

　　关系模式(Relational Schema)是关系结构的描述和定义,即二维表的表结构定义。关系实质上是一张二维表,表的每一行为一个元组,每一列为一个属性。因此,关系模式必须指出这个元组集合的结构,即它由哪些属性构成,这些属性来自哪些域,以及属性与域之间的对应关系。

　　关系模式具体通过 DBMS 的语言来定义。讨论问题时,关系模式可简记为关系的属性名表: $R(U)=R(A1,A2,\cdots,An)$,其中 U 代表属性全集,$A1,A2,\cdots,An$ 代表各个属姓名。

　　例如学生关系模式可简记为: 学生(学号,姓名,年龄,性别,籍贯)。

5. 关系数据库

　　关系数据库是建立在关系模型之上的关系的集合。它是基于关系模型的数据库,现实世界中的各种实体以及实体之间的各种联系均用关系来表示,并借助于关系的方法来处理数据库中的数据。一个具体的关系数据库是对应于一个应用的全部关系的集合。关系数据库的型是关系模式的集合,即数据库结构等的描述,其值是反映当前数据状态的关系集合。

　　关系、关系模型、关系模式、关系数据库之间的联系如下:

　　(1) 一个关系只能对应一个关系模式,一个关系模式可对应多个关系。

　　(2) 关系模式是关系的型,按其型装入数据值后即形成关系。

　　(3) 关系模式是相对静态的、稳定的,而关系是动态的、随时间变化的。

（4）一个关系数据库是相关关系的集合，而关系模型的结构是相关关系模式的集合。

2.1.3　关系数据操作

1. 常用的关系数据操作

关系模型中常用的关系数据操作有四种：

（1）数据查询。基本操作有：关系属性的指定；关系元组的选择；两个关系的合并。

（2）数据插入。在关系内插入一些新元组。

（3）数据删除。在关系内删除一些元组。

（4）数据修改。修改关系元组的内容。可分解为：先删除要改的元组，再插入新元组。

上述四种操作功能的操作对象都是关系，其操作结果仍为关系，即关系数据操作是一种集合式操作。复杂的关系数据操作可通过基本的关系数据运算获得。此外，还需要有关系的操作规则及具体的关系数据语言来实现这些操作。

2. 关系数据语言

关系数据语言可分为研究用的抽象语言和可使用的实现语言。关系数据语言大体分成三类，如表 2-3 所示。

表 2-3　关系数据语言的分类

关系数据语言（抽象语言）		关系数据语言（实现语言）
① 关系代数语言		例如：ISBL
② 关系演算语言	元组关系演算语言	例如：ALPHA
	域关系演算语言	例如：QBE
③ 具有关系代数和关系演算双重特点的语言		例如：SQL

说明：

（1）关系代数语言是用对关系的运算来表达查询方式的语言。它需要指明所用操作。

（2）关系演算语言是用谓词来表达查询方式的语言。它只需描述所需信息的特性。关系演算语言又分为两种：元组关系演算和域关系演算。

（3）具有关系代数和关系演算双重特点的语言是综合特性的语言。其实现语言如：结构化查询语言（Structured Query Language，SQL），不仅具有丰富的查询功能，而且具有数据定义和数据控制功能，它是通用的、功能极强的关系数据库的标准语言。

（4）关系代数、元组关系演算和域关系演算这三种语言在表达能力上是完全等价的。

（5）抽象语言与具体的实现语言并不完全一样，但它是语言的实现基础，可用来作为评估语言能力的标准。实现语言也称数据库语言，它是用户用来操作数据库的工具。

关系数据语言尽管种类多样、风格不同，但具有共同的特点：具有完备的表达能力；是非过程化的集合操作语言；功能强且有多种使用方式。

2.1.4　关系的完整性

为了维护关系数据库的完整性和一致性，数据与数据的更新操作必须遵守如下三类完整性约束。

1. 实体完整性

实体完整性规则：若属性（组）A 是基本关系 R 主键上的属性，则属性 A 不能取空值。

说明：

（1）实体完整性规则是对基本关系的约束和限定。

（2）实体具有唯一性标识——主键。

（3）组成主键的各属性都不能取空值。

注：有多个候选键时，主键以外的候选键上可取空值。

【例 2.2】　设在学生关系数据库中，有三个关系，其关系模式分别为：

学生（学号，姓名，借书卡号，年龄，所在院系）

课程（课程号，课程名，学分）

选修（学号，课程号，成绩）

说明：带下划线的属性为对应关系的主键。

在学生关系中，"学号"为主键，则它不能取空值。若为空值，说明缺少元组的关键部分，则实体不完整。候选键"借书卡号"在未发借书卡时，则可为空。

实体完整性规则规定基本关系主键上的每一个属性都不能取空值，而不仅是主键整体不能为空值。如选修关系中，"学号"与"课程号"为主键，则两个属性都不能取空值。

2. 参照完整性

现实世界中的实体集之间往往存在某种联系，在关系模型中，实体集及实集体间的联系都是用关系来描述的。这样就自然存在着关系与关系间的引用。

引用关系是指关系中某属性的值需要参照另一关系的属性来取值。设例 2.2 中的三个关系之间存在着属性间的引用，即选修关系引用了学生关系的主键"学号"和课程关系的主键"课程号"。显然，选修关系中的学号值必须是学生关系中实际存在的某学号；选修关系中的课程号值也必须是已开设的某课程号。换言之，选修关系中某些属性的值需要参照学生关系及课程关系对应的属性内容来取值。称选修关系为依赖表（或参照关系），学生关系和课程关系为目标表（或被参照关系）。

不仅两个或两个以上的关系之间可以存在引用关系，同一关系内部属性间也可能存在引用关系。

【例 2.3】　设关系模式：学生（学号，姓名，性别，院系号，年龄，合作者），院系（院系号，院系名称，办公地点）

这里有学生关系中的"院系号"引用了院系关系中的"院系号"（关系之间的引用）；学生关系中的"合作者"引用了自身关系中的"学号"（ 关系内部的引用，设学生实验的合作者为本班某一个学生，取其学号值），如图 2-3 所示。

学生(学号，姓名，性别，院系号，年龄，合作者)

(b) 关系内部的引用

图 2-3　引用关系举例

设基本关系 R、S(可为同一关系)。若 F 是 R 的一个属性(组)，但不是 R 的键。如果 F 与 S 的主键 K 相对应，则称 F 是 R 的外键。并称 R 为依赖表，S 为目标表。

说明：主键 K 和外键 F 必须定义在相同域上，它们相对应即有引用关系。

参照完整性规则：若属性(组) F 是 R 的外键它与 S 的主键 K 相对应，则对于 R 中每个元组在 F 上的值必须为：或者取空值(F 的每个属性值均为空值)；或者等于 S 中某个元组的主键值。

参照完整性又称为引用完整性，它定义了外键与主键之间的引用规则。外键与主键提供了一种表示元组之间联系的手段。外键要么空缺，要么引用一个实际存在的主键值。

在例 2.3 中，学生关系中每个元组的"院系号"只能取下面两类值：

(1) 空值，表示该学生刚被录取，尚未分配到院系。

(2) 非空值，这时该值必须是院系关系中某个院系号的值。

同理，学生关系中每个元组的"合作者"只能取某一学号值或为空值，若为空值表示该学生尚未分配合作者，如不具备合作实验资格等。

在例 2.2 中，选修关系中的"学号"与学生关系的主键"学号"相对应，因此是外键；选修关系中的"课程号"与课程关系的主键"课程号"相对应，故也是外键。根据参照完整性规则，它们要么空缺，要么引用对应关系中实际存在的主键值。但由于选修关系自身的主键为"学号"与"课程号"，又根据实体完整性规则，它们均不能为空，故只能取对应目标表中的实际值，而不能取空值。

3. 用户定义的完整性

实体完整性和参照完整性适用于任何关系数据库系统。此外，不同系统根据其应用环境的不同，往往还需要一些特殊的约束条件。用户定义的完整性就是针对某一具体关系数据库的约束，它反映某一具体应用所涉及的数据必须满足的语义要求及约束条件。例如,学生关系中的年龄在 15～45 之间,选修关系中的成绩在 0～100 之间。更新职工表时,工资、工龄等属性值通常只增加,不减少等。关系 DBMS 应提供定义和检验这类完整性的机制,以便用统一的系统方法处理它们,而不要由应用程序承担这一功能。

关系数据库系统一般包括以下几种用户定义的完整性约束:

(1) 定义属性是否允许为空值。

(2) 定义属性值的唯一性。

(3) 定义属性的取值范围。

(4) 定义属性的默认值。

(5) 定义属性间函数依赖关系。

2.2　关　系　代　数

关系代数是一种抽象语言,它通过对关系的运算来表达查询。关系代数以关系为运算对象,通过对关系进行"组合"或"分割",得到所需的数据集合——一个新的关系。

关系代数可分为:

(1) 集合运算(并、交、差,广义笛卡儿积)。

(2) 关系运算(投影、选择、连接和除运算)。

(3) 扩充的关系运算(广义投影、外连接、半连接、聚集等)。

关系运算是一组施于关系上的高级运算,每个运算都以一个或多个关系作为它的运算对象,并生成另外一个关系作为该运算的结果。

集合运算将关系看成元组的集合,其运算是以关系的行为元素来进行的,而关系运算不仅涉及行而且涉及列。

扩充的关系运算是人们为适应关系理论的发展而对关系运算进行的扩充表示。

关系代数常用的运算符如表 2-4 所示,包括以下 4 类:

表 2-4　关系代数常用的运算符

运　算　符		含　　义
集合运算符	∪	并
	—	差
	∩	交
专门的关系运算符	×	广义笛卡儿积
	σ	选择
	∏	投影
	⋈	连接
	÷	除

运　算　符		含　义
比较运算符	>	大于
	≥	大于等于
	<	小于
	≤	小于等于
	=	等于
	≠	不等于
逻辑运算符	¬	非
	∧	与
	∨	或

（1）集合运算符。

（2）专门的关系运算符。

（3）比较运算符。

（4）逻辑运算符。

其中，比较运算符和逻辑运算符是用来辅助专门的关系运算符进行操作的。这里不包括扩充的关系运算符。

2.2.1　集合运算

集合运算包括并、交、差、广义笛卡儿积四种运算。其中，除广义笛卡儿积外，其他运算中参与运算的两个关系必须是相容的同类关系，即它们必须有相同的元（列数），且相应的属性值取自同一个域（但属性的名字可以不相同），称之为同类关系。

设：t 为元组变量；R、S 为同类的 n 元关系。集合运算定义如下。

1. 并（Union）

关系 R 与关系 S 的并由属于 R 或属于 S 的元组组成。其结果关系仍为 n 元关系。记作：

$$R \cup S = \{t \mid t \in R \lor t \in S\}$$

2. 差（Difference）

关系 R 与关系 S 的差由属于 R 而不属于 S 的所有元组组成。其结果关系仍为 n 元关系。记作：

$$R - S = \{t \mid t \in R \land t \notin S\}$$

3. 交（Intersection）

关系 R 与关系 S 的交由既属于 R 又属于 S 的元组组成。其结果关系仍为 n 元关系。

记作：

$$R \cap S = \{t | t \in R \wedge t \in S\}$$

或者表示为：

$$R \cap S = R - (R - S)$$

说明：这种可用其他关系代数式表示的运算称为非基本运算。

4. 积(Cartesian Product)即广义笛卡儿积

设：R 为 k1 元的关系、有 n1 个元组，S 为 k2 元关系、有 n2 个元组。广义笛卡儿积的结果关系为一个 k1+ k2 元的新关系，有 n1×n2 个元组。每个元组由前 k1 列关系 R 的一个元组，与后 k2 列关系 S 的一个元组拼接而成。

记作：

$$R \times S = \{ \overbrace{tr\ ts} | (tr \in R) \wedge (ts \in S) \}$$

说明：R,S 可以是不同类关系，结果为不同类关系。当需要得到一个关系 R 和其自身的广义笛卡儿积时，必须引入 R 的别名，比如说 R′，把表达式写为 R×R′或 R′×R。

并运算、交运算和积运算均满足结合律，但求差运算不满足结合律。

【例 2.4】 已知 R、S，如图 2-4(a)和图 2-4(b)，求如下运算：
① R∪S；② R∩S；③ R−S；④ R×S。

解：其集合运算结果如图 2-4(c)～图 2-4(f)所示。

R

A	B	C
0	2	3
4	5	6
7	8	9

(a)

S

A	B	C
0	2	3
7	8	9
1	3	5

(b)

R∪S

A	B	C
0	2	3
4	5	6
7	8	9
1	3	5

(c)

R∩S

A	B	C
0	2	3
7	8	9

(d)

R−S

A	B	C
4	5	6

(e)

R×S

A	B	C	A′	B′	C′
0	2	3	0	2	3
0	2	3	7	8	9
0	2	3	1	3	5
4	5	6	0	2	3
4	5	6	7	8	9
4	5	6	1	3	5
7	8	9	0	2	3
7	8	9	7	8	9
7	8	9	1	3	5

(f)

图 2-4　集合运算

2.2.2　关系运算

关系运算包括选择、投影、连接、除等。

设 t 为 R 的元组变量,R(U)=R(A1,A2,…,An),则引入记号:

t[A]:表示关系 R 在 A 属性(组)上的所有值。

例:t[学号,姓名]:表示 R 中在学号、姓名两列上的所有属性值。

1. 选择(Selection)

选择运算是在关系行上进行的元组挑选,结果产生同类关系。运算式表示如下:

$$\sigma_F(R)=\{t\,|\,(t\in R)\wedge F(t)=\text{True}\}$$

含义:$\sigma_F(R)$表示由从关系 R 中选出满足条件表达式 F 的那些元组所构成的关系。其中:F 由属性名(值)、比较符、逻辑运算符组成。

【例 2.5】 知关系 T,如图 2-5(a),则选择运算:$\sigma_{[2]>5\vee[3]\neq'f'}(T)$即$\sigma_{A2>5\vee A3\neq'f'}(T)$的结果如图 2-5(b)所示。

2. 投影(Projection)

投影运算是在关系列上进行的选择,结果产生不同类关系。运算式表示如下:

$$\Pi_A(R)=\{t[A]\,|\,(t\in R)\}$$

含义:R 中取属性名表 A 中指定的列,消除重复元组。

【例 2.6】 已知关系 T,如图 2-5(a),则投影运算:$\Pi_{A3,A2}(T)$的结果如图 2-5(c)。

关系T

A_1	A_2	A_3
a	3	f
b	2	d
c	2	d
e	6	f
g	6	f

(a)

$\sigma_{[2]>5\vee[3]\neq'f'}(T)$

A_1	A_2	A_3
b	2	d
c	2	d
e	6	f
g	6	f

(b)

$\Pi_{A3,A2}(T)$

A_3	A_2
f	3
d	2
f	6

(c)

图 2-5 选择、投影运算举例

3. 连接(Join)

连接运算也称为 θ 连接。它是从两个关系的笛卡儿积中选取属性间满足一定条件的元组。运算式表示如下:

$$R\underset{A\theta B}{\bowtie}S=\{\widehat{t_r\,t_s}\,|\,(t_r\in R)\wedge(t_s\in S)\wedge t_r[A]\theta t_s[B]\}$$

上式可用其他关系代数式表示为:

$$R\underset{A\theta B}{\bowtie}S=\sigma_{R.A\theta S.B}(R\times S)$$

其中 A 和 B 分别为 R 和 S 上列数相等且可比的属性组。

含义:从 R×S 中选取 R 关系在 A 属性组上的值与 S 关系在 B 属性组上值满足 θ 关系的元组,构成一个新关系。

常用的连接运算有:

（1）等值连接：θ 为"＝"的连接。可用其他关系代数式表示为：

$$R \underset{A=B}{\bowtie} S = \sigma_{R.A=S.B}(R \times S)$$

（2）自然连接（Natural Join）：是一种特殊的等值连接，它要求两个关系中进行比较的分量必须是相同的属性组，并且要在结果中把重复的属性去掉。即若 R 和 S 具有相同的属性组 B，则自然连接可记作：

$$R \bowtie S = \{\widehat{trts} \mid (tr \in R) \wedge (ts \in S) \wedge (tr[B] = ts[B])\}$$

自然连接可用其他关系代数式表示。设 R、S 有同名属性 $Bi(i=1,2,\cdots,k)$，

$$R \bowtie S = \Pi_{\text{无重复属性名表}}(\sigma_{R.B1=S.B1 \wedge \cdots \wedge R.Bk=S.Bk}(R \times S))$$

自然连接要求 R、S 有同名属性，其连接结果为满足同名属性值也对应相同，并且去掉重复属性后的连接元组集合。

自然连接的运算步骤可分解为：

① 计算 $R \times S$；

② 选择满足等值条件 $R.B1 = S.B1 \wedge \cdots \wedge R.Bk = S.Bk$ 的元组；

③ 去掉重复属性 $S.B1, \cdots, S.Bk$ 列。

【例 2.7】　已知关系 R、S，如图 2-6(a)和图 2-6(b)，则：

（1）条件连接运算举例如图 2-6(d)所示。

（2）等值连接例如图 2-6(e)所示。

（3）自然连接例 $R \bowtie S$ 的结果如图 2-6(f)。

R×S

R.A₁	R.A₂	R.A₃	S.A₂	S.A₃
b	2	d	2	d
b	2	d	3	b
b	3	b	2	d
b	3	b	3	b
c	2	d	2	d
c	2	d	3	b
d	3	b	2	d
d	3	b	3	b

R

A₁	A₂	A₃
b	2	d
b	3	b
c	2	d
d	3	b

S

A₂	A₃
2	d
3	b

(a)　　(b)　　(c)

$R \underset{[2]>[1]}{\bowtie} S$

R.A₁	R.A₂	R.A₃	S.A₂	S.A₃
b	3	b	2	d
d	3	b	2	d

$R \underset{[2]=[1]}{\bowtie} S$

R.A₁	R.A₂	R.A₃	S.A₂	S.A₃
b	2	d	2	d
b	3	b	3	b
c	2	d	2	d

$R \bowtie S$

A₁	A₂	A₃
b	2	d
b	3	b
c	2	d
d	3	b

(d)　　(e)　　(f)

图 2-6　连接举例

说明：等值连接与自然连接的区别是：

（1）等值连接的连接属性不要求是同名属性。

（2）等值连接后不要求去掉同名属性。

4. 除(Division)

关系代数定义了除运算。但实际应用中,当关系 R 真包含了关系 S 时,R÷S 才有意义。

R 能被 S 除尽的充分必要条件是:

R 中的属性包含 S 中的所有属性;R 中有一些属性不出现在 S 中。

设 R 为 r 元、S 为 s 元关系(r>s>0),当关系 R 真包含了关系 S 时,R÷S 可用下式计算:

$$R \div S = \Pi 1,2,\cdots r-s(R) - \Pi 1,2,\cdots r-s((\Pi 1,2,\cdots r-s(R) \times S) - R)$$

【例 2.8】 设 R(S♯,P♯)、W1(P♯)、W2(P♯)、W3(P♯)。则 R÷W1 可表示为:

$$\Pi S\sharp(R) - \Pi S\sharp((\Pi S\sharp(R) \times W1) - R)$$

同理可列出另外两式。

例中,R÷Wi 的运算结果可理解为:R 中包含 Wi 全部属性值的那些元组在 R 与 S 的属性名集合之差即 S♯ 上的投影。

R÷W1、R÷W2、R÷W3 的运算结果如图 2-7 所示。

图 2-7　R÷W1、R÷W2、R÷W3 的运算结果

【例 2.9】 关系代数的应用举例,设学生-选课关系数据库,如表 2-5～表 2-7 所示。

表 2-5　学生表 student

sno(学号)	sname(姓名)	sex(性别)	age(年龄)	dept(所在院系)	place(籍贯)
200101	王萧虎	男	18	信息院	北京
200102	李云钢	女	20	信息院	上海
210101	郭敏星	女	18	英语系	湖北
210102	高　灵	女	21	英语系	湖南
220101	王　睿	男	19	计算机学院	湖北
220102	吴迪源	女	18	计算机学院	四川
220103	王　陵	男	19	计算机学院	湖北

表 2-6　课程表 course

cno （课程号）	cname （课程名）	credit （学分）	pcno （先修课号）
001	数学	6	
002	英语	4	
003	高级语言	4	001
004	数据结构	4	003
005	数据库	3	004
006	操作系统	3	003

表 2-7　学生选课表 s_c

sno（学号）	cno（课程号）	grade（成绩）
200101	001	90
200101	002	87
200101	003	72
210101	001	85
210101	002	62
220101	003	92
220101	005	88

(1) 求年龄在 25 岁以下的女学生。

$$\sigma_{\text{sex}='女' \wedge \text{age}<25}(\text{student})$$

(2) 求成绩在 85 分以上的学生的学号和姓名。

$$\Pi_{\text{sno}, \text{sname}}(\sigma_{\text{grade}>=85}(\text{student} \bowtie \text{s\_c}))$$

(3) 查询至少选修了一门其直接先修课为 003 号课程的学生姓名。

$$\Pi_{\text{sname}}(\sigma_{\text{pcno}='003'}(\text{course} \bowtie \text{s\_c} \bowtie \text{student}))$$

(4) 求选修数据库课程的学生的姓名和成绩。

$$\Pi_{\text{sname}, \text{grade}}(\Pi_{\text{cno}}(\sigma_{\text{cname}='数据库'}(\text{course})) \bowtie \text{s\_c} \bowtie \Pi_{\text{sno}, \text{sname}}(\text{student}))$$

上式也可用：$\Pi_{\text{sname}, \text{grade}}(\sigma_{\text{cname}='数据库'}(\text{course} \bowtie \text{s\_c} \bowtie \text{student}))$ 表示,说明关系运算的表达式不是唯一的。

(5) 查没选 005 号课程的学生姓名与年龄。

$$\Pi_{\text{sname}, \text{age}}(\text{student}) - \Pi_{\text{sname}, \text{age}}(\sigma_{\text{cno}='005'}(\text{student} \bowtie \text{s\_c}))$$

那么能否用：$\Pi_{\text{sname}, \text{age}}(\sigma_{\text{cno}\neq'005'}(\text{student} \bowtie \text{s\_c}))$ 呢? 请读者思考。

(6) 求选修全部课程的学生的姓名和学号。

$$\Pi_{\text{sno}, \text{cno}}(\text{s\_c}) \div \Pi_{\text{cno}}(\text{course}) \bowtie \Pi_{\text{sno}, \text{sname}}(\text{student})$$

注：设上述三个关系表中,除学号、年龄、学分、成绩属性的值为整数型外,其余均为字符串型。

可用其他关系代数式表示的运算称为非基本运算。反之为基本运算。

5 种基本运算及其作用如下：

(1) 投影运算：$\Pi_{A_1, A_2, \cdots, A_n}(R)$ 实现关系属性(列)的指定。

(2) 选择运算：$\sigma_F(R)$ 实现关系元组(行)的选择。

(3) 积运算：$R_1 \times R_2$ 实现两个关系的无条件全连接。

(4) 并运算：$R_1 \cup R_2$ 实现两个关系的合并或关系中元组的插入。

(5) 差运算：$R_1 - R_2$ 实现关系中元组的删除。

2.2.3　扩充的关系运算

根据数据库的发展与应用情况,数据库的研究者对关系运算进行了扩充。

1. 广义投影

设有关系模式 R,对其进行广义投影运算为:$\Pi_{F1,\cdots,Fn}(R)$,其中 F1,$\cdots$,Fn 是涉及 R 中常量和属性的算术表达式。通过这种广义投影运算对投影进行扩展。

【例 2.10】　若将查出的学生关系 student 中学号为 000101 学生的年龄加一岁,可用广义投影运算表示为:

$$\Pi_{sno,sname,sex,age=age+1}(\sigma_{sno='200101'}(student))$$

2. 赋值

设有相容关系 R 和 S,则通过赋值运算可对关系 R 赋予新的关系 S,记为:R<－S。其中,S 通常是经过关系代数运算得到的关系。通过赋值运算,可把复杂的关系表达式化为若干简单的表达式进行运算。特别是对于插、删、改操作很方便。

【例 2.11】　在关系 course 中增添一门新课:(099,电子商务,2,003),可用赋值操作表示为:

$$course\longleftarrow course\cup\{099,电子商务,2,003\}$$

设学号为 200108 的学生因故退学请在关系 student 和 s_c 中将其相关记录删除,可表示为:

$$student\longleftarrow student-(\sigma_{sno='200108'}(student))$$
$$s\_c\longleftarrow s\_c-(\sigma_{sno='200108'}(s\_c))$$

对关系进行修改操作时,可先将要修改的元组删除,再将新元组插入即可。

3. 外连接

设有关系 R 和 S,它们的公共属性组成的集合为 Y,则对 R 和 S 进行自然连接时,在 R 中的某些元组可能在 S 中没有与 Y 上值相等的元组,同样,对于 S 也是如此,那么 R⋈S 时,这些元组都将被舍弃,若不舍弃这些元组,并且在这些元组新增加的属性上赋空值 NULL,这种操作就称为"外连接",若只保存 R 中原要舍弃的元组,则称为 R 与 S 的"左外连接",若只保存 S 中原要舍弃的元组,则称为 R 与 S 的"右外连接"。几种外连接的表示如下:

(1) R⟈⟆⟋ S　(R 与 S 外连接)

(2) R⟈⟋ S　(R 与 S 左外连接)

(3) R⟆⟋ S　(R 与 S 右外连接)

图 2-8(c)至图 2-8(f)列出了图 2-8(a)和图 2-8(b)中关系 R 和 S 的自然连接、外连接、左外连接和右外连接运算的结果。

4. 半连接

设有关系模式 R 和 S,则 R 和 S 的自然连接只在关系 R 或关系 S 的属性集上的投影,称为半连接,R 和 S 的半连接记为 R⋉S,S 和 R 的半连接记为 S⋉R。

图 2-8(h)和图 2-8(i)列出了所给关系 R 和 S 的半连接运算的结果。

R与S的外连接

W	X	Y	Z
a	b	c	d
c	a	d	b
b	b	d	f
b	b	d	f
null	e	null	g

R与S的左外连接

W	X	Y	Z
a	b	c	d
c	a	d	b
b	b	d	f
b	b	f	null

R

W	X	Y
a	b	c
b	b	f
c	a	d

S

X	Y	Z
b	c	d
a	d	b
e	f	g

R⋈S

W	X	Y	Z
a	b	c	d
c	a	d	b

(a)　　(b)　　(c)　　(d)　　(e)

R与S的外部并

W	X	Y	Z
a	b	c	null
b	b	f	null
c	a	d	null
null	b	c	d
null	a	d	b
null	e	f	g

R与S的右外连接

W	X	Y	Z
a	b	c	d
c	a	d	b
null	e	f	g

半连接R⋉S

W	X	Y
a	b	c
c	a	d

半连接S⋉R

X	Y	Z
b	c	d
a	d	b

(f)　　(g)　　(h)　　(i)

图 2-8　特殊连接举例

5. 聚集

关系的聚集运算指的是根据关系中的一组值,经统计、计算得到一个值作为结果,比较常用的聚集函数有求最大值 max、最小值 min、平均值 avg、总和值 sum 和计数值 count 等,使用时集函数前标以手写体符号 G。

【例 2. 12】 对于学生-选课关系数据库统计、计算。

(1) 求男生的平均年龄和计算年龄不小于 20 岁的学生人数,分别用聚集运算表示为:

$$G_{avg(age)}(\sigma_{sex='男'}(student))$$
$$G_{count(sno)}(\sigma_{age \geqslant 20}(student))$$

(2) 求选修数据库课程的平均分数:

$$G_{avg(grade)}(\Pi_{cno}(\sigma_{cname='数据库'}(course)) \bowtie s\_c)$$

6. 外部并

设有关系模式 R 和 S,R 和 S 的外部并得到一个新关系,其属性由 R 和 S 中的所有属性组成(公共属性只取一次),其元组由属于 R 或属于 S 的元组组成,且元组在新增加的属性填上空值。

如图 2-8(g)所示列出了所给关系 R 和 S 的外部并运算的结果。

7. 重命名

重命名运算表示为:

(1) $\rho x(E)$。其含义为给一个关系表达式赋予名字。它返回表达式 E 的结果,并把名字 x 赋给 E。

（2）ρx(A1,A2,…,An)(E)。其含义为返回表达式 E 的结果,并把名字 x 赋给 E,同时将各属性更名为 A1,A2,…,An 。

关系被看做一个最小的关系代数表达式,可以将重命名运算施加到关系或属性上,得到具有不同名字的同一关系或不同属性名的同一关系。这对同一关系多次参与同一运算时很有帮助。

例如:设有关系 R(A,B,C),和关系 S(B,C,D),则 R×S 的属性必须写成 A、R. B、R. C、S. B、S. C、D,对 R 的属性进行重命名后 R×S 可写成 ρR(A,X,Y)(R)×S,其笛卡儿积后的属性为 A、X、Y、B、C、D,语义非常清楚。

【例 2.13】 设关系 R(姓名,课程,成绩),求英语成绩比刘勇的英语成绩高的学生。

因为在同一个关系上难以进行比较,采用重命名运算表示:

$$\Pi S.\text{姓名}((\sigma_{\text{课程}='\text{英语}'\wedge\text{姓名}='\text{刘勇}'}(R)) \underset{R.\text{成绩}<S.\text{成绩}}{\bowtie} (\sigma_{\text{课程}='\text{英语}'}\rho S(R)))$$

2.3　关系演算

用关系代数表示查询等操作时,需提供一定的查询过程描述,而关系演算是完全非过程化的,它只需提供所需信息的描述,而不需给出获得该信息的具体过程。目前,面向用户的关系数据语言基本上是以关系演算为基础的。

2.3.1　元组关系演算

关系 R 可用谓词 R(t)表示,其中 t 为变元。关系 R 与谓词间的关系如下:

$$R=\{t\mid\phi(t)\}$$

上式的含义为:R 是所有使 $\phi(t)$ 为真的元组 t 的集合。当谓词以元组为变量时,称为元组关系演算;当谓词以域为变量时,称为域关系演算。

在元组关系演算中,把 $\{t\mid\phi(t)\}$ 称为一个演算表达式,把 $\phi(t)$ 称为一个公式,t 为 ϕ 中唯一的自由元组变量。可递归地定义元组关系演算公式如下:

（1）原子命题函数是公式,称为原子公式,它有下面三种形式。

① R(t)。R 是关系名,t 是元组变量。

② t[i]θC 或 Cθt[i]。t[i]表示元组变量 t 的第 i 个分量,C 是常量,θ 为算术比较运算符。

③ t[i]θu[j]。t、u 是两个元组变量。

（2）设 ϕ1、ϕ2 是公式,则¬ϕ1、ϕ1∧ϕ2、ϕ1∨ϕ2、ϕ1→ϕ2 也都是公式。

（3）设 ϕ 是公式,t 是 ϕ 中的某个元组变量,那么（∀t)(ϕ)、（∃t)(ϕ)都是公式。

∀为全称量词,含义是"对所有的…";∃为存在量词,含义是"至少有一个…"。受量词约束的变量称为约束变量,不受量词约束的变量称为自由变量。

（4）在元组演算的公式中,各种运算符的运算优先次序为:

① 算术比较运算符最高;

② 量词次之,且按∃、∀的先后次序进行;

③ 逻辑运算符优先级最低,且按¬、∧、∨、→(蕴含)的先后次序进行;

④ 括号中的运算优先。

(5) 元组演算的所有公式按(1)、(2)、(3)、(4)所确定的规则经有限次复合求得,不再存在其他形式。

为了表明元组关系演算的完备性,只要说明关系代数的 5 种基本运算均可等价地用元组演算式表示即可,所谓等价是指双方运算表达式的结果关系相同。

设 R、S 为两个关系,它们的谓词分别为:R(t)、S(t),则:

① R∪S 可等价地表示为 $\{t \mid R(t) \lor S(t)\}$

② R−S 等价于 $\{t \mid R(t) \land \neg S(t)\}$

③ R×S 等价于 $\{t \mid (\exists u)(\exists v)(R(u) \land S(v) \land t[1]=u[1] \land \cdots \land t[k1]=u[k1]$
$$\land t[k1+1]=v[1] \land \cdots \land t[k1+k2]=v[k2])\}$$

式中,R、S 依次为 k1、k2 元关系,u、v 表示 R、S 的元组变量。

④ $\Pi_{i1,i2,\cdots,in}(R)$ 等价于 $\{t \mid (\exists u)(R(u) \land t[1]=u[i1] \land \cdots \land t[n]=u[in])\}$

⑤ $\sigma_F(R)$ 等价于 $\{t \mid R(t) \land F'\}$

其中 F' 为 F 在谓词演算中的表示形式,即用 t[i]代替 F 中 t 的第 i 个分量即为 F'。

关系代数的 5 种基本运算可等价地用元组关系演算表达式表示。因此,元组关系演算体系是完备的,是能够表示关系数据模型的基本操作的。

【例 2.14】　设学生-选课关系数据库,如表 2-5～表 2-7。

(1) 查询女学生的情况。
$$R1=\{t \mid (student(t) \land t[3]='女')\}$$

(2) 查询学号为"220101"的学生选修课程中成绩为 85 分以上的所有课程号。
$$R2=\{t^{(1)} \mid (\exists u)(s\_c(u) \land t[1]=u[2] \land u[1]='220101' \land u[3]\geqslant 85)\}$$

(3) 查询选修课程号为"003"的所有学生的学号和姓名。
$$R3=\{t^{(2)} \mid (\exists u)(\exists v)(student(u) \land s\_c(v) \land t[1]$$
$$=u[1] \land t[2]=u[2] \land u[1]=v[1] \land v[2]='003')\}$$

2.3.2　域关系演算

域关系演算类似于元组演算,所不同的是公式中的变量不是元组变量,而是表示元组变量各个分量的域变量。域关系演算表达式的一般形式为:
$$\{t1\ t2\cdots tk \mid \phi(t1,t2,\cdots,tk)\}$$

其中 t1,t2,⋯tk 为元组变量 t 的各个分量,统称为域变量,ф 是一个公式,类似于元组演算公式。

【例 2.15】　对于例 2.14 中的元组关系演算示例,用域演算可表示为:

(1) 查询女学生的情况。
$$R1=\{t1t2t3t4t5t6 \mid (student(t1t2t3t4t5t6) \land t3='女')\}$$

(2) 查学号为"220101"学生修读的课程中成绩为 85 分以上的所有课程号。
$$R2=\{t2 \mid (\exists t1)(\exists t3)(s\_c(t1t2t3) \land t1='220101' \land t3\geqslant 85)\}$$

（3）查询选修课程号为"003"的所有学生的学号和姓名。

R3＝{t1t2|（∃t3）（∃t4）（∃t5）（∃t6）（∃u1）（∃u2）（∃u3）（student(t1t2t3t4t5t6)

∧s_c(u1u2u3)∧t1＝u1∧u2＝'003')}

关系的各类运算的安全限制及等价涉及如下问题：

（1）在关系代数中，不用求补运算而采用求差运算，其原因就是：有限集合的补集可能是无限集。关系是笛卡儿积的有限子集，其任何运算结果也为关系。因而关系代数是安全的。

（2）在关系演算中，表达式{t|（R(t)）}等可能表示无限关系。判断一个命题正确与否，有时会出现无穷验证的情况。如判定命题((u)(W(u))为假时，必须对变量 u 的所有可能值都进行验证，当 u 的值可能有无限多个时，验证过程就是无穷的。

图 2-9　关系 R 的安全限制

（3）若对关系演算表达式规定某些限制条件，对表达式中的变量取值规定一个范围，使之不产生无限关系和无穷运算的方法，称为关系运算的安全限制。关系 R 的安全限制如图 2-9 所示。

施加了安全限制的关系演算称为安全的关系演算。

关系代数和关系演算所依据的基础理论是相同的，因此可以进行相互转换。人们已经证明，关系代数、安全的元组关系演算、安全的域关系演算在关系的表达能力上是等价的。

2.4　数据库标准语言 SQL

本节主要描述数据库的标准语言 SQL，包括 SQL 的功能和特点，SQL 常用语句的形式及多种风格的查询，讨论 SQL 递归查询以及数据视图的概念与使用。

2.4.1　SQL 的特征

SQL 是基于关系代数与关系演算的综合语言。它不仅具有丰富的查询功能，而且具有数据定义和数据控制功能，是集数据定义语言、数据操纵语言和数据控制语言于一体的关系数据库标准语言。

1. SQL 的主要标准

SQL/86：1986 年由美国国家标准化组织（ANSI）公布的 SQL 的第一个标准。

SQL/89（SQL1）：1989 年公布了 SQL 改进标准，该标准增强了完整性的语言特征。

SQL/92（SQL2）：该标准增加了许多新特征，如支持对远程数据库的访问，扩充了数据类型、操作类型、模式操作语言、动态 SQL 等。

SQL/99（SQL3）：该标准支持对象关系数据模型，扩展了递归查询、触发器，支持用户自定义数据类型、程序与流程控制等许多新的特征。

SQL/2003：该标准扩展了 SQL 语法，增加了对互联网数据表示和交换的标准

XML、联机分析处理、取样等功能的支持。

SQL/2006：该标准主要定义了 SQL 与 XML 间如何交互与应用，如何在 SQL 数据库中导入、存储 XML 数据，以及如何操纵、发布数据，增强了对 XML 数据处理的能力。

SQL 标准的制定与实施，屏蔽了不同数据库产品之间的差异，方便了用户使用，也为异构数据库互联互访奠定了基础。SQL 是数据库领域以至信息领域中数据处理的主流语言。由于各关系数据库产品在实现标准 SQL 时各有差异，实际使用时，注意参见有关数据库产品的手册。本节主要介绍 SQL 的基本功能、常用语句形式。有些高级类型将在第 6.3 节介绍。

2. SQL 的功能特点

SQL 是一个综合的、通用的、功能极强，又简洁易学的语言。其主要特点如下：

（1）综合统一。SQL 集数据定义、数据操纵、数据控制语言的功能于一体，风格统一，可以独立完成数据库生命周期中的全部操作，为使用数据库系统提供了良好的语言环境。

（2）高度非过程化。SQL 语言是非过程化的、集合式的数据操作，用户只需提出"做什么"，而不必具体指明"怎么做"。存取路径的选择以及 SQL 语句的操作过程由系统自动完成。

（3）灵活的使用方式。SQL 使用方式有命令式、程序式及嵌入式。它既能独立地用于联机交互方式，又扩展实现了过程化的程序控制与编程，还能够嵌入到高级语言程序中。

（4）简洁、通用、功能强。SQL 吸取了关系代数、关系演算语言两者的特点和长处，故语言功能极强。而且 SQL 语法简单、易学易用，它已成为关系数据库的公共语言。由于它设计巧妙，语言十分简洁。

SQL 的数据定义、查询、操纵、控制的核心功能只用了 9 个动词，如表 2-8 所示。

表 2-8　SQL 的核心功能与动词

SQL 功能	核 心 动 词
数据查询	SELECT
数据定义	CREATE,DROP,ALTER
数据操纵	INSERT,UPDATE,DELETE
数据控制	GRANT,REVOKE

3. SQL 数据库层次结构

关系数据库中的关系可分为三种类型。

（1）基本表：实际存储的表。

（2）查询表：查询结果对应的表。

（3）视图：由基本表导出的表。

视图是从基本表或其他视图中导出的表，它本身不独立存储在数据库中，即数据库中只存放视图的定义而不存放视图对应的数据，因此视图是一个虚表。表与视图的联系如图 2-10 所示。

SQL 支持关系数据库三级结构。其中,子模式对应于视图和部分查询表,模式对应于基本表,内模式对应于存储文件,SQL 数据库的三级结构如图 2-11 所示。

图 2-10　表与视图的联系　　　　图 2-11　SQL 数据库的三级结构

在 SQL 中,一个关系数据库的模式,称 SQL 模式(Schema)或简称模式(不同于关系模式),它被定义为所拥有的表、视图、角色等的集合。一个表对应一个关系。行对应元组(记录),列对应属性(字段)。用户可以用 SQL 语言对视图和表进行查询。在用户眼中,视图和表都是关系,而存储文件对用户是透明的。

SQL 环境(SQL environment)是用户操作特定数据库的基本设施。SQL 环境包括:设置或默认的目录和 SQL 模式、用户授权身份等。所有 SQL 语句,都是在某个 SQL 环境下对授权数据库进行操作的。

DBMS 为关系提供了一个三级命名方式。顶级由目录组成,目录是 SQL 环境中所有 SQL 模式的集合。每个目录中可包含若干 SQL 模式,而一个 SQL 模式里又可包含若干 SQL 的对象(例如视图和关系等)。故要唯一定位一个关系,需要有三个部分组成:

<目录名>.<模式名>.<表名>

为了在数据库中进行一次操作,用户或程序必须先连接到数据库。对应该连接,就会建立一个默认的目录和模式。这有点像刚登录到操作系统时当前目录被设置为用户主目录一样。若采用连接时默认的目录及默认的模式,则可以仅用表名来存取一个关系。

有了多目录和多模式,不同的应用程序和不同的用户可不必担心命名冲突的问题而独立工作,而且便于一个应用程序的不同版本(成品版本和多个测试版本)在同一个数据库系统上运行。

4. SQL 的数据类型

在 SQL 中规定了三类数据类型:

(1) 预定义数据类型;

(2) 构造数据类型;

(3) 用户定义数据类型。

SQL 的数据类型说明及其分类如表 2-9 所示。

表 2-9 SQL 的数据类型及其分类表

分类	类型	类 型 名	说 明
预定义数据类型	数值型	INT	整数类型(也可写成 INTEGER)
		SMALLINT	短整数类型
		REAL	浮点数类型
		DOUBLE PRECISION	双精度浮点数类型
		FLOAT(n)	浮点数类型,精度至少为 n 位数字
		NUMERIC(p,d)	定点数类型,共有 p 位数字(不包括符号、小数点),小数点后面有 d 位数字
	字符串型	CHAR(n)	长度为 n 的定长字符串类型
		VARCHAR(n)	具有最大长度为 n 的变长字符串类型
预定义数据类型	位串型	BIT(n)	长度为 n 的二进制位串类型
		BIT VARYING(n)	最大长度为 n 的变长二进制位串类型
	时间型	DATE	日期类型:年-月-日(形如 YYYY-MM-DD)
		TIME	时间类型:时:分:秒(形如:HH:MM:SS)
		TIMESTAMP	时间戳类型(DATE 加 TIME)
	布尔型	BOOLEAN	值为:TRUE(真)、FALSE(假)、UNKNOWN(未知)
	大对象	CLOB 与 BLOB	字符型大对象和二进制大对象数据类型值为:大型文件、视频、音频等多媒体数据
构造数据类型	由特定的保留字和预定义数据类型构造而成的,如用"ARRAY"定义的聚合类型,用"ROW"定义的行类型,"REF"定义的引用类型等		
自定义数据类型	是一个对象类型,是由用户按照一定的规则用预定义数据类型组合定义的自己专用的数据类型		

5. SQL 语句的分类

按照 SQL 的功能,其语句可分为 4 大类:

(1) SQL 模式定义语句。主要功能是创建、更新、撤销各种数据库的对象。包括数据库模式、表、视图、索引、域、触发器、自定义类型等。

(2) SQL 数据操纵语句。主要功能是完成数据库的查询和更新操作。查询操作指对已存在的数据库中的数据按照指定的组合、条件表达式或次序进行各种查询检索。更新操作指对数据库中的数据进行插入、修改和删除操作。

(3) SQL 事务与控制语句。主要功能是完成数据库授权、事务管理以及控制 SQL 语句集的运行。用来授予或回收访问数据库的某种特权,控制数据操纵事务的发生时间及效果、对数据库进行监视等。

(4) SQL 会话及诊断语句。SQL 通过嵌入式和动态 SQL 规则规定了 SQL 语句在高级语言程序中的使用规范。会话规则可使应用程序连接到一个 SQL 服务器,并与之交互。这类语句主要功能是建立数据库连接、为 SQL 会话设置参数、获取诊断等。

注：许多数据库产品还扩充了其他一些数据类型，如 TEXT（文本）、MONEY（货币）、GRAPHIC（图形）、IMAGE（图像）、GENERAL（通用）、MEMO（备注）等。

2.4.2 SQL 的数据定义

数据库中的关系集合必须使用数据定义语言向系统说明并创建。SQL 的数据定义语言不仅允许定义一组关系，还可以说明每个关系的相关信息。SQL 的数据定义包括对 SQL 模式（Schema）、关系（基本表，Table）、视图（View）、索引（Index）等的定义和撤销操作。

1. 表的建立

SQL 定义表结构的一般格式如下：

```
CREATE TABLE [模式名.]<表名> (<列名><数据类型> [列级完整性约束]
[,<列名><数据类型> [列级完整性约束]]…[,<表级完整性约束>])
```

其中，<表名>是所要定义的关系的名字，它可以由一个或多个属性列组成。每一个列的数据类型可以是预定义数据类型，也可以是用户定义数据类型。

建表的同时通常还可以定义与该表有关的完整性约束条件。这些完整性约束条件被存入系统的数据字典中，当用户操作表中数据时，由 DBMS 自动检查该操作是否违背这些完整性约束条件。关于完整性约束的具体内容将在后面介绍。

【例 2.16】 对于表 2-5～表 2-7 所示的学生-选课数据库中的三个表结构，用 SQL 语言定义之。

学生表：student(sno,sname,sex,age,dept, place)

课程表：course(cno,cname,credit,cpno)

学生选课表：s_c(sno,cno,grade)

用 SQL 语句创建一个表应指出它放在哪个模式中，为简单起见，这里省略了模式名，即在默认的目录及模式下，student 表可定义如下：

```
CREATE TABLE student
    (sno       NUMERIC(6),
     sname     CHAR(8)NOT NULL,
     age       NUMERIC(2)
     sex       CHAR(2),
     dept      CHAR(20),
     place     CHAR(20),
PRIMARY KEY(sno));
```

这里用到了表完整性约束的主键子句：PRIMARY KEY(<列名>)。被定义为主键的列强制满足非空和唯一性条件。凡带有 NOT NULL 的列，表示不允许出现空值；反之，可出现空值。当首次用 CREATE TABLE 定义一个新表后，只是建立了一个无值的表结构。

类似地可以定义学生-选课数据库中的 course 表如下：

```
CREATE TABLE course
    (cno       CHAR(3),
     cname     CHAR(20)NOT NULL,
     credit    NUMERIC(2),
     pcno      CHAR(3)
PRIMARY KEY(cno));
```

对于学生-选课数据库中的 s_c 表，可定义如下：

```
CREATE TABLE s_c
( sno      NUMERIC(6),
  cno      CHAR(3),
  grade    NUMERIC(3),
PRIMARY KEY(sno,cno));
```

2. 表的删除

删除表的一般格式如下：

```
DROP TABLE <表名> [CASCADE|RESTRICT]
```

当选用了任选项 CASCADE，在删除表时，该表中的数据、表本身以及在该表上所建的索引和视图将全部随之消失；当选用了任选项 RESTRICT 时，只有在先清除了表中的全部记录行数据，以及在该表上所建的索引和视图后，才能删除一个空表，否则拒绝删除表。

3. 表的扩充和修改

随着应用环境和应用需求的变化，有时需要修改已建立好的表，包括增加新列、修改原有的列定义或增加新的、删除已有的完整性约束条件等。

（1）表中加新列。SQL 修改基本表的一般格式为：

```
ALTER TABLE <表名>
ADD(<列名><数据类型>,… )
```

（2）删除列。删除已存在的某个列的语句格式为：

```
ALTER TABLE <表名>
DROP <列名>[CASCADE|RESTRICT]
```

其中，CASCADE 表示在基表中删除某列时，所有引用该列的视图和约束也自动删除；RESTRICT 在没有视图或约束引用该属性时，才能被删除。

（3）修改列类型。修改已有列类型的语句格式如下：

```
ALTER TABLE <表名>
MODIFY <列名><类型>;
```

修改基本表需注意：新增加的列一律为空值；修改原有的列定义可能会破坏已有数据。

【例 2.17】 用 SQL 表示一组增、删、改操作。

（1）设有建立的已退学学生表 st-quit，删除该表。

```
DROP TABLE st-quit CASCADE;
```

注意：该表定义一旦删除，表中的数据、此表上建立的索引和视图都将自动被删除。

（2）在学生表 student 中增加"专业"、"地址"列。

```
ALTER TABLE student
ADD(subject CHAR(20),addr CHAR(20));
```

（3）将学生表 student 中所增加的"专业"列长度修改为 8。

```
ALTER TABLE student
MODIFY subject CHAR(8);
```

（4）把 student 表中的 subject 列，addr 列删除。

```
ALTER TABLE student DROP addr;
ALTER TABLE student DROP subject;
```

4. 自定义的域类型

SQL 允许用户定义想要的属性值范围，为其定义域名，并在不同的表定义中使用该域名，这就是用户自定义的域类型。

域类型是用于建立用户自定义属性的一个特定数据类型，它由带有约束的数据类型和默认值一起构成。

定义域类型语句的一般格式为：

```
CREATE DOMAIN <域名>[AS]<数据类型>
[DEFAULT <默认值>][<域约束>]
```

【例 2.18】 建立一个建筑公司的数据库模式，名为 company，属主是 yin。它包含三个表：worker（职工）、assignment（任务分配）和 building（建筑物）。

```
CREATE SCHEMA company AUTHORIZATION yin
    CREATE DOMAIN item_id NUMERIC(4) DEFAULT 0
    CHECK(VALUE IS NOT NULL)
```

说明：

（1）一个数据库模式（SQL 模式）是所属基本表、视图等的集合。定义了该模式，就定义了一个存储空间，在该空间可创建各种数据库对象。

（2）定义了一个域类型，名为 item_id，允许值为 4 位数字，默认值为零并限制其值非空。可在多个表中使用该域类型名无需重复定义，若以后改变了域类型定义，则该变化可自动施加到使用该域类型的所有表中。

下面在已建数据库模式中建表：

```
CREATE TABLE worker(
    worker_id    item_id,              //用自定义的域类型说明属性
    worker_name  CHAR(12),
    skill_type   CHAR(8),
    supv_id      NUMERIC(4)
PRIMARY KEY(worker_id))
CREATE TABLE building(
    bldg_id      item_id,
    bldg_address CHAR(20),
    type         CHAR(9)DEFAULT 'office'
    CHECK(type IN('office','warehouse','residence')),
qlty_level NUMERIC(1),
status NUMERIC(1)DEFAULT 1
CHECK(status>0 and status<4),
PRIMARY KEY(bldg_id))
CREATE TABLE assignment(
    worker_id    item_id,
    bldg_id      item_id,
    start_date   DATE,
    num_days     INT,
    PRIMARY KEY(worker_id,bldg_id),
    FOREIGN KEY(worker_id)REFERENCES worker ON DELETE CASCADE,
    FOREIGN KEY(bldg _id)REFERENCES building ON DELETE CASCADE);
```

说明：本例用到了完整性约束常用的三种子句形式：

① 主键子句：

```
PRIMARY KEY(<列名>)
```

② 外键子句：

```
FOREIGN KEY(<列名>)REFERENCES[<表名>][<约束选项>]
```

③ 检验子句：

```
CHECK(<约束条件>)
```

CHECK 子句规定了一个规则，即一个表的指定列只能取这个规则定义的集合之内的值。默认值用默认子句表达：DEFAULT <默认值>。

5. 索引的建立与删除

在基本表上建立一个或多个索引，可以提供多种存取路径，加快查找速度。SQL 新标准不主张使用索引，而是以在创建表时直接定义主键，一般系统会自动在主键上建立索引。特殊需要时，建立与删除索引由数据库管理员 DBA（或表的属主）负责完成。

在基本表上可建立一个或多个索引,目的是提供多种存取路径,加快查找速度。建立索引的一般格式为:

```
CREATE [UNIQUE][CLUSTER]INDEX <索引名>
ON <表名>(<列名1>[ASC|DESC],<列名2>[ASC|DESC],…)
```

ASC 表示升序(默认设置),DESC 表示降序。

【例 2.19】　为学生-选课数据库中的 student,course,s_c 表建立索引。其中 student 表按学号升序建唯一索引,course 表按课程号升序建唯一索引,s_c 表按学号升序和课程号降序建唯一索引。

```
CREATE UNIQUE INDEX sindex ON student(sno);
CREATE UNIQUE INDEX cindex ON course(cno);
CREATE UNIQUE INDEX s_cindex ON s_c(sno ASC,cno DESC);
```

说明:

(1) UNIQUE 表示此索引的每一个索引值只对应唯一的数据记录。

(2) CLUSTER 表示要建立的索引是聚簇索引。所谓聚簇索引是指索引项的顺序与表中记录的物理顺序一致的索引组织。用户可以在最常查询的列上建立聚簇索引,以提高查询效率。

(3) 一个基本表上最多只能建立一个聚簇索引。建立聚簇索引后,更新索引列数据时,往往导致表中记录的物理顺序的变更,代价较大。因此,对于经常更新的列不宜建立聚簇索引。

删除索引的一般格式为:

```
DROP INDEX [ON<表名>]<索引名>
```

若要删除按课程号所建立的索引,则使用:

```
DROP INDEX cindex;
```

删除索引时,系统会同时从数据字典中删去有关该索引的描述。

2.4.3　SQL 的数据查询

SQL 的 SELECT 语句用于查询与检索数据,其基本结构是如下的查询块:

```
SELECT <列名表 A>
FROM    <表或视图名集合 R>
WHERE   <元组满足的条件 F>;
```

上述查询语句块的基本功能等价于关系代数表达式:$\Pi A(\sigma F(R))$,但 SQL 查询语句的表示能力大大超过该关系代数表达式。查询语句的一般格式为:

```
SELECT [ALL|DISTINCT]<目标列表达式>[,<目标列表达式>]…
FROM <表名或视图名>[,<表名或视图名>]…
[WHERE <条件表达式>]
```

```
[GROUP BY<列名 1>[HAVING<条件表达式>]]
[ORDER BY<列名 2>[ASC|DESC]];
```

整个 SELECT 语句的含义是：

(1) 根据 WHERE 子句的条件表达式,从 FROM 子句指定的基本表或视图中找出满足条件的元组。

(2) 再按 SELECT 子句中的目标列表达式,选出元组中的列值形成结果表。

(3) 如果有 GROUP 子句,则将行选择的结果按<列名 1>的值进行分组,列值相等的元组为一个组,每个组产生结果表中的一条记录。如果 GROUP 子句带 HAVING 短语,则只有满足指定条件的组才予输出。

(4) 如果有 ORDER 子句,则最终结果表还要按<列名 2>的值的升序或降序排序。

SELECT 语句既可以完成简单的单表查询,也可以完成复杂的连接查询和嵌套查询。下面仍以表 2-5～表 2-7 中的学生-选课数据库为例说明 SELECT 语句的多种用法。

1. 单表查询

单表查询是指仅涉及一个表的查询。

(1) 查询指定的列。有时用户只对表中的一部分属性列感兴趣,这可通过在 SELECT 子句的<目标列表达式>中指定要查询的列来实现。它对应关系代数中的投影运算。

(2) 查询表中行。带有 WHERE 子句的 SELECT 语句,执行结果只输出使查询条件为真的那些记录值。查询条件可用多种形式表示：

① 比较和逻辑运算。WHERE 之后的查询条件中允许出现比较运算符：=、>(大于)、>=(大于等于)、<(小于)、<=(小于等于)、<>(不等于)和逻辑运算符：AND(与)、NOT(非)、OR(或)等。

② 谓词 BETWEEN。用于判断某值是否属于一个指定的区间。

③ 谓词 IN。用来查找列值属于指定集合的元组。其否定是 NOT IN。

④ 字符匹配(LIKE)。用来进行字符串的匹配。其一般语法格式如下：

```
[NOT]LIKE '<匹配串>'[ESCAPE'<换码字符>',]
```

其含义是查找指定的属性列值与<匹配串>相匹配的元组。<匹配串>可以是一个完整的字符串,也可以含有通配符%和_。其中：%(百分号)代表任意长度(长度可为0)的字符串;_(下划线)代表任意单个字符。

(3) ORDER BY 子句。该子句后可以跟多个排序的变量名,第一个变量为主序,下面以此类推。每一个排序列名后可用限定词 ASC(升序——默认设置)或 DESC(降序)声明排序的方式。

【例 2.20】　用 SQL 表示一组简单查询操作。

① 查询学生表中全体学生的情况,即查整个表(* 代表指定表的所有列),表示为：

```
SELECT *
```

```
FROM student;
```

② 查选了 004 号课程且成绩在 85～95 之间的学生号。

```
SELECT sno
FROM s_c
WHERE cno='004' AND grade BETWEEN 85 AND 95;
```

③ 找出年龄小于 20 岁、籍贯是湖南或湖北的学生的姓名和性别。

```
SELECT sname,sex
FROM    student
WHERE   age<20 AND place IN('湖南','湖北');
```

④ 查所有姓刘或名字中第二个字为"晓"字的学生姓名、学号和性别。

```
SELECT sname,sno,sex
FROM student
WHERE sname LIKE '刘%'OR sname LIKE '__晓%';
```

注意：一个汉字占两个字符位，所以表示一个汉字需要用两个"_"。

⑤ 查询全体男学生的学号、姓名，结果按所在的院系升序排列，同一院系中的学生按年龄降序排列。

```
SELECT sno,sname
FROM student
WHERE sex='男'
ORDER BY dept,age DESC;
```

2. 函数与表达式

(1) 聚集函数(Build-In Function)。为方便用户，增强查询功能，SQL 提供了许多聚集函数，主要有：

```
COUNT([DISTINCT|ALL] * )          统计元组个数
COUNT([DISTINCT|ALL]<列名,)       统计一列中值的个数
SUM([DISTINCT|ALL]<列名>)         计算一数值型列值的总和
AVG([DISTINCT|ALL]<列名>)         计算一数值型列值的平均值
MAX([DISTINCT|ALL]<列名>)         求一列值中的最大值
MIN([DISTINCT|ALL]<列名>)         求一列值中的最小值
```

SQL 对查询的结果不会自动去除重复值，如果指定 DISTINCT 短语，则表示在计算时要取消输出列中的重复值。ALL 为默认设置，表示不取消重复值。聚集函数统计或计算时一般均忽略空值，即不统计空值。

(2) 算术表达式。查询目标列中允许使用算术表达式。算术表达式由算术运算符＋、－、＊、／与列名或数值常量及函数所组成。常见函数有：算术函数 INTEGER(取整)、SQRT(求平方根)、三角函数 SIN、COS 、字符串函数 SUBSRING(取子串)、UPPER

（大写字符）以及日期型函数 MONTHS_BETWEEN（月份差）等。

（3）分组与组筛选。GROUP BY 子句将查询结果表按某相同的列值来分组，然后再对每组数据进行规定的操作。对查询结果分组的目的是为了细化聚集函数的作用对象。如果未对查询结果分组，聚集函数将作用于整个查询结果。

分组与组筛选语句的一般形式：

```
<SELECT 查询块>
GROUP BY <列名>
HAVING <条件>
```

说明：

① GROUP BY 子句对查询结果分组，即将查询结果表按某列（或多列）值分组，值相等的为一组，再对每组数据进行统计或计算等操作。GROUP BY 子句总是跟在WHERE 子句之后（若无 WHERE 子句，则跟在 FROM 子句之后）。

② HAVING 短语常用于在计算出聚集函数值之后对查询结果进行控制，在各分组中选择满足条件的小组予以输出，即进行小组筛选。

比较：HAVING 短语是在各组中选择满足条件的小组；而 WHERE 子句是在表中选择满足条件的元组。

【例 2.21】　函数与表达式的使用例。

① 用聚集函数查询选修了课程的学生人数。

```
SELECT COUNT(DISTINCT sno)
FROM s_c;
```

学生每选修一门课，在 s_c 中都有一条相应的记录。一个学生可选修多门课程，为避免重复计算学生人数，必须在 COUNT 函数中用 DISTINCT 短语。

② 用聚集函数查选 001 号课并及格学生的总人数及最高分、最低分。

```
SELECT COUNT(*),MAX(Grade),MIN(Grade)
FROM s_c
WHERE cno='001'and grade>=60;
```

③ 设一个表 tab(a,b)，表的列值均为整数，使用算术表达式的查询语句如下：

```
SELECT a,b,a*b,SQRT(b)
FROM tab;
```

输出的结果是：tab 表的 a 列、b 列，及 a,b 的乘积与 b 的平方根。

④ 按学号求每个学生所选课程的平均成绩。

```
SELECT sno,AVG(grade) avg_grade      //为 AVG(grade)指定别名 avg_grade
FROM s_c
GROUP BY sno;
```

说明：SQL 提供了为属性指定一个别名的方式，这对表达式的显示非常有用。用户可通过指定别名来改变查询结果的列标题。

分组情况及查询结果示意图如图 2-12 所示。若将平均成绩超过 90 分的输出,则只需在 GROUP BY sno 子句后加 HAVING avg_grade＞90 短语即可。

	sno	cno	grade
1组	000101	c1	90
	000101	c2	85
	000101	c3	80
2组	010101	c1	85
	010101	c2	75
3组	020101	c3	70

查询结果:

sno	avg_grade
000101	85
010101	80
⋮	

图 2-12   分组情况及查询结果示意图

⑤ 求学生关系中湖北籍男生的每一年龄组(不少于 30 人)有多少人,要求查询结果按人数升序排列,人数相同时按年龄降序排列。

```
SELECT age,COUNT(sno)munber
FROM student
WHERE sex='男'AND place='湖北'
GROUP BY age
HAVING munber >30
ORDER BY munber,age DESC;
```

3. 多表查询

(1) 嵌套查询。在 SQL 语言中,WHERE 子句可以包含另一个称为子查询的查询,即在 SELECT 语句中先用子查询查出某个(些)表的值,主查询根据这些值再去查另一个(些)表的内容。子查询总是括在圆括号中,作为表达式的可选部分出现在条件比较运算符的右边,并且可有选择地跟在 IN、SOME(ANY)、ALL 和 EXIST 等谓词后面。采用子查询的查询称嵌套查询。

【例 2.22】 嵌套查询例。

① 找出年龄超过平均年龄的学生姓名。

```
SELECT sname                    //外层查询或父查询
FROM student
WHERE age>
    ( SELECT AVG(age)           //内层查询或子查询
    FROM student);
```

说明:子查询是嵌套在父查询的 WHERE 条件中的。子查询中不能使用 ORDER BY 子句,因为 ORDER BY 子句只能对最终查询结果排序。

嵌套查询一般的求解方法是先求解子查询,其结果用于建立父查询的查找条件。SQL 语言允许多层嵌套查询,使得人们可以用多个简单查询构成复杂的查询,从而增强 SQL 的查询能力。层层嵌套的方式构造程序正是 SQL 语言结构化的含义所在。

嵌套查询中,谓词 ALL、SOME 的使用一般格式:

<标量表达式><比较运算符>ALL|SOME(<表子查询>)

其中,X>SOME(子查询)表示 X 大于子查询结果中的某个值;X<ALL(子查询)表示 X
小于子查询结果中的所有值。此外,=SOME 等价于 IN。<>ALL 等价于 NOT IN。

② 找出平均成绩最高的学生号。

```
SELECT sno
FROM s_c
GROUP BY sno
HAVING AVG(grade)>=ALL
    (SELECT AVG(grade)
    FROM s_c
    GROUP BY sno);
```

(2) 条件连接查询。通过连接,使查询的数据从多个表中取得。查询中用来连接两
个表的条件称为连接条件,其一般格式为:

[<表名 1>·]<列名 1><比较运算符> [<表名 2>·]<列名 2>

连接条件中的列名称为连接字段。连接条件中的各连接字段类型必须是可比的,但
不必是相同的。当连接条件中比较的两个列名相同时,必须在其列名前加上所属表的名
字和一个圆点“.”以示区别。表的连接除“=”外,还可用比较运算符<>、>、>=、<、
<=以及 BETWEEN、LIKE、IN 等谓词。当连接运算符为“=”时,称为等值连接。

【例 2.23】　条件连接查询例。

① 查询全部学生的学生号、学生名和所选修课程号及成绩。

```
SELECT student.sno,sname,cno,grade
FROM student,s_c
WHERE student.sno=s_c.sno;
```

② 查询选修了数据库原理课程的学生学号、成绩。

用嵌套查询表示:

```
SELECT sno,grade
FROM s_c
WHERE cno IN
    ( SELECT cno
    FROM course
    WHERE cname='数据库技术');
```

上述语句可以用下面的条件连接查询语句表示:

```
SELECT sno,grade
FROM s_c,course
```

```
WHERE s_c.cno=course.cno AND cname='数据库技术';
```

若上例还要查询输出课程名、学分，用条件连接查询语句很容易实现，而用嵌套查询则难以实现，但一般嵌套查询效率较高。

③ 按平均成绩的降序给出所有课程都及格的学生（号、名）及其平均成绩，其中成绩统计时不包括 008 号考查课。

```
SELECT student.sno,sname,AVG(grade)avg_g
FROM student,s_c
WHERE student.sno=s_c.sno AND cno<>'008'
GROUP BY sno
HAVING MIN(grade)>=60
ORDER BY avg_g DESC;
```

连接操作不仅可以在两个表之间进行，也可以是一个表与其自己进行连接，这种连接称之为自身连接，涉及的查询称自身连接查询。

④ 找出年龄比"王迎"同学大的学生的姓名及年龄。

```
SELECT s1.sname,s1.age
FROM student s1,student s2              //s1、s1 在此用作设置的元组变量
WHERE s1.age>s2.age AND s2.sname='王迎';
```

（3）相关子查询。当子查询的判断条件涉及到外层父查询的属性时，称为相关子查询。相关子查询要用到存在测试谓词 EXISTS 和 NOT EXISTS，或者 ALL、SOME 等。

【例 2.24】 相关子查询例。

① 查询所有选修了 005 号课程的学生姓名和学号。

```
SELECT sname,sno
FROM student
WHERE EXISTS
    ( SELECT *
      FROM s_c
      WHERE s_c.sno= student.sno AND cno='005');
```

带存在谓词的子查询中，产生逻辑值谓词 EXISTS 作用是若内层查询结果非空，则外层的 WHERE 子句返回真，否则返回假。由 EXISTS 引出的子查询，其目标列表达式通常都用"＊"，因为带 EXISTS 的子查询只返回真值或假值，给出列名无实际意义。

相关子查询的一般处理过程是：首先取外层查询表中的第一个元组，根据它与内层查询相关的属性值一一进行判断，若 WHERE 子句返回值为真，则取此元组放入结果表；然后再取外层查询表的下一个元组；重复这一过程，直至外层表全部检查完为止。

与 EXISTS 谓词相对应的是 NOT EXISTS 谓词，其含义是：若内层查询结果为空，则外层的 WHERE 子句返回真值，否则返回假值。

② 查询没选修 001 课程的学生学号及姓名。

方法 1：

```
SELECT sno,sname
    FROM student
    WHERE NOT EXISTS
      ( SELECT *
        FROM s_c
        WHERE s_c.sno=student.sno AND cno='001');
```

方法 2：

```
SELECT sno,sname
    FROM student
    WHERE sno<>ALL
      ( SELECT sno
        FROM s_c
        WHERE cno='001');
```

一些带 EXISTS 或 NOT EXISTS 谓词的子查询不能被其他形式的子查询等价替换，但所有带 IN 谓词、比较运算符、SOME 和 ALL 谓词的子查询都能用带 EXISTS 谓词的子查询等价替换。

（4）集合运算。在 SQL 中提供了集合运算谓词：UNION、INTERSECT、EXCEPT。

【例 2.25】 设有某学院学生的三张表：一般研究生表 st1、在职研究生表 st2、全体研究生中的学生干部表 st3，其关系模式同 student 表。

① 查询全部研究生情况。

```
(SELECT * FROM st1)
 UNION
(SELECT * FROM st2);
```

② 查询非干部的在职研究生的学生情况。

```
  (SELECT * FROM st2)
EXCEPT
  (SELECT * FROM st3);
```

③ 求选修了 001 或 002 号而没有选 003 号课程的学生号。

```
  (SELECT sno
   FROM s_c
   WHERE cno='001'OR cno='002')
EXCEPT
  (SELECT sno
   FROM s_c
   WHERE cno='003');
```

4. 自然连接与外连接

在 SQL 中扩展了关系代数的连接操作概念,提供了一组连接运算谓词,可以实现自然连接(Natural Join)、内连接(Inner Join,即等值的条件连接)、外连接(Outer Join)、合并连接(Union Join)、交叉连接(Cross Join,即笛卡儿积)等。这里仅介绍常用的自然连接与外连接。

(1) 自然连接。这里的自然连接与关系代数中的自然连接功能是一样的。

【例 2.26】 查在计算机学院且课程成绩 90 分以上的学生档案及其成绩情况。

可用自然连接实现该例。

```
SELECT *
FROM student NATURAL JOIN s_c
WHERE dept='计算机学院'AND grade>=90;
```

(2) 外部连接。外部连接在结果中加上了每个关系中没有和另外一个关系中的元组相连的剩余元组,称之为悬浮元组。外部连接生成的关系模式是两个关系模式的并集,允许在结果表中保留不能连接的悬浮元组,空缺部分填以 NULL。外部连接的作用是在作连接操作时避免丢失信息。

外部连接的连接类型定义了关系之间连接条件不匹配元组的处理方式,有三类:

左外连接(LEFT [OUTER]JOIN),其结果表中保留左关系的所有元组。

右外连接(RIGHT [OUTER]JOIN),其结果表中保留右关系的所有元组。

全外连接(FULL [OUTER]JOIN),其结果表中保留左右两关系的所有元组。

【例 2.27】 设有教师和任职两个关系表如表 2-10 所示,其关系模式如下:

teacher(教师号,姓名,所属大学,职称)

post(编号,姓名,职务)

表 2-10　教师和任职两个关系表

(a) teacher				(b) post		
教师号	姓名	所属大学	职称	编号	姓名	职务
20064	赵雨林	武汉大学	教授	020	赵雨林	副市长
21089	李 岗	华中科大	教授	103	李 岗	科委主任
22089	韩英星	华中师大	副教授	204	吴 倩	计委书记
20076	张万象	地质大学	讲师	005	刘长江	副局长

若执行操作:

```
    SELECT *
FROM teacher NATURAL FULL OUTER JOIN post;        //自然全外连接
```

则该运算的结果包括三种类型的元组:

第一种元组描述的是既是教师又兼有职务的人,即两个关系的自然连接的结果集。

第二种元组描述的是未兼职的教师。这些元组是那些在 teacher 表的所有属性上有对应值,而只属于 post 表的编号,职务属性的对应值为 null。

第三种元组描述非教师的任职人员。这些元组是那些在 post 的所有属性上有对应值,而只属于 teacher 表的教师号,所属大学,职称属性的对应值为 null。

有关执行结果如表 2-11 所示。

表 2-11　teacher 表和 post 表的自然全外连接

	姓　名	教师号	所属大学	职　称	编　号	职　务
第一种	赵雨林	20064	武汉大学	教授	020	副市长
	李　岗	21089	华中科大	教授	103	科委主任
第二种	韩英星	22089	华中师大	副教授	NULL	NULL
	张万象	20076	地质大学	讲师	NULL	NULL
第三种	吴　倩	NULL	NULL	NULL	204	计委书记
	刘长江	ULL	NULL	NULL	005	副局长

若执行如下操作:

```
SELECT *
FROM techer NATURAL LEFT OUTER JOIN post;
```

则该运算结果只包括上述第一、二种类型的元组。

5. 递归合并查询

在实际应用中,会涉及到许多递归问题,如求组成零件的子零件、求树的子树等问题。这类问题可用递归合并查询来解决。递归合并查询是 SQL 的一个重要新特性(但非核心部分)。这里仅介绍线性递归,即最多有一个递归子目标。

在 SQL 中,可以由关键字 WITH 引导的递归合并查询语句来定义新的关系,然后就可以在 WITH 语句内部使用这些定义。

递归合并查询语句的简单形式如下:

```
WITH RECURSIVE <临时表 R>AS
<R 的定义>
UNION
<涉及 R 的查询>
<递归结果查询>
```

这就是说,可以定义一个名称为 R 的临时关系,然后再在某个查询中使用 R。

定义中的任何一个关系都可以是递归的,它们之间也可以是相互递归的,也就是说,每个关系都可以根据某个其他关系(包括它本身在内)来定义。

【例 2.28】　设有一个航班表 flight 记录了成都、西安、北京、广州、上海、武汉之间的航班信息,如表 2-12 所示。现需要求出能从一个城市飞到另一个城市的城市对集合(含直接到达和间接中转到达)。

表 2-12　flight 表

airline	from	to	depart	arrive
南航	武汉	成都	8:00	9:40
国航	成都	西安	9:30	12:30
东航	成都	北京	9:00	14:30
东航	北京	广州	15:30	19:30
东航	北京	上海	15:00	17:30
国航	广州	上海	18:30	21:30

设：以下式中的航线 a、起飞时间 d、到达时间 r 以及表示起点或终点的 f、t、t1 都是列变量。定义要求的结果集为关系 reach(f,t)，以下表达式描述了结果关系：

① reach(f,t)＝flight(a,f,t,d,r) 　　　　　　　　//f,t 在表的同一个元组中

② reach(f,t)＝flight(a,f,t1,d,r) AND reach(t1,t) 　　//f,t 不在表的同一个元组中

上述的定义是线性右递归的。式子①表明 reach 包含有能从第一个城市直达到另一个城市的城市对。式子②表明，如果能从 f 城市直达 t1 城市，并能从 t1 城市到达 t 城市，则就能从 f 城市到达 t 城市。

上述问题用 SQL 写出的相应查询语句如下：

```
WITH RECURSIVE reach(from,to)AS
    (SELECT from,to               //选出直接到达城市对
        FROM flight)
    UNION
    (SELECT flight.from,reach.to   //选出间接到达城市对
        FROM flight,reach
        WHERE flight.to=reach.from)
SELECT * FROM reach;
```

6. 空值处理

在许多情况下，必须对元组的分量赋值，但又不能给出具体的值。例如：在一个学生档案表中，有奖惩属性，但是有些学生尚没有任何奖惩，这该怎么办呢？这时可采用将奖惩属性标以空值（NULL）或三值逻辑（TRUE、FALSE 与 UNKNOWN）。

SQL 用空值标识某属性值的信息缺失。空值不同于空白或零值，可以有多种不同的解释，如：值暂时未知、值需隐瞒、无合适的值等。

空值会在多种情况下产生。如：当向关系中插入元组时，如果所用的命令只提供元组的某些分量而不是所有的分量，那么，对那些没有指定值的分量若没有默认值，则就会是空值；当进行外部连接运算时，也会产生大量的空值。

测试属性的值是否为空值的方法是使用关键字 IS NULL 和 IS NOT NULL。在 SQL 中只有一个特殊的地方——WHERE 查询条件中允许查询空值，形式如下：

```
WHERE <列名>IS [NOT]NULL
```

在 SQL 中不能使用条件表示：

```
<列名>=NULL
```

【例 2.29】　某些学生选修课程后没有参加考试，所以有选课记录，但无考试成绩。查询缺少选课成绩的学生号和相应的课程号。

```
SELECT sno,cno
FROM s_c
WHERE grade IS NULL;
```

注意：

(1) 空值不是常量。不能显式地将空值作为操作数使用。

(2) 空值不能用来表示默认值、不可用值。

(3) 尽量少使用空值，大部分聚集函数忽略空值。

2.4.4　SQL 的数据更新

SQL 中数据更新包括插入数据、修改数据和删除数据。向数据库表插入新行用 INSERT 语句。

1. 用子句向表中插入数据

用 VALUES 子句向表中插入数据的语句格式为：

```
INSERET INTO <表名>[(<列名 1>[,<列名 2>]…)]
VALUES(<常量 1>[,<常量 2>]…)
```

其功能是将新元组插入指定表中。其中新元组属性列 1 的值为常量 1，属性列 2 的值为常量 2，……。如果某些属性列在 INTO 子句中没有出现，则新元组在这些列上将取空值。

如果 INTO 子句中没有指明任何列名，则新插入的记录必须在每个属性列上均有值。

2. 用子查询向表中插入数据

用子查询向表中插入数据的语句格式为：

```
INSERET INTO <表名>[(<列名 1>[,<列名 2>]…)]
<查询语句>;
```

其功能是以批量插入的方式，一次将查询的结果全部插入指定表中。

【例 2.30】　分别用子句和子查询向表中插入数据。

(1) 把新转学来的学生王晓雪的记录加入到学生表 student 中。

```
INSERT INTO student
VALUES(200510,'王晓雪',20,'女','英语系','湖北省');
```

（2）设已建研究生复试表 st1_grade，平均成绩优秀的学生将免试成为研究生，将这些学生的学号、姓名及平均成绩插入研究生复试表。

```
INSERT INTO st1_grade(gno,name,avg)
SELECT student.sno,sname,AVG(grade)avg_good
FROM    student,s_c
WHERE   student.sno=s_c.sno
GROUP BY sno
HAVING avg_good >=90;
```

3. 用子句修改表中数据

修改表中的记录用 UPDATE 语句。用 SET 子句修改表中数据的语句格式为：

```
UPDATE <表名>
SET <列名>=<表达式>[,<列名>=<表达式>]
[WHERE <条件表达式>]
```

其功能是修改指定表中满足 WHERE 条件的元组。其中，SET 子句用于指定修改值，即用表达式的值取代相应的属性列值。如果省略 WHERE 子句，则表示要修改表中的所有元组。

4. 用子查询修改表中数据

子查询可以嵌套在修改语句中，用以构造执行修改操作的条件。

【例 2.31】 分别用子句、子查询修改表中数据。

（1）把计算机学院所有学生的年龄增加一岁。

```
UPDATE student
SET age=age+1
WHERE dept='计算机学院';
```

（2）学生"左彼"在 001 号课程考试中作弊，该课成绩应作零分计。

```
UPDATE s_c
SET grade=0
WHERE cno='001' AND sno=
    (SELECT sno
     FROM student
     WHERE sname='左彼');
```

（3）当某学生 008 号课程的成绩低于该门课程的平均成绩时，提高 5%。

```
UPDATE s_c
SET    grade=grade * 1.05
WHERE  cno='008'AND grade<
(SELECT avg(grade)
```

```
FROM s_c
WHERE cno='008');
```

这里在内层子句中使用了外层 UPDATE 子句中出现的关系名 s_c,但这两次使用是不相关的,即这个修改语句执行时,先执行内层 SELECT 语句,然后再对查找到的元组执行修改操作,而不是边找元组边修改。当插入语句和删除语句遇到类似情况时,也是如此处理。

5. 删除数据

删除数据用 DELETE 语句,其语句一般格式为:

```
DELETE
FROM <表名>
[WHERE <条件表达式>]
```

功能是从指定表中删除满足 WHERE 条件的所有元组。如果省略 WHERE 子句,表示删除表中的全部元组。

【例 2.32】 删除学号为"990081"的学生信息。

```
DELETE
FROM student
WHERE sno='990081';
```

注意:若表 s_c 未定义外键及其约束选项,此操作执行后,学生表 student 中学号为"990081"的学生信息不存在了,但在学习表 s_c 中,该学生的相关学习信息仍在,破坏了数据的完整性,故需进行相关数据的显式删除。

子查询同样也可以嵌套在删除语句中,用以构造执行删除操作的条件。

插、删数据注意:插入时,表定义中说明了 NOT NULL 的列不能取空值;若已定义主键、外键及其约束选项,则向参照表中插入、删除元组时,关系 DBMS 会自动保证实体完整性、参照完整性;否则,删除时需用户维护一致性,注意相关数据。

2.4.5 SQL 中的视图

1. 视图与表的关系

(1) 视图(View)是从一个或几个基本表(或视图)导出的表。视图是以现存表的全部或部分内容建立起来的一个表。视图非物理存在,它不包含真正存储的数据,其内容不占存储空间。因此视图也被称做虚表,而真正物理存在的表称做基本表或实表。

(2) 视图是用户用来看数据的窗口。任何对基本表中所映射的数据更新,通过该窗口在视图可见的范围内都可以自动和实时地再现。

(3) 对视图的一切操作最终将转换为对基本表的操作。即任何对视图允许的更新也将自动和实时地在相应基本表所映射的数据上实现。

(4) 更新视图有限制。视图与表一样可被查询、删除,即可以像一般的表那样操作,但对视图的更新操作有一定的限制。

2. 视图的作用

视图最终是定义在基本表之上的,对视图的一切操作最终也要转换为对基本表的操作。既然如此,为什么还要定义视图呢? 这是因为视图有以下作用:

(1) 简化结构及复杂操作。视图机制使用户可以将注意力集中在他所关心的数据上。使用户眼中的数据库结构简单、清晰,并且可以简化用户的复杂查询操作。

(2) 多角度地、更灵活地共享。视图机制能使不同的用户从多种角度以不同的方式看待同一数据。当许多不同种类的用户使用同一个数据库时,这种灵活性是非常重要的。

(3) 提高逻辑独立性。由于有了视图机制,所以当数据库重构时,有些表结构的变化,如增加新的关系、结构的分解或对原有关系增加新的属性等,用户和用户程序不会受影响。视图对重构数据库提供了一定程度的逻辑独立性。

(4) 提供安全保护。有了视图机制,就可以在设计数据库应用系统时,对不同的用户定义不同的视图,使机密数据不出现在不应看到这些数据的用户视图上,这样就由视图机制自动提供了对机密数据的安全保护功能。

3. 创建视图

SQL 语言用 CREATE VIEW 命令建立视图,其一般格式为:

```
CREATE VIEW <视图名>[(<列名1>[,<列名2>]…)]
AS <子查询>
[WITH CHECK OPTION]
```

其中,子查询可以是任意复杂的 SELECT 语句。

【**例 2.33**】 创建视图例。

(1) 建立一个只包括女学生学号、姓名和年龄的视图 s_st。

```
CREATE VIEW s_st(no,name,age)
AS SELECT sno,sname,age
FROM student
WHERE sex='女';
```

系统执行 CREATE VIEW 语句的结果只是把视图的定义存入数据字典,并不执行其中的 SELECT 语句。只是在对视图查询时,才按视图的定义从基本表中将数据查出。因基本表随着更新操作在不断变化,所以视图对应的内容是实时、最新的内容,并非总是视图定义时的内容。

WITH CHECK OPTION 子句表示对视图进行 UPDATE、INSERT 和 DELETE 操作时要保证更新、插入或删除的行满足视图定义中子查询中的条件。

(2) 建立信息院学生的视图,并要求进行修改和插入操作时仍需保证该视图只有信息院的学生记录。

```
CREATE VIEW d_student
AS SELECT *
FROM student
WHERE dept= '信息院 '
WITH CHECK OPTION;
```

由于在定义 d_student 视图时加上了 WITH CHECK OPTION 子句,以后对该视图进行插入、修改和删除操作时,DBMS 会自动加上 dept='信息院'的条件。

如果 CREATE VIEW 语句仅指定了视图名,省略了组成视图的各个属性列名,则表示该视图由子查询中 SELECT 子句目标列中的诸属性列组成。但在下列三种情况下必须明确指定组成视图的所有列名:

(1) 某个目标列不是单一的属性名,而是集函数或列表达式。

(2) 多表连接时选出了几个同名列作为视图的属性。

(3) 需要在视图中为某个列启用新的更合适的名字。

视图创建总是包括一个查询语句 SELECT。可以利用 SELECT 语句从一个表中选取所需要的行或列构成视图,也可以从几个表中选取所需要的行或列(使用子查询和连接查询方式)构成视图。

【例 2.34】　从学生表、课程表和选课表中产生一个视图 s_grade,它包括学生号、姓名、课程名和成绩。

```
CREATE VIEW s_grade
AS SELECT student.sno,sname,cname,grade
FROM student,course,s_c
WHERE student.sno=s_c.sno AND course.cno=s_c.cno;
```

若需再建立一个选修了课程且成绩在 90 分以上的学生的视图,因为已定义了一个关于学生选课情况的视图 s_grade,故可在该视图基础上再建新视图。

```
CREATE VIEW s_good
AS SELECT *
FROM s_grade
WHERE grade>=90;
```

以下是一些特殊视图:

(1) 行列子集视图是指视图是从单个基本表导出,并且只是去掉了基本表的某些行和某些列,但保留了主键的视图。

(2) 分组视图是指带有集函数和 GROUP BY 子句查询所定义的视图。

(3) 带虚拟列的视图是指设置了一些基本表中并不存在的虚拟列(派生列)的视图,这种视图也称为带表达式的视图。

定义基本表时,为了减少数据库中的冗余数据,表中只存放基本数据,由基本数据经过各种计算派生出的数据一般是不存储的。由于视图中的数据并不实际存储,所以定义视图时可以根据应用的需要,设置一些派生属性列。

【例 2.35】 将学生的学号及其选课的平均成绩定义为一个视图。

```
CREATE VIEW s_avg(sno,gavg)         //gavg 是基本表中不存在的派生属性列
AS SELECT sno,AVG(grade)
FROM s_c
GROUP BY sno;
```

上例是一个带虚拟列的分组视图。视图不仅可以建立在一个或多个基本表上,也可以建立在一个或多个已定义好的视图上,或建立在基本表与视图上。

有了视图机制,数据独立性大为提高,不管基本表是扩充还是分解均不影响对概念数据库的认识。只需重新定义视图内容,而不改变面向用户的视图形式,因而保持了关系数据库逻辑上的独立性。

【例 2.36】 设有学生关系 stud(sno,sname,sex,age,dept,…,degree),根据需要分为了两个表:

简表:st1(sno,sname)

简历表:st2(sno,sex,age,dept,…,degree)

此时原基本表 stud 是 st1 和 st2 自然连接的结果,这时可建立一个视图 st-view 以得到原基本表的效果:

```
CREATE VIEW st-view
    AS SELECT st1.sname,st2.*
    FROM st1,st2
    WHERE st1.sno=st2.sno;
```

这时,虽然数据库的逻辑结构发生了改变,由一个表变成了两个表,但由于定义了一个和原表逻辑结构一样的视图,使用户的子模式没有发生改变,因此,用户的应用程序不必修改,仍可通过视图来查询数据,但更新操作会受到影响。

4. 删除视图

视图建好后,若导出此视图的基本表被删除了,该视图将失效,但视图定义一般不会被自动删除(除非指定了基本表的级联删除 CASCADE),故要用语句进行显式删除,该语句的一般格式为:

```
DROP VIEW <视图名>{CASCADE|RESTRICT}
```

【例 2.37】 删除视图 s_good。

```
DROP VIEW s_good RESTRICT;
```

注:RESTRICT 确保只有无相关对象(无其他视图、约束等定义涉及)的视图才能被撤销。

5. 查询视图

一旦视图定义好后,用户就可以像对基本表一样对视图进行查询了。也就是说,在

前面介绍的对表的各种查询操作都可以作用于视图。

DBMS 执行对视图的查询时,首先进行有效性检查,检查查询涉及的表、视图等是否在数据库中存在,如果存在,则从数据字典中取出查询涉及的视图的定义,把定义中的子查询和用户对视图的查询结合起来,转换成对基本表的查询,然后再执行这个经过修正的查询。这种将对视图的查询转换为对基本表的查询的过程称为视图消解(View Resolution)。

6. 更新视图

目前,大部分数据库产品都能够正确地对视图进行数据查询的操作,但还不能对视图作任意的更新操作,因此视图的更新操作还不能实现逻辑上的数据独立性。下面介绍更新视图的一些限制。

更新视图包括插入(INSERT)、删除(DELETE)和修改(UPDATE)三类操作。由于视图是不实际存储数据的虚表,因此对视图的更新,最终要转换为对表的更新,即通过对表的更新来实现视图更新。

为防止用户通过视图对数据进行增、删、改时,无意或故意操作不属于视图范围内的表的数据,可在定义视图时加上 WITH CHECK OPTION 子句,这样在视图上增、删、改数据时,DBMS 会进一步检查视图定义中的条件,若不满足条件,则拒绝执行该操作。

【**例 2.38**】 删除例 2.33(2)信息院学生视图 d_student 中学号为 200029 的学生记录。

```
DELETE
FROM d_student
WHERE sno='200029';
```

转换为对基本表的更新:

```
DELETE
FROM student
WHERE sno='200029' AND dept='信息院';
```

这里系统自动将 dept='信息院'放入子句中。

在关系数据库中,并非所有的视图都是可更新的,因为有些视图的更新不能唯一地有意义地转换成对相应基本表的更新。

如例 2.35 中定义的视图 s_avg 是由学号和平均成绩两个属性列组成的,其中平均成绩一项是由 s_c 表中对元组分组后计算平均值得来的。若想把视图中某学生的平均成绩改成 90 分,则对该视图的更新是无法转换成对基本表 s_c 的更新的。因为系统无法修改该生各科成绩,使之平均成绩成为 90 分。所以该视图是不可更新的。

不能更新的视图有两种:

(1) 不可更新视图。理论上已证明是不可更新的视图。

(2) 不允许更新视图。理论上允许,但实际系统中不支持其更新。

有些视图从理论上讲是不可更新的,还有些视图在理论上是可更新的,但它们的确切特征还尚待研究。目前各关系 DBMS 一般都允许对行列子集视图进行更新,各系统对视图的更新均有自己的规定,由于系统实现方法上的差异,这些规定也不尽相同。

2.4.6　过程化 SQL

非过程化的结构化查询语言 SQL 对于用户来说,交互命令式使用极为便利。然而描述一些业务流程时,这种 SQL 语句就有些无能为力了。过程化 SQL 正是为了解决这一问题。基本 SQL 高度非过程化,用于交互式;过程化 SQL 是对 SQL 的过程化扩展,用于程序式。

1. 永久存储模块

SQL3 通过增加程序的能力使之扩充。其内容包括流程控制能力,如选择、循环等。这些扩充在称之为永久存储模块(Persistent Stored Modules,SQL/PSM)的扩展包中。"永久"即程序模块被删前一直被保存,在用户使用期执行有效。"存储"即程序模块可像数据一样存储在数据库服务器中。它的主要好处是:将过程化引入 SQL,可用 SQL 创建程序模块,可接收输入/输出及直接返回值;用 SQL 语句组操作可提高性能。

2. SQL 的过程化扩展

过程化 SQL(Procedural Language SQL)是对标准 SQL 语言的过程化扩展。它将第 4 代语言 SQL 语言的强大灵活性与第 3 代语言的过程性结构融为一体,集成了强大的 SQL 数据操作能力和过程化的流程控制能力,为设计数据库应用提供了功能强大、健壮可靠的程序设计语言。因为不少数据库公司已将过程化 SQL 整合到数据库服务器和其开发工具中,所以在客户端环境和服务器中都可以编写过程化的 SQL 程序。过程化 SQL 语法和功能因 DBMS 不同而不同。有关内容将在第 8.2、第 9.2 节介绍。

2.5　本章小结

关系数据模型包括三方面的内容:关系数据结构、关系数据操作和关系的完整性约束。关系模式是对关系数据结构等的描述。关系数据操作主要指表的查询与更新等操作,而关系数据的完整性要求关系的元组在语义上还必须满足一定的约束,以使数据库中的数据能保持一致性和正确性。关系模型结构简单,表达能力强,使用方便,有坚实的理论基础。

关系数据模型中有两类典型的抽象语言:关系代数和关系演算。

5 种基本的关系代数运算是关系的并、差、广义笛卡儿积、投影和选择。4 种组合关系运算是关系的交、除、连接和自然连接。7 种扩充的关系运算是关系的广义投影、赋值、外连接、外部并、半连接、聚集和重命名。通过这些关系代数运算与其组合运算,可方便地描述关系数据的各种查询和更新操作。

关系演算可分为元组关系演算和域关系演算两种。元组关系演算以元组为变量,用元组演算公式描述关系;域关系演算则以域为变量,用域演算公式描述关系。关系代数与关系演算的表达能力是等价的。

实现的关系数据库语言都属于非过程化语言,以关系代数为基础的数据库语言非过程化较弱,以关系演算为基础的数据库语言非过程化较强。

SQL 是介于关系代数和元组演算之间的一种结构化、非过程化且进行了过程化扩展的查询语言。用 SQL 可以定义和删除表、视图和索引等;对数据库中数据进行各种查询和更新操作。其中,SELECT 是最常用、最基本的操作。不仅能进行单表查询,还能进行多表的连接、嵌套和递归查询,并能对查询结果进行统计、计算和排序等。

SQL 提供视图功能,视图是由若干个基本表或其他视图导出的表。通过视图得到结果集以满足不同用户的特殊需求。视图可简化数据查询,保持数据独立性、提供数据安全性。

习 题 2

1. 关系、关系模型、关系模式、关系数据库之间有什么样的联系? 关系代数、元组关系演算和域关系演算各有何查询风格?

2. 判断题

(1) 关系模型指关系数据库的结构。

(2) 等值连接是自然连接的一种特殊情况。

(3) 关系代数和安全的关系演算在功能上是等价的。

3. 简答题

(1) 关系模型的完整性规则有哪几类? 在关系模型的参照完整性规则中,外键属性的值是否可以为空? 什么情况下才可以为空?

(2) 比较下列概念:

① 关系与普通表格、关系与文件有何区别?

② 笛卡儿积连接与条件连接有何区别?

③ 等值连接与自然连接有何区别?

④ 外连接与自然连接有何区别?

(3) 相关子查询与不相关子查询的区别是什么?

(4) 简述视图与表有何不同? 视图有哪些用途?

4. 设有图 2-13 所示的 5 个关系 R、S、T、U 和 V,请写出下列各种运算结果。

(1) R∪S (2) R∩S (3) R×S (4) U÷V (5) R 与 T 的外部并

(6) U 与 T 的外连接、左外连接及右外连接   (7) T⋈S、S×T

R			S			T			U					V	
X	Y		X	Y		Y	Z		X	Y	Z	W		Z	W	
a	b		d	a		b	b		a	b	c	d		e	f	
b	a		b	a		b	b		a	a	e	f		d	d	
c	c		d	c		c	d		c	a	c	d				

图 2-13 关系表

5. 已知学生表 S、任课表 C 和选课表 SC 如表 2-13～表 2-15 所示,试用关系代数表示下列查询。

(1) 查询"张景林"老师所授课程号和课程名。

(2) 查询选修课程名为"C 语言"或者"数据库"的学生学号。

(3) 查询"高晓灵"同学所选修课程的课程号及课程名。

(4) 查询至少选修两门课程的学生学号。

(5) 查询全部学生都选修课程的课程号和课程名。

(6) 查询至少选修"张景林"老师所授全部课程的学生姓名。

6. 设学生-选课数据库如本章表 2-5～表 2-7,试用 SQL 语句完成以下操作:

(1) 查询考试成绩不及格的学生的学号及成绩。

(2) 查询年龄在 19～25 岁之间的学生的姓名、院系和年龄,并按年龄的降序排序。

(3) 查询姓名中含"国"字且籍贯在四川的学生档案情况。

(4) 按院系查询学生总人数。

(5) 计算选修了 008 号课程的学生的平均成绩和最高分及最低分。

(6) 求平均成绩在 85 分以上(含 85)的各门课程号及平均成绩。

7. 已知学生表 S、任课表 C 和选课表 SC,如本章习题 5 的表 2-13～表 2-15 试用 SQL 语句实现下列查询。

(1) 查询"张景林"老师所授课程号和课程名。

(2) 查询选修课程名为"C 语言"或者"数据库"的学生学号。

(3) 查询"高晓灵"同学所选修课程的课程号及课程名。

(4) 查询至少选修课程号为 c3 和 c4 的学生姓名。

表 2-13　学生表 S

学号 sno	姓名 sname	性别 sex	年龄 age
200101	王萧虎	男	18
200102	李云钢	女	20
210101	郭敏星	女	18
210102	高晓灵	女	21
220101	王　睿	男	19
⋮			

表 2-14　任课表 C

课程号 cno	课程名 cname	教师 teacher
c1	数学	王刚文
c2	英语	章　亮
c3	C 语言	张景林
c4	数据库	张景林
⋮		

表 2-15　选课表 SC

学号 sno	课程号 cno	成绩 grade
000101	c1	90
000101	c2	87
000101	c3	72
010101	c1	85
010101	c2	62
020101	c3	70
⋮		

(5) 用 EXISTS 来查询学习课程号为 c5 的学生学号与姓名。

(6) 查询没选 c1 课程的学生姓名与性别。

8. 现有如下关系：

职工：E(职工号,姓名,性别,职务,家庭地址,部门号)

部门：D(部门号,部门名称,地址,电话)

保健：B(保健号,职工号,检查日期,健康状况)

用关系代数((1)～(4)题)、SQL 语言((1)～(6)题)完成下列功能：

(1) 查找所有女科长的姓名和家庭地址。

(2) 查找部门名称为"办公室"的科长姓名和家庭地址。

(3) 查找部门名为"财务科"、健康状况为"良好"的职工姓名和家庭地址。

(4) 删除职工关系表中职工号为"3016"的记录。

(5) 将职工号为"3016"的职工的健康状况改为"一般"。

(6) 建立健康状况为"差"的职工情况的视图。

第3章

chapter 3

关系模式的规范化设计

关系规范化理论是指导关系数据库设计的基础。本章介绍关系模式的规范化、数据依赖公理以及关系模式的分解，讨论如何设计关系数据库的模式问题。

3.1 函 数 依 赖

3.1.1 关系模式的设计问题

建立一个数据库应用系统，关键问题是如何把现实世界表达成适合于它们的数据库模式，这是数据库的逻辑结构设计问题。关系模型有严格的数学理论基础，因此人们就以关系模型为背景来讨论这个问题，形成了数据库逻辑结构设计的一个有力工具——关系数据库的规范化理论。

就关系模型而言首先应明确如何评价其优劣，然后方能决定改进或取代较差模型的方法。下面通过一个具体的关系来考察这样的关系模式在实际使用中存在的问题。

设有学生关系模式：S(sno,sname,class,cno,tno,tname,tage,address,grade)

其中，属性分别表示：学号、学生姓名、班级、课程号、教师号、教师姓名、教师年龄、教师地址、学生成绩。其关系如表 3-1 所示。

表 3-1　学生关系 S

sno	sname	class	cno	tno	tname	tage	address	grade
s1	刘力	200101	c1	t1	周文军	38	a1	78
s1	刘力	200101	c2	t2	曹立新	27	a1	64
s2	李军	200101	c1	t1	周文军	38	a1	85
s2	李军	200101	c2	t2	曹立新	27	a1	62
s2	李军	200101	c3	t3	罗晓丽	52	a2	85
s3	王林	200102	c1	t1	周文军	38	a1	72
s3	王林	200102	c3	t3	罗晓丽	52	a2	93
s4	沈国立	200102	c2	t2	曹立新	27	a1	72
s4	沈国立	200102	c3	t3	罗晓丽	52	a1	66
s4	沈国立	200102	c4	t1	周文军	38	a1	73

在这个关系中,(sno,cno)是该关系模式的主键。经分析,该关系存在以下问题:

(1) 数据冗余度高。一个学生通常要选修多门课程,这样 sname、class、tno、tname、tage、address 在这个关系中要重复存储多次,浪费了存储空间。

(2) 数据修改复杂。由于数据的冗余,在数据修改时会出现问题。例如,若学生改姓名,其所有元组都要修改 sname 的值;若某个教师的地址改变了,选修该教师课程的所有学生都要修改 address 的值,若有遗漏,就会造成该教师地址的不唯一,即影响数据的一致性。

(3) 插入异常。插入异常是指应该插入到数据库中的数据不能执行插入操作的情形。例如,当学生没选课前,虽然知道他的学号、姓名和班级,仍无法将他的信息插入到关系 S 中去。因为其主键为(sno,cno),cno 为空值时,插入是禁止的(违反实体完整性规则)。

(4) 删除异常。删除异常是指不应该删去的数据被删去的情形。例如,删除 cno= 'c2' 的元组,结果会丢失曹立新老师的姓名、年龄和地址信息,该老师并没有调走,但从关系 S 中已查不到他的信息了。

产生上述问题的原因是:关系 S 存在多余的数据依赖,或者说不够规范。如果用 4 个关系 ST、CT、TA 和 SC 代替原来的关系 S,如表 3-2~表 3-5 所示,前面提到的 4 个问题基本解决了。

表 3-2　ST

sno	sname	class
s1	刘力	200101
s2	李军	200101
s3	王林	200102
s4	沈国立	200102

表 3-3　CT

cno	tno
c1	t1
c2	t2
c3	t3
c4	t1

表 3-4　TA

tno	tname	tage	address
t1	周文军	38	a1
t2	曹立新	27	a1
t3	罗晓丽	52	a2

每个学生的 sname、class,每个教师的 tno、tname、tage、address 只存放一次;当学生没有选课时可将其信息插入到关系 ST 中;当删除某门课时,也不会把任课教师的姓名、年龄和地址信息删去,这些信息可保存在关系 TA 中。

然而上述的关系模式也不是在任何情况下都是最优的。例如,要查询教某一门课的教师地址,就要将 CT 和 TA 两个关系做自然连接操作,但连接的代价是很大的,而在原来的关系中可以直接找到,这样看来,原来的关系模式也有好的地方。到底什么样的关系模式是较优的? 本章将研究和解决这些问题,而解决这些问题的基础是了解数据间的函数依赖。

表 3-5　SC

sno	cno	grade
s1	c1	78
s1	c2	64
s2	c1	85
s2	c2	62
s2	c3	85
s3	c1	72
s3	c3	93
s4	c2	72
s4	c3	66
s4	c4	73

客观世界中的事物是彼此联系、互相制约的。这种联系分为两类,一类是实体与实体之间的联系;另一类是实体内部各属性间的联系。第 1 章已讨论了第一类联系,即数

据模型。本章讨论第二类联系,即属性间的联系,它分为函数依赖和多值依赖。

3.1.2　函数依赖的概念

关系模式是由一组属性构成的,而属性之间可能存在着相关联系。在这些相关联系中,决定联系是最基本的。例如,在公安部门的居民表中,一个身份证号代表了一个居民,它决定了居民的姓名、性别等其他属性。因此,应将这种决定联系揭示出来,这就是函数依赖关系。

定义 3.1　设 R(U)是属性集 U 上的关系模式,X、Y 是 U 的子集,r 是 R 的任一具体关系,如果对 r 的任意两个元组 s、t,由 s[X]=t[X],能导致 s[Y]=t[Y],则称 X 函数决定 Y,或 Y 函数依赖于 X,记为 X→Y。

由于函数依赖类似于变量之间的单值函数关系,所以也可以做如下定义:

设 R(U)、X、Y 的含义同上,如果 R(U)的所有关系 r 都存在着:对于 X 的每一具体值,都有 Y 唯一的具体值与之对应,则称 X 函数决定 Y,或 Y 函数依赖于 X。

注意:

(1) 函数依赖是语义范畴的概念。只能根据语义来确定一个函数依赖,而不能按照形式定义来证明一个函数依赖的成立。例如,姓名→班级这个函数依赖只有在没有同名的前提下才成立。

(2) 函数依赖不是指关系模式 R 的某个或某些关系满足的约束条件,而是指 R 的一切关系均要满足的约束条件。

【例 3.1】　设 R(读者编号,姓名,图书编号,书名,借书日期),求其函数依赖。

解:根据对借书活动的理解,可以得到如下的函数依赖:

读者编号→姓名,图书编号→书名,(读者编号,图书编号)→借书日期

【例 3.2】　指出表 3-1 学生关系 S 中存在的函数依赖关系。

解:关系 S(sno,sname,class,cno,tno,tname,tage,address,grade)中存在下列函数依赖:

sno→sname(每个学号只能有一个学生姓名)

sno→class(每个学号只能有一个班级)

tno→tname(每个教师只能有一个姓名)

tno→tage(每个教师只能有一个年龄)

tno→address(每个教师只能有一个地址)

(sno,cno)→grade(每个学生学习一门课只能有一个成绩)

cno→tno(设每门课程只有一个教师任教,而一个教师可教多门课程,见 CT 表)

函数依赖的意义是:反映表中属性之间的决定关系。即当 X 的值确定以后,Y 的值即被唯一确定。表中所有函数依赖的集合称为函数依赖集。该集合规定了表中数据之间的依赖关系。所以也称为数据库表的约束条件。

下面介绍一些术语和记号:

(1) X→Y,但 Y⊈X,则称 X→Y 是非平凡的函数依赖。若不特别声明,本章总是讨论非平凡的函数依赖。X→Y,但 Y⊆X,则称 X→Y 是平凡的函数依赖。若 X→Y,则 X

叫做决定因素。

(2) 若 X→Y,Y→X,则记作 X←→Y。

(3) 若 Y 不函数依赖于 X,则记作 X↛Y。

设 R(U)是属性集 U 上的关系模式,X、Y、Z 是 U 的不同子集,非空且不互相包含,函数依赖可分为完全函数依赖、部分函数依赖、传递函数依赖等几类。

定义 3.2 在 R(U)中,如果 X→Y,并且对于 X 的任何一个真子集 X′,都有 X′↛Y,则称 Y 完全函数依赖于 X,记作 $X \xrightarrow{f} Y$。若 X→Y,但 Y 不完全函数依赖于 X,则称 Y 部分函数依赖于 X,记作 $X \xrightarrow{P} Y$。

【例 3.3】 试指出表 3-1 学生关系 S 中存在的完全函数依赖和部分函数依赖。

解:由定义 3.2 可知,左部为单属性的函数依赖一定是完全函数依赖,所以 sno→sname,sno→class,tno→tname、tno→tage,tno→address,cno→tno 都是完全函数依赖。

对于左部由多属性组合而成的函数依赖,就要看其真子集能否决定右部属性。

(sno,cno)→grade 是一个完全函数依赖,因为 sno↛grade,cno↛grade。

(sno,cno)→sname,(sno,cno)→class,(sno,cno)→tno,(sno,cno)→tname,(sno,cno)→tage,(sno,cno)→address 都是部分函数依赖,因为 sno→sname,sno→class,cno→tno,cno→tname,cno→tage,cno→address。

定义 3.3 在 R(U)中,设 X、Y、Z 为 U 中的 3 个不同子集,如果 X→Y(Y⊈X),Y↛X,Y→Z,则必有 X→Z,则称 Z 传递函数依赖于 X,记作 $X \xrightarrow{t} Z$。

注意:加上条件 Y↛X,是因为如果 Y→X,则 X←→Y,实际上 Z 是直接函数依赖于 X,而不是传递函数依赖。

【例 3.4】 试指出表 3-1 学生关系 S 中存在的传递函数依赖。

解:因为 cno→tno,tno↛cno,tno→tname,所以 cno→tname 是一个传递函数依赖。类似地,cno→tage、cno→address 也是传递函数依赖。

以下讨论问题时由于仅涉及属性全集 U 和函数依赖集 F,故关系模式表示为:R<U,F>。

3.1.3 候选键的形式定义

候选键是能唯一地标识实体而又不包含多余属性的属性集。这只是直观的概念,有了函数依赖的概念之后,就可以把候选键和函数依赖联系起来,给出比较形式化的定义。

定义 3.4 设 X 为 R<U,F>中的属性或属性集,若 $X \xrightarrow{f} U$,则 X 为 R 的候选键,简称键。

在定义中,X→U 表示 X 能唯一决定一个元组;$X \xrightarrow{f} U$ 表示 X 是能满足唯一标识性而又无多余的属性集,因为不存在 X 的真子集 X′,使得 X′→U。

说明：

（1）候选键的唯一确定性。指候选键能唯一决定关系（表）中一行。

（2）候选键的最小性。指构成候选键的属性数要最少。

（3）存在性和不唯一性。任何一个关系都有候选键，而且可能不止一个。

由候选键可以引出下列一些概念：

主键　　一个关系的候选键是不唯一的。若候选键多于一个，则选定其中的一个作为主键。因此一个关系的主键是唯一的。

主属性　　包含在任何一个候选键中的属性，叫做主属性。

非主属性　　不包含在任何一个候选键中的属性，叫做非主属性。

【例 3.5】　指出表 3-6 学生关系中的候选键、主属性和非主属性。

解：在没有同名的情况下，学号、姓名均为候选键，那么这两个属性均为主属性。而性别、年龄、院系名这三个属性为非主属性。

【例 3.6】　指出表 3-7 关系 R 中的候选键、主属性和非主属性。

表 3-6　学生关系

学号	姓名	性别	年龄	院系名
s1	刘力	男	19	计算机学院
s2	李军	男	18	计算机学院
s3	王林	女	20	电子系
s4	沈国立	男	19	电子系

表 3-7　关系 R

A	D	E
a1	d1	e2
a2	d6	e2
a3	d4	e3
a4	d4	e4

解：所有元组在属性 A 下的值各不相同，所以它能函数决定关系 R 的所有属性，因此 A 是 R 的一个候选键。又因为所有元组在属性集（D，E）下的值也是各不相同，所以它能函数决定关系 R 的所有属性，而且 $D \not\to AE$，$E \not\to AD$，即（D，E）中不包含多余的属性，因此（D，E）也是 R 的一个候选键。

关系 R 的主属性为：A，D，E；关系 R 的非主属性：无。

3.2　关系模式的规范化

3.2.1　关系与范式

为了使数据库设计的方法走向完备，人们研究了规范化理论。在关系数据库中，将满足不同要求的关系等级称范式（Normal Form）。通过定义一组范式，来反映数据库的操作性能。

E. F. Codd 最早提出了规范化的问题。他在 1971 年提出了关系的第 1 范式、第 2 范式、第 3 范式的概念。1974 年，他和 R. F. Boyce 共同提出了 BCNF。后来人们又提出了第 4 范式、第 5 范式。

关系符合某个范式，是指该关系满足某些确定的约束条件，从而具有一定的性质。在关系数据库系统中，所有的关系结构都必须是规范化的，即至少是第 1 范式的，但第 1

范式的关系并不能保证关系模式的合理性,可能会存在数据冗余、插入异常、删除异常等问题,还必须向它的高一级范式进行转换。

可将范式这个概念理解成符合某一级别的关系模式集合,则 R 为第几范式就可以写成 R∈xNF。六类范式的条件,一个比一个严,它们之间是一种包含的关系,即:

$$5NF \subset 4NF \subset BCNF \subset 3NF \subset 2NF \subset 1NF$$

关系模式的规范化是指由一个低级范式通过模式分解逐步转换为若干个高级范式的过程。其过程实质上是以结构更简单、更规则的关系模式逐步取代原有关系模式的过程。关系模式规范化的目的在于控制数据冗余、避免插入和删除异常的操作,从而增强数据库结构的稳定性和灵活性。

3.2.2　第 1 范式(1NF)

1. 1NF 定义

定义 3.5　如果关系 R 的每个属性值都是不可再分的最小数据单位,则称 R 为第 1 范式,简记为 R∈1NF。

由 1NF 的定义可知,第 1 范式是一个不含重复组的关系。为了与规范化关系区别,把不满足第 1 范式的关系称为非规范化的关系。

2. 1NF 应满足的条件

(1) 在关系的属性集中,不存在组合属性。例如,第 2 章的表 2-2 中的工资是组合属性。工资又被分成基本工资和补助工资两列。相应的模式:工资表(车间号,班组,工资(基本,补助),超额奖,实发)不满足 1NF 条件。

(2) 关系中不存在重复组。第 2 章的表 2-2 中的车间号为"01"的数据是一个重复组。

3. 关系规范化方法

如果关系不满足 1NF 条件,可通过如下方法转换化为 1NF:

(1) 如果模式中有组合属性,则去掉组合属性。如:由于工资是组合属性,去掉工资,分成基本工资、补助工资两个属性。也可把工资作为一个基本属性,从而取消该组合属性。

(2) 如果关系中存在重复组,则应对其进行拆分。

在数据库设计中,还会遇到其他的情况,总之要转化,使得关系模式满足 1NF 的条件。

第 2 章的表 2-2 给出的就是一个非规范化的关系。可以把非规范关系转化为规范化关系。对于表 2-2 中的工资关系,只要去掉高层的工资,重写关系中属性值相同部分的元组数据及改写表达式值后,可转化为 1NF 关系,符合关系模型规范的表如表 3-8 所示。

表 3-8　符合关系模型规范的表

车间号	班组	基本工资	补助工资	超额奖	实发
01	甲组	5000	200	500	5700
01	乙组	4500	100	300	4900
02	甲组	4800	0	250	5050
03	丙组	3500	500	500	4500

然而,关系仅为第 1 范式是不够的。例如,表 3-1 所给出的学生关系 S(sno,sname,class,cno,tno,tname,tage,address,grade),S∈1NF。但通过前面的分析,知道它存在许多"问题"。对存在问题的 1NF 关系,还必须向它的高一级范式转换。

3.2.3　第 2 范式(2NF)

1. 2NF 定义

定义 3.6　若 R∈1NF,且 R 中的每一个非主属性都完全函数依赖于 R 的任一候选键,则 R∈2NF。

2. 2NF 应满足的条件

在 2NF 定义中,强调了非主属性和候选键所组成的函数依赖关系。非主属性对候选键的函数依赖总是成立的,若出现了对候选键的部分函数依赖,该模式就不满足 2NF 的条件。换言之,2NF 关系中不存在非主属性对候选键的部分函数依赖。

【例 3.7】　判断表 3-1 所给出的关系 S 是否为 2NF。

解: 因为关系 S 的候选键为(sno,cno)。

考察非主属性和候选键之间的函数依赖关系:

$$(sno,cno) \xrightarrow{P} sname, \quad (sno,cno) \xrightarrow{P} class,$$

$$(sno,cno) \xrightarrow{P} tname, \quad (sno,cno) \xrightarrow{P} tage,$$

$$(sno,cno) \xrightarrow{P} address, \quad (sno,cno) \xrightarrow{f} grade$$

由于存在有非主属性 sname、class、tno、tname、tage、address 对候选键(sno,cno)的部分依赖依赖,所以,S∉2NF。

由上面分析可知,对 1NF 进行插入、修改、删除操作时会出现许多问题。为解决这些问题,要对关系进行规范化,方法就是对原关系进行投影,将其分解。

分析上面的例子,问题在于非主属性有两种:一种像 grade,它完全函数依赖于候选键(sno,cno)。另一种像 sname、class、tno、tname、tage、address,它们部分函数依赖于候选键(sno,cno)。根据这种情况,用投影运算把关系 S 分解为三个关系:

ST(sno,sname,class)(只依赖 sno 的属性分解到一个子模式中)

CTA(cno,tno,tname,tage,address)(只依赖 cno 的属性分解到另一个子模式中)

SC(sno,cno,grade)（完全函数依赖于候选键的属性分解到第三个子模式中）

分解后，关系 ST 的候选键为 sno，关系 CTA 的候选键为 cno，关系 SC 的候选键为 (sno,cno)，这样，在这三个关系中非主属性对候选键都是完全函数依赖，所以关系 ST、CTA 和 SC 都为 2NF。

3. 2NF 存在的问题

达到第 2 范式的关系是不是就不存在问题呢？不一定，2NF 关系并不能解决所有问题。例如，在关系 CTA 中还存在以下问题：

（1）数据冗余。一个教师承担多门课程时，教师的编号、姓名、年龄、地址要重复存储多次。

（2）修改复杂。一个教师更换地址时，必须修改相关的多个元组。

（3）插入异常。一个新教师报到，需将其有关数据插入到 CTA 关系中，但该教师暂时还未承担任何教学任务，则因缺键 cno 值而不能进行插入操作。

（4）删除异常。删除某门课程时，会丢失该课程任课教师的教师号、姓名、年龄和地址信息。

之所以存在这些问题，是由于在关系 CTA 中存在着非主属性对候选键的传递函数依赖，还要进一步分解，这就是下面要讨论的 3NF。

3.2.4　第 3 范式（3NF）

1. 3NF 定义

定义 3.7　如果关系 R 的任何一个非主属性都不传递函数依赖于它的任何一个候选键，则 R∈3NF。

【例 3.8】　判断关系 CTA 是否为 3NF。

解：因为 cno 是关系 CTA 的候选键，则 tno、tname、tage、address 是非主属性。由于 cno→tno,tno↛cno,tno→tname，所以 cno $\xrightarrow{t}$ tname，同样有 cno $\xrightarrow{t}$ tage、cno $\xrightarrow{t}$ address，即存在非主属性对候选键的传递函数依赖。

为克服 CTA 中存在的问题，仍采用投影的办法，将 CTA 分解为：

$$CT(cno,tno) 与 TA(tno,tname,tage,address)$$

则关系 CT 和 TA 都是 3NF，关系 CTA 中存在的问题得到了解决。

2. 3NF 性质

（1）一个 3NF 的关系必定符合 2NF。

定理 3.1　一个 3NF 的关系必定是 2NF。

证明：用反证法。设 R∈3NF，但 R∉2NF，则 R 中必有非主属性 A、候选键 X 和 X 的真子集 X′存在，使得 X′→A，由于 A 是非主属性，所以 A−X≠Φ,A−X′≠Φ。由于 X′是候选键 X 的真子集，X−X′≠Φ，所以可以断定 X↛X，这样在该关系上存在非主属性

A 传递函数依赖于候选键 X,所以它不是 3NF,与题设矛盾。因此,一个 3NF 关系必是 2NF。定理证毕。

(2) 3NF 不存在非主属性之间的函数依赖,但仍然存在主属性之间的函数依赖。

证明:首先,3NF 只针对非主属性与候选键所构成的函数依赖的限制。因此,可能存在主属性对候选键的部分依赖和传递依赖。现证明 3NF 不存在非主属性之间的函数依赖。利用反证法,设 3NF 中存在非主属性之间的函数依赖。因为候选键决定所有属性,也就决定了非主属性,因此,存在着非主属性对候选键的传递依赖。其相应的模式就不是第 3NF。这与前提矛盾。故 3NF 不存在非主属性之间的函数依赖。

把由主属性和非主属性合起来决定非主属性的情况也归结为非主属性之间的函数依赖。例如,设 A 是主属性,B、C 是非主属性,函数依赖 AB→C 是非主属性之间的函数依赖。

从性质 2 可以看出在 3NF 中,除了候选键决定非主属性外,其他任何属性组均不能决定非主属性。由此可得判别 3NF 的方法。

3. 判别 3NF 方法

(1) 找候选键,确定非主属性。

(2) 考察非主属性对候选键的函数依赖是否存在部分函数依赖。如果存在,则相应的关系模式不是 2NF,否则是 2NF。

(3) 考察非主属性之间是否存在函数依赖。如果存在,相应模式不是 3NF,否则是 3NF。

也可根据 3NF 定义,判断是否存在非主属性对候选键的传递函数依赖。

这种判别方法的好处是能够逐级判别关系模式的范式级别。

一般说来,3NF 的关系大多数都能解决插入和删除异常等问题,但也存在一些例外,下面的例子就能说明问题。

【例 3.9】 假定:每一学生可选修多门课程,一门课程可由多个学生选修,每一课程可有多个教师任教,但每个教师只能承担一门课程。判断表 3-9 给出的关系 SCT(sno, cname,tname)是否为 3NF? 并分析该模式存在的问题。

表 3-9　SCT 关系

sno	cname	tname
s1	英语	王平
s1	数学	刘红
s2	物理	高志强
s2	英语	陈进
s3	英语	王平

解:关系 SCT 的候选键为(sno,cname)和(sno,tname),故不存在非主属性,也就不存在非主属性对候选键的传递函数依赖,所以,SCT∈3NF。

该关系中仍存在插入及删除异常问题。例如,开设了一门新课,但这门新课暂时还没有学生选,这样的数据是无法进入 SCT 表的。

3NF 的“不彻底”性表现在:可能存在主属性对候选键的部分函数依赖或传递函数依赖。为了解决 3NF 有时出现插入和删除异常等问题,R. F. Boyce 和 E. F. Codd 提出了 3NF 的改进形式 BCNF(Boyce_Code Normal Form)。

3.2.5 BC 范式（BCNF）

1. BCNF 的定义

定义 3.8 关系模式 $R<U,F> \in 1NF$。若函数依赖集合 F 中的所有函数依赖 $X \to Y(Y \nsubseteq X)$ 的左部都包含 R 的任一候选键，则 $R \in BCNF$。

从 BCNF 范式的定义可知，在 BCNF 范式中除了依赖于候选键的函数依赖外，别的函数依赖都不存在。简言之，若 R 中每一非平凡函数依赖的决定因素都包含一个候选键，则 R 为 BCNF。

【例 3.10】 判断例 3.9 中给出的关系 SCT(sno,cname,tname) 是否为 BCNF。

解： 关系 SCT 的候选键为 (sno,cname) 和 (sno,tname)。

因为主属性之间存在 tname→cname，其左部未包含该关系的任一候选键，所以它不是 BCNF。对于不是 BCNF 又存在问题的关系，解决的办法仍然是通过投影把其分解成为 BCNF。可将 SCT 可分解为 SC(sno,cnmae) 和 CT(cname,tname)，它们都是 BCNF。

2. BCNF 性质

定理 3.2 一个 BCNF 的关系必定是 3NF。

证明： 用反证法。设 R 是一个 BCNF，但不是 3NF，则必存在非主属性 A 和候选键 X 以及属性集 Y，使得 $X \to Y(Y \nsubseteq X)$，$Y \to A$，$Y \nrightarrow X$，这就是说 Y 不可能包含 R 的键，但 $Y \to A$ 却成立。根据 BCNF 定义，R 不是 BCNF，与题设矛盾，从而定理得证。

一个数据库中的关系模式如果都属于 BCNF，那么在函数依赖范畴内，它已实现了彻底的分离，已消除了插入和删除的异常。就函数依赖来说，BCNF 是最高级别的范式。这样的关系所反映的概念是最简单的，但可能存在数据冗余。如果讨论扩展到多值依赖，仍然可以定义更高级别的范式——4NF。

3.2.6 多值依赖与第 4 范式

函数依赖有效地表达了属性值之间的多对一联系，它是现实世界中广泛存在的，也是最重要的一种数据依赖。但是，函数依赖不能表示属性值之间的一对多联系。如果要刻画现实世界中的一对多联系，这就需要使用多值依赖的概念。

1. 多值依赖

例如，关系 CTX 有三个属性，其中 C 为课程名，T 为任课教师姓名，X 为参考书。在这个关系中有下列约束：每门课可由多个教师讲授，他们使用相同的一套参考书。每个教师可讲授多门课程，每种参考书可以供多门课程使用。可以先用一个非规范化的关系表示他们之间的关系，如表 3-10 所示。将表 3-10 规范化后得到表 3-11。

表 3-10　非规范化的关系 CTX

C	T	X
物理	李勇 王军	普通物理学 光学原理 物理习题集
数学	李勇 张平	数学分析 微分方程 高等代数
计算数学	张平 周峰	数学分析 高等数学 计算数学

表 3-11　CTX 关系

C	T	X
物理	李勇	普通物理学
物理	李勇	光学原理
物理	李勇	物理习题集
物理	王军	普通物理学
物理	王军	光学原理
物理	王军	物理习题集
数学	李勇	数学分析
数学	李勇	微分方程
数学	李勇	高等代数
数学	张平	数学分析
数学	张平	微分方程
数学	张平	高等代数
计算数学	张平	数学分析
计算数学	张平	高等数学
计算数学	张平	计算数学
计算数学	周峰	数学分析
计算数学	周峰	高等数学
计算数学	周峰	计算数学

关系模式 CTX 的键是(C,T,X)，因而 CTX∈BCNF。但该关系存在以下问题：

(1) 数据冗余。一门课的参考书是固定的，所以参考书大量重复。

(2) 数据操作复杂。插入(删除或修改)涉及多个元组，如每增加一名讲课教师，需增加多个元组(等于该课程参考书数目)。

产生上述问题的原因是，在关系 CTX 中，课程与教师有直接关系(一门课可由多个教师讲授)，课程与参考书有直接关系(每门课使用相同的一套参考书)，但教师与参考书没有直接关系，教师与参考书之间的联系是间接关系，把间接联系的属性放在一个模式中就会出现所不希望产生的问题。

仔细考察这类关系模式，发现它具有一种称之为多值依赖的数据依赖。

定义 3.9　设关系模式 R(U)，X、Y、Z 是 U 的子集，并且 Z＝U－X－Y，当且仅当对于 R(U) 的任一关系 r，给定的一对(x,z)值，有一组 Y 的值与之对应，且这组 Y 值仅仅决定于 X 值而与 Z 值无关，则称 Y 多值依赖于 X，或称 X 多值决定 Y，记为 X→→Y。

表 3-11 的关系 CTX 中，对于一个(数学分析，微分方程)有一组 T 值(李勇，张平)，这组值仅仅决定于课程 C 上的值(数学)。也就是说对于另一个(数学分析，高等代数)它对应的一组 T 值仍是(李勇，张平)，尽管这时参考书 X 的值已经改变了。因此 T 多值依赖于 C，即 C→→T。同理，可分析出 C→→X。

对于属性集 U 上的一个多值依赖 X→→Y(X,Y 是 U 的子集)，如果 Y⊆X 或者 XY＝U，则称 X→→Y 是一个平凡多值依赖。

2. 多值依赖的特点

(1) 允许 X 的一个值决定 Y 的一组值，这种决定关系与 Z 的取值无关。也就是说当

X 的值确定后,无论 Z 取何值,所得到的 Y 的值总是相同的。如上例中,无论使用的参考书是普通物理学还是光学原理,所得到的都是相同的两个教师。

(2) 多值依赖是全模式的依赖关系。在函数依赖中,X 与 Y 是否存在函数依赖关系,只须考查 X,Y 两组属性,与别的属性无关。而在多值依赖中,X 与 Y 是否存在多值依赖还须看属性 Z。

3. 多值依赖公理与推论

设有关系模式 R,属性全集 U,X,Y,Z,V,W 是 U 的子集。多值依赖公理如下:

(1) 多值依赖的补规则:若 X→→Y,则 X→→(U−X−Y)。

(2) 多值依赖的增广律:若 X→→Y,V⊆W,则 WX→→VY。

(3) 多值依赖的传递律:若 X→→Y,Y→→Z,则 X→→(Z−Y)。

(4) 从函数依赖导出多值依赖:若 X→Y,则 X→→Y。

(5) 从多值依赖导出函数依赖:若 X→→Y,Z⊆Y,Y∩W=ϕ,W→Z,则 X→Z。

4. 第 4 范式(4NF)

第 4 范式是 BCNF 的推广,它适用于具有多值依赖的关系模式。

定义 3.10 设 R(U)是一个关系模式,D 是 R 上的多值依赖集合。如果 D 中每个非平凡多值依赖 X→→Y,X 都包含 R 的候选键,则 R∈4NF。

【例 3.11】 判断 CTX 关系是否为 4NF。

解:关系模式 CTX 中有:C→→T, C→→X,CTX 的候选键是(C,T,X)。但 CTX 中的两个多值依赖的左部 C 都未包含其候选键,所以 CTX∉4NF。

5. 4NF 性质

定理 3.3 一个 4NF 的关系必定是 BCNF。

证明:用反证法。设关系模式 R(U),R∈4NF,但 R∉BCNF,则 R 中必有某个函数依赖 X→Y(Y⊈X),且 X 不包含 R 的候选键。有两种情况:

(1) 若 XY=U,这时 X→U,从而 X 包含 R 的候选键,与假设矛盾;

(2) 若 XY≠U,那么由多值依赖公理可知,若 X→Y,则 X→→Y,因属非平凡多值依赖,而此时 X 不包含 R 的候选键,则 R 不是 4NF,与假设矛盾,从而定理得证。

一个关系模式如果已经达到了 BCNF 但不是 4NF,这样的关系模式仍然具有不好的性质。前面讨论过的关系 CTX 就说明了这个问题。要消除 CTX 关系中存在的问题,同样可以用投影的方法消去关系模式中非平凡且非函数依赖的多值依赖。例如,关系 CTX 分解成 CT(C,T)和 CX(C,X)。在 CT 中虽然有 C→→T,但这是平凡的多值依赖。CT 中已不存在非平凡的多值依赖,所以 CT∈4NF。同理 CX∈4NF。

6. 连接依赖与第 5 范式

数据依赖中除函数依赖和多值依赖外,还有一种连接依赖。它反映了属性间的相互约束,但不像函数依赖、多值依赖那样可由语义直接导出。连接依赖在关系的连接运算时才反映出来,它仍可引起插、删异常等问题。若消除了 4NF 关系模式中的连接依赖,则可到达 5NF。一般说来,判断一个已知的关系模式 R 是否是 5NF,要求计算所有的连接依赖及模式中的候选键,然后分析、检查每一连接依赖与候选键的关系,而这是比较困难的。实际设计一般并不要求关系模式到达 5NF。

3.3　数据依赖公理

数据依赖公理是关系模式分解算法的理论基础。1974 年,W. W. Armstrong 总结了各种推理规则,把其中最主要、最基本的作为公理,这就是著名的 Armstrong 推理规则系统,又称 Armstrong 公理(或阿氏公理)。

3.3.1　公理及其推论

在介绍 Armstrong 公理之前,先引进一个在后面要用到的概念:函数依赖的逻辑蕴涵。

有时,对于给定的一组函数依赖,要判断另外一些函数依赖是否成立。例如,已知关系模式 R 有:A→B,B→C。问 A→C 是否成立? 这就是函数依赖的逻辑蕴涵所要研究的内容。

定义 3.11　设 F 是关系模式 R<U,F>的一个函数依赖集,X、Y 是 R 的属性子集,如果从 F 中的函数依赖能够推出 X→Y,则称 F 逻辑蕴涵 X→Y。

1. Armstrong 公理

设有关系模式 R<U,F>,U 为全体属性集,F 为 U 上的函数依赖集,对于 R 来说有如下公理:

(1) A1 自反律:如果 Y⊆X⊆U,则 F 逻辑蕴涵 X→Y。

(2) A2 增广律:如果 X→Y 为 F 所蕴涵,且 Z⊆U,则 F 逻辑蕴涵 XZ→YZ。

(3) A3 传递律:如果 X→Y 和 Y→Z 为 F 所蕴涵,则 F 逻辑蕴涵 X→Z。

说明:由自反律知,所有的平凡函数都是成立的;增广律说明,在函数依赖两边同时增加相同的属性,函数依赖仍然成立;传递律表明,由满足特征的一对函数依赖,可推出新的函数依赖。

2. 公理的正确性

定理 3.4　Armstrong 公理是正确的。

证明:公理的正确性只能根据函数依赖的定义进行证明。

(1) 自反律是正确的。

对于 R<U,F>的任一关系 r 中的任意两个元组 s,t,若 s[X]=t[X],由于 Y⊆X,必有 s[Y]=t[Y],所以 X→Y 成立,自反律得证。

(2) 增广律是正确的。

对于 R<U,F>的任一关系 r 中的任意两个元组 s,t,若 s[XZ]=t[XZ],则有 s[X]=

$t[X],s[Z]=t[Z]$。由假设 $X→Y$,根据函数依赖的定义,于是有 $s[Y]=t[Y]$,所以 $s[YZ]=s[Y]s[Z]=t[Y]t[Z]=t[YZ]$,所以 $XZ→YZ$ 为 F 所蕴涵,增广律得证。

(3) 传递律是正确的。

对于 R<U,F>的任一关系 r 中的任意两个元组 s,t,若 $s[X]=t[X]$,由于 $X→Y$,有 $s[Y]=t[Y]$;再由 $Y→Z$,有 $s[Z]=t[Z]$,所以 $X→Z$ 为 F 所蕴涵,传递律得证。

3. 公理的推论

由 Armstrong 公理可以得到下面三条很有用的推论:

(1) 合并规则:若 $X→Y$、$X→Z$ 成立,则 $X→YZ$ 成立。

(2) 分解规则:若 $X→YZ$,则 $X→Y$、$X→Z$ 成立。

(3) 伪传递规则:若 $X→Y$、$WY→Z$ 成立,则 $WX→Z$ 成立。

证明:

(1) 证合并规则:由已知 $X→Y$,得 $X→XY$(由增广律)。

由已知 $X→Z$,得 $XY→YZ$(由增广律)。

又由 $X→XY$,$XY→YZ$,可得 $X→YZ$(由传递律)。

(2) 证分解规则:因为 $Y⊆Z$,$Z⊆YZ$,得 $YZ→Y$、$YZ→Z$(由自反律)。再根据已知的 $X→YZ$ 及推出的 $YZ→Y$、$YZ→Z$,可得 $X→Y$、$X→Z$(由传递律)。

(3) 证伪传递规则:由已知 $X→Y$,得 $XW→YW$。(由增广律)

由 $XW→YW$ 及已知的 $YW→Z$,得 $XW→Z$(由传递律)。

由合并规则和分解规则可以得出一个重要的结论:

定理 3.5 如果 $A_i(i=1,2,\cdots,n)$ 是关系模式 R 的属性,则 $X→A_1A_2\cdots A_n$ 的充分必要条件是 $X→A_i(i=1,2,\cdots,n)$ 均成立。

上述证明了 Armstrong 公理的正确性,同样可证明 Armstrong 公理系统是完备的。

3.3.2 闭包的概念及其计算

1. 函数依赖集 F 的闭包

定义 3.12 设有关系模式 R<U,F>,X,Y 均为 U 的子集,函数依赖集 F 的闭包定义为:

$$F^+=\{X→Y|X→Y 基于 F 由 Armstrong 公理推出\}$$

从该定义看出,F^+ 是由 F 所能推出的所有函数依赖的集合。

F^+ 由以下三部分函数依赖组成:

(1) F 中的函数依赖。这一类函数依赖是由属性语义所决定的。

(2) 由 F 推出的非平凡函数依赖。依据 F 中已有的函数依赖,利用 Armstrong 公理推出来的非平凡函数依赖。

(3) 由 F 推出的平凡的函数依赖。这一类函数依赖与 F 无关,对 R 中任何属性都成立。

【例 3.12】　设 R(A,B,C),F={A→B,B→C},求 F⁺。

解：

(1) F 中的函数依赖：A→B,B→C。

(2) 由 F 推出的非平凡函数依赖：A→C,AC→B,AB→C,…。

(3) 由 F 推出的平凡的函数依赖：A→Φ,A→A,AB→B,…。

可见 F⁺ 的计算是一件很麻烦的事情,即使 F 不大,F⁺ 也可能很大。

2. 属性集 X 的闭包

定义 3.13　设 F 为属性集合 U 上的一个函数依赖集,X⊆U,X_F^+={A|X→A 能由 F 根据 Armstrong 公理导出},则称 X_F^+ 为属性集 X 关于函数依赖集 F 的闭包。

说明：X_F^+ 是由 X 从 F 中推出的所有函数依赖右部的集合。X_F^+ 在不混淆情况下,可简写为 X^+。

例如,在 R(A,B,C)中,F={A→B,B→C},则 A^+=ABC;B^+=BC;C^+=C。

比起 F 的闭包 F⁺ 的计算来,属性闭包 X^+ 的计算要简单得多。下面的定理告知怎样从 X^+ 中判断某一函数依赖 X→Y 是否能用 Armstrong 公理从 F 中导出。

定理 3.6　设 F 是关系模式 R<U,F>的函数依赖集,X、Y⊆U,则 X→Y 能由 F 根据 Armstrong 公理导出的充分必要条件是 $Y⊆X^+$。

证明：充分性：设 Y=$A_1A_2\cdots A_n$,且 $Y⊆X^+$。根据属性闭包的定义,对于每个 i(i=1,2,…,n),X→A_i 能由 Armstrong 公理导出,再根据合并规则得 X→$A_1A_2\cdots A_n$,即 X→Y 成立。

必要性：设 X→Y 能由 Armstrong 公理导出,利用分解规则,可得：

X→Ai(i=1,2,…,n),于是根据 X^+ 的定义,有 $Ai⊆X^+$(i=1,2,…,n),所以 A1A2…An⊆X^+,即 $Y⊆X^+$。

3. 属性集 X 闭包的计算

计算函数依赖集合 F 的闭包 F⁺ 是相当麻烦的,并且在 F⁺ 中有许多冗余信息,因此实际上计算 F⁺ 是不可行的。

其实,判断 X→Y 是否在 F⁺ 中,只要判断 X→Y 能否用 Armstrong 公理从 F 中导出,即判断 $Y⊆X^+$ 是否成立。这样就把计算 F⁺ 的问题简化为计算 X^+ 的问题。计算 X^+ 并不复杂。下面介绍一个计算 X^+ 的有效方法。

算法 3.1　求属性集 X(X⊆U)关于 U 上的函数依赖集 F 的属性闭包 X^+。

输入：关系模式 R 的属性集 U,在 U 上的函数依赖集 F,U 的子集 X。

输出：关于 F 的属性闭包 X^+。

方法：计算 $X^{(i)}$=(i=0,1,2,…n)。

(1) $X^{(0)}$=X

(2) $X^{(i+1)}$=$X^{(i)}\bigcup A$

其中 A 是这样的属性：在 F 中寻找尚未用过的左边是 $X^{(i)}$ 子集的函数依赖

$$Y_j→Zj(j=1,2,\cdots,k)　　其中,Y_j⊆X^{(i)}$$

若 $Y_j \rightarrow Z_j (j=1,2,\cdots,k)$，则 $Y_1 Y_2 \cdots Y_k \rightarrow Z_1 Z_2 \cdots Z_k$，令 $Y = Y_1 Y_2 \cdots Y_k, Z = Z_1 Z_2 \cdots Z_k$，则有 $Y \rightarrow Z$。在 Z 中寻找 $X^{(i)}$ 中未出现过的属性集合 A；若无这样的 A 则转(4)。

(3) 判断是否有 $X^{(i+1)} = X^{(i)}$，若有则转(4)；否则转(2)。

(4) 输出 $X^{(i)}$，即为 X^+。

该算法是迭代算法，$X^{(i)}$ 是迭代变量，A 是增量变量，表示在 F 中找出新增的由 X 推出的属性。

【例 3.13】 设有关系模式 R$<$U,F$>$，其中 U＝{A,B,C,D,E,I}，
$$F=\{A \rightarrow D, AB \rightarrow E, BI \rightarrow E, CD \rightarrow I, E \rightarrow C\}$$

计算 $(AE)^+$。

解：令 $X=\{AE\}, X^{(0)} = AE$。

在 F 中找出左边是 AE 子集的函数依赖，其结果是：$A \rightarrow D, E \rightarrow C$，所以 $X^{(1)} = X^{(0)} \bigcup DC = ACDE$，显然 $X^{(1)} \neq X^{(0)}$。

在 F 中找出左边是 ACDE 子集的函数依赖，其结果是：$CD \rightarrow I$，所以 $X^{(2)} = X^{(1)} \bigcup I = ACDEI$。虽然 $X^{(2)} \neq X^{(1)}$，但 F 中未用过的函数依赖的左边属性已没有 $X^{(2)}$ 的子集，所以不必再计算下去，即 $(AE)^+ = ACDEI$。

【例 3.14】 已知关系模式 R 的属性集 U＝{A,B,C,D,E,G} 及函数依赖集：F＝{AB $\rightarrow$ C, C $\rightarrow$ A, BC $\rightarrow$ D, ACD $\rightarrow$ B, D $\rightarrow$ EG, BE $\rightarrow$ C, CG $\rightarrow$ BD, CE $\rightarrow$ AG}

求 $(BD)^+$。

解：令 $X=\{BD\}, X^{(0)} = BD, X^{(1)} = BDEG (D \rightarrow EG), X^{(2)} = BCDEG (BE \rightarrow C), X^{(3)} = ABCDEG (C \rightarrow A) = U$，故 $(BD)^+ = ABCDEG$。

注意：判断属性闭包计算何时结束，下面 4 种方法是等价的：

(1) $X^{(i+1)} = X^{(i)}$；

(2) 当发现 $X^{(i)}$ 包含了全部属性时；

(3) 在 F 中的函数依赖的右边属性中再也找不到 $X^{(i)}$ 中未出现过的属性；

(4) 在 F 中未用过的函数依赖的左边属性已没有 $X^{(i)}$ 的子集。

定理 3.7 算法 3.1 是正确的。

证明：

(1) 终结性证明。迭代变量 $X^{(i)}$ 的变化只可能出现两种情况：

① $X^{(i)}$ 单调向上，因 $X^{(i)}$ 有上界 U，且 $X^{(i)}$ 是向上单调的，故算法可终止。

② $X^{(i)}$ 非单调变化，在某步出现 A＝Φ，则有 $X^{(i)} = X^{(i+1)}$ 成立，符合终止条件，故算法终止。

(2) 正确性证明。

由 X^+ 定义及算法 3.1 可知 $X^{(i)} \subseteq X^+$，只需证明：$X^+ \subseteq X^{(i)}$ 成立。

因为 $X \rightarrow Y$ 可通过三条公理推出来，如果利用自反律，由于 $X^{(i)}$ 包含 X，Y 属于 $X^{(i)}$。如果是利用传递律，$X \rightarrow W, W \rightarrow Y$，且 W 属于 $X^{(i)}$（归纳假设），根据结构归纳于算法，下一步 Y 被加入 $X^{(i)}$。如果是利用增广律，$XW \rightarrow ZW, ZW \rightarrow Y$，设 W 属于 X^+，有 $X \rightarrow ZW$，那么，由传递律，Y 也应属于 $X^{(i)}$。证毕。

3.3.3　函数依赖集的等价

通过上述讨论,可以发现 F 与 F^+ 所表达的信息是等价的,不仅如此,F 还可以与多个函数依赖集等价。下面讨论两个函数依赖集间的等价问题。

1. 等价定义

定义 3.14　设 F 和 G 是两个函数依赖集,如果 $F^+ = G^+$,则称 F 和 G 是等价的。

如果函数依赖集 F 和 G 等价,则称 F 覆盖 G,同时 G 也覆盖 F。

该定义从理论上解决了两个函数依赖集等价问题。那就是看两个函数依赖集的闭包是否相等,但直接计算两个函数依赖集的闭包十分困难。需要找出一条捷径。

2. 有关性质

(1) 若 $G \subseteq F$,则 $G^+ \subseteq F^+$

证:设 $X \to Y G^+$,由属性集闭包定义知 $X \to Y$ 可由 G 中函数依赖推出。而 G 中函数依赖就是 F 中的函数依赖。得证。

(2) $(F^+)^+ = F^+$

证:设 $X \to Y \in (F^+)^+$,知 $X \to Y$ 是基于 F^+ 推出的,而 F^+ 又是基于 F 推出的。所以,$X \to Y$ 也是基于 F 推出的,有 $X \to Y \in F^+$,故上式成立。

3. 判断方法

定理 3.8　函数依赖集 F 和 G 等价的充分必要条件是 $F \subseteq G^+$ 和 $G \subseteq F^+$。

证明:

(1) 必要性。因为 F 和 G 等价,所以 $F^+ = G^+$,又因为 $F \subseteq F^+$,所以 $F \subseteq G^+$。

同理,因为 $G \subseteq G^+$,所以 $G \subseteq F^+$。

(2) 充分性。任取 $X \to Y \in F^+$,则有 $Y \subseteq X_F^+$,又因为 $F \subseteq G^+$(已知),所以 $Y \subseteq X_G^+ +$。

故 $X \to Y \in (G^+)^+ = G^+$,所以 $F^+ \subseteq G^+$。

同理可证 $G^+ \subseteq F^+$,所以 $F^+ = G^+$,即 F 和 G 等价。定理证毕。

由定理 3.8 可知,检查 F 和 G 等价并不困难,只要验证 F 中的每一个函数依赖 $X \to Y$ 都在 G^+ 中,同时验证 G 中的每一个函数依赖 $V \to W$ 都在 F^+ 中。这不需要计算 F^+ 和 G^+,只要计算 X_G^+ 验证 $Y \subseteq X_G^+$,同时计算 V_F^+,验证 $W \subseteq V_F^+$ 即可。

【例 3.15】　有 F 和 G 两个函数依赖集,$F = \{A \to B, B \to C\}$,$G = \{A \to BC, B \to C\}$,判断 F 和 G 是否等价。

解:

(1) 先检查 F 中的每一个函数依赖是否属于 G^+。

因为 $A_G^+ = ABC$,所以 $B \subseteq A_G^+$,所以 $A \to B \in G^+$

又因为 $B_G^+ = BC$,所以 $C \subseteq B_G^+$,所以 $B \to C \in G^+$

故 $F \subseteq G^+$。

（2）然后检查 G 中的每一个函数依赖是否属于 F^+。

因为 $A_F^+ = ABC$，所以 $BC \subseteq A_F^+$，所以 $A \rightarrow BC \in F^+$。

又因为 $B_F^+ = BC$，所以 $C \subseteq B_F^+$，所以 $B \rightarrow C \in F^+$。

故 $G \subseteq F^+$。

由（1）和（2）可得 F 和 G 等价。

3.3.4 最小函数依赖集

前面已解决了怎样判别两个函数依赖集是否等价。另外一个有意义的问题是在等价的函数依赖集中找最小的。后面要介绍的模式分解就是基于最小的函数依赖集。

定义 3.15 如果函数依赖集 F 满足下列条件，则称 F 为一个最小函数依赖集，记作 Fm。

（1）F 中每个函数依赖的右部都是单属性；即右部最简化。

（2）对于 F 中的任一函数依赖 $X \rightarrow A$ 和 X 的真子集 X'，$(F-(X \rightarrow A)) \cup \{X' \rightarrow A\}$ 与 F 都不等价；即左部无多余属性。

（3）对于 F 中的任一函数依赖 $X \rightarrow A$，$F - \{X \rightarrow A\}$ 与 F 都不等价；即无多余函数依赖。

【**例 3.16**】 下列三个函数依赖集中哪一个是最小函数依赖集？

$$F1 = \{A \rightarrow D, BD \rightarrow C, C \rightarrow AD\}$$
$$F2 = \{AB \rightarrow C, B \rightarrow A, B \rightarrow C\}$$
$$F3 = \{BC \rightarrow D, D \rightarrow A, A \rightarrow D\}$$

解：在 F1 中，由于 $C \rightarrow AD$，所以 F1 不是。

在 F2 中，因有 $B \rightarrow C$ 比 $AB \rightarrow C$ 更简单，且去掉 A 后不影响其等价性，故 F2 也不是。

F3 满足最小函数依赖集的三个条件，所以 F3 是最小函数依赖集。

最小函数依赖集是集合中无冗余的函数依赖，每个函数依赖又是具有最简形式的函数依赖，这正是人们所期望的。那么任意的函数依赖集都可以最小化吗？答案是肯定的。

定理 3.9 每个函数依赖集 F 都等价于一个最小函数依赖集 Fm。

这个定理的证明其实就是给出最小函数依赖集的等价构造方法。其基本思想是：从给定的函数依赖集 F 出发，按照最小函数依赖集的三个条件进行化简。在化简过程中，保证每一步化简都是等价化简。如果方法存在，定理也就得证。

算法 3.2 计算最小函数依赖集。

输入：一个函数依赖集 F。

输出：F 的一个等价的最小函数依赖集 Fm。

步骤：

（1）用分解规则，使 F 中每个函数依赖的右部仅含单属性。此步为等价分解。

（2）去掉各依赖左部多余的属性：一个一个地检查左部非单个属性的函数依赖。例如 $XY \rightarrow A$，要判断 Y 是否多余，在分解后的 F 中求 X^+，若 $A \subseteq X^+$，则 Y 是多余的（由定理 3.6),可以去掉。此步为等价消属性。

(3) 去掉多余的函数依赖:逐一检查上步结果 F 中的各函数依赖 X→A,并将 X→A 从 F 中去掉,然后在剩余的 F 中求 X$^+$,若 A$\subseteq$X$^+$,则 X→A 多余(由定理 3.6),去掉 X→A,否则不能去掉。依次做下去,直到找不到冗余的函数依赖。此步为等价消依赖。

说明:此步也可用 Armstrong 公理消去 F 中多余的函数依赖。

【例 3.17】　设有函数依赖集 F={B→C,C→AB,A→BC,BC→A},求与 F 等价的最小函数依赖集。

解:

(1) 将 F 中函数依赖右部分解为单属性,结果为:
$$F1=\{B→C,C→A,C→B,A→B,A→C,BC→A\}$$

(2) 去掉 F1 中函数依赖左部多余的属性。

在 F1 中,考虑函数依赖 BC→A,因为 B$^+$=BCA,A$\subseteq$B$^+$,所以 C 是多余的。

得函数依赖集 F2={ B→C,C→A,C→B,A→B,A→C,B→A }

(3) 去掉 F2 中多余的函数依赖。

① 判断 B→C。先去掉 F2 中的 B→C,得 G1={C→A,C→B,A→B,A→C,B→A}。 因 B$^+_{G1}$=BAC,C$\subseteq$B$^+_{G1}$,所以 B→C 多余。

② 判断 C→A。先去掉 G1 中的 C→A,得 G2={C→B,A→B,A→C,B→A} C$^+_{G2}$=CBA,A$\subseteq$C$^+_{G2}$,所以 C→A 多余。

③ 判断 C→B。先去掉 G2 中 C→B,得 G3={A→B,A→C,B→A} C$^+_{G3}$=C,B$\nsubseteq$C$^+_{G3}$,所以 C→B 不多余。

④ 判断 A→B。先去掉 G2 中 A→B,得 G4={C→B,A→C,B→A} A$^+_{G4}$=ACB,B$\subseteq$A$^+_{G4}$,所以 A→B 多余。

⑤ 判断 A→C。先去掉 G4 中 A→C,得 G5={C→B,B→A} A$^+_{G5}$=A,C$\nsubseteq$A$^+_{G5}$,所以 A→C 不多余。

⑥ 判断 B→A。先去掉 G4 中 B→A,得 G6={C→B,A→C} B$^+_{G6}$=B,A$\nsubseteq$B$^+_{G6}$,所以 B→A 不多余。

去掉 F2 中多余函数依赖后的函数依赖集为:{C→B,A→C,B→A}

故与 F 等价的最小函数依赖集 F$_m$={C→B,A→C,B→A}。

【例 3.18】　设 F={AB→D,A→B, D→BC,C→B },求:F$_m$。

解:

(1) 右部最简化。分解得 F1= {AB→D,A→B, D→B,D→C,C→B }

(2) 去掉左部多余属性。对 AB→D,试去 A,因 B$^+$=B,故 A 不多余。试去 B, 因 A$^+$=ABDC,故 B 多余。得 F2={A→D,A→B,D→B,D→C,C→B }。

(3) 去掉多余函数依赖。用 Armstrong 公理法分析,发现 A→B 和 D→B 是多余的, 应去掉。最后得 F$_m$={A→D,C→B,D→C}。

注意:一个函数依赖集的最小集不是唯一的。

例如:F={A→B,B→C,A→C,B→A},则 F1={A→B,B→C,A→B}和 F2={A→B,A→C,B→A}两个都是 F 的最小函数依赖集。

3.4　关系模式的分解

由前面表 3-1 所列举的例子已经说明关系模式设计得不好会带来很多问题。为了避免这些问题的发生,需要将一个关系模式分解成若干个关系模式,这就是关系模式的分解。

定义 3.16　设有关系模式 $R(A_1, A_2, \cdots, A_n)$,$R_i(i=1,2,\cdots,k)$ 是 R 的一些子集(把 R 看成其属性的集合),若 $R_1 \cup R_2 \cup \cdots \cup R_k = U$,则称用 $\rho = \{R_1, R_2, \cdots, R_k\}$ 代替 R 的过程为关系模式的分解。

3.4.1　等价模式分解的定义

关系模式的分解(即关系模式的规范化)过程实际上是将一个关系模式分解成一组等价的关系子模式的过程。虽然,对于一个关系模式的分解是多种多样的,但是分解后产生的模式应与原来的模式等价。所谓等价,就是指不破坏原有的数据信息,即可以将分解后的关系通过自然连接恢复到原有的关系。等价还蕴涵着函数依赖保持性。

一个关系分解为多个关系,相应地原来存储在一张二维表内的数据就要分散存储到多张二维表中,要使这个分解有意义,最起码的要求是后者不能丢失前者的信息。

例如,已知事实是,一个学生(sno)只在一个系(sd)学习,一个系只有一名系主任(mn)。关系模式 $R<U,F>$($U = \{sno, sd, mn\}$,$F = \{sno \rightarrow sd, sd \rightarrow mn\}$)的一个关系见表 3-12。

表 3-12　关系 R

sno	sd	mn
s1	d1	李晓军
s2	d1	李晓军
s3	d2	何力阳
s4	d3	陈天祥

由于 R 中存在传递函数依赖 $sno \rightarrow mn$,所以它会发生更新异常。例如,如果 s4 学生毕业,则 d3 系的系主任陈祥的信息也就丢掉了。反过来,如果一个系尚无在校学生,那么这个系的系主任的信息也无法插入。现将 R 分解为以下三种形式:

(1) 将 R 分解为三个子模式,即 $\rho 1 = \{R1(sno), R2(sd), R3(mn)\}$

这个分解是不可取的,因为将这三个关系子模式作自然连接无法恢复 R,因此要回答"s1 在哪个系学习"这样的问题已不可能。

(2) 将 R 分解为两个子模式,即 $\rho 2 = \{R1(sno, sd), R2(sno, mn)\}$

以后可以证明 $\rho 2$ 对 R 的分解是可恢复的。但是前面提到的插入和删除异常仍然没有解决,原因就在于,原来在 R 中存在的函数依赖 $sd \rightarrow mn$,现在 R1 和 R2 中都不再存在了。这个分解也是不可取的。

(3) 将 R 分解为两个子模式,即 $\rho 3 = \{R1(sno, sd), R2(sd, mn)\}$

这个分解将 R1 和 R2 作自然连接后可恢复 R,同时 R 中存在的两个函数依赖仍然保持。它解决了更新异常,又没有丢失原数据库的信息,这正是希望的分解。

3.4.2　无损连接性与依赖保持性

从上面的例子可以看到,关系模式的分解有几个不同的衡量标准:

(1) 分解具有无损连接性。

(2) 分解具有依赖保持性。

(3) 分解既具有无损连接性,又具有依赖保持性。

第三种分解是人们所希望的。

1. 无损连接性

定义 3.17　设 $\rho=\{R_1,R_2,\cdots,R_k\}$ 是关系模式 $R<U,F>$ 的一个分解。如果对于 R 的任一满足 F 的关系 r 都有:

$$r=\prod_{R1}(r)\bowtie\prod_{R2}(r)\bowtie\cdots\bowtie\prod_{Rk}(r)$$

则称这个分解 ρ 具有满足依赖集 F 的无损连接性。

其中 $\prod_{Ri}(r)$ 表示关系 r 在模式 R_i 的属性上的投影。该定义说明,分解不会丢失信息。

关系模式分解时可能会引起信息失真,这就要求关系模式的分解必须具有无损连接性。但根据定义难以直接判断性,下面给出判断一个分解是否具有无损连接性的算法。

算法 3.3　无损连接性检验。

输入:关系模式 $R(A_1,A_2,\cdots,A_n)$,函数依赖集 F,分解 $\rho=\{R_1,R_2,\cdots,R_k\}$。

输出:确定 ρ 是否具有无损连接性。

方法:

(1) 构造一个 k 行 n 列的表,第 i 行对应于关系模式 R_i,第 j 列对应于属性 A_j。如果 $A_j\in R_i$,则在第 i 行第 j 列上放符号 a_j,否则放符号 b_{ij}。

(2) 重复考察 F 中的每一个函数依赖,并修改表中的元素。其方法如下:取 F 中一个函数依赖 $X\rightarrow Y$,在 X 的分量中寻找相同的行,然后将这些行中 Y 的分量改为相同的符号,如果其中有 a_j,则将 b_{ij} 改为 a_j;若其中无 a_j,则全部改为 b_{ij}(i 是这些行的行号最小值)。

(3) 若发现表中某一行变成了 $a_1,a_2,\cdots,a_n$,则分解 ρ 具有无损连接性;若 F 中所有函数依赖都不能再改变表中的内容,且没有发现这样的行,则分解 ρ 不具有无损连接性。

【例 3.19】　设 $R<U,F>$,其中 $U=\{A,B,C,D,E\}$,$F=\{A\rightarrow C,B\rightarrow C,C\rightarrow D,DE\rightarrow C,CE\rightarrow A\}$。$\rho=\{R_1,R_2,R_3,R_4,R_5\}$,这里 $R_1=AD$,$R_2=AB$,$R_3=BE$,$R_4=CDE$,$R_5=AE$。

判断分解 ρ 是否具有无损连接性。

解:为了验证这一分解是否无损,先构造一个 5 行 5 列的表,如表 3-13 所示。先按 $R_1\sim R_5$ 填入初值,然后逐个考察各函数依赖,相应修改表中内容。考察及修改过程如下(表中箭头上的数字代表是第几步上修改的)。

表 3-13　检验分解是否无损算法所用的表及其内容变化过程

R_i	A	B	C	D	E
AD	a_1	b_{12}	b_{13}	a_4	b_{15}
AB	a_1	a_2	$b_{23} \xrightarrow{1} b_{13}$	$b_{24} \xrightarrow{3} a_4$	b_{25}
BE	$b_{31} \xrightarrow{5} a_1$	a_2	$b_{33} \xrightarrow{2} b_{13} \xrightarrow{4} a_3$	$b_{34} \xrightarrow{3} a_4$	a_5
CDE	$b_{41} \xrightarrow{5} a_1$	b_{42}	a_3	a_4	a_5
AE	a_1	b_{52}	$b_{53} \xrightarrow{1} b_{13} \xrightarrow{4} a_3$	$b_{54} \xrightarrow{3} a_4$	a_5

（1）考察 A→C，发现第 1,2,5 行上对应于 A 列的值相同，因此把这 3 行对应于 C 列的值取一致，均改为 b_{13}。

（2）考察 B→C，发现第 2,3 行上对应于 B 列上均为 a_2，因此把第 3 行 C 列上的 b_{33} 改为 b_{13}。

（3）考察 C→D，发现第 1,2,3,5 行 C 列上均为 b_{13}，故把这几行 D 列的值全改为 a_4。

（4）考察 DE→C，发现第 3,4,5 行上 D 列的值均为 a_4，E 列的值均为 a_5，因此把这 3 行 C 列的值改为 a_3。

（5）考察 CE→A，发现第 3,4,5 行上 C 列的值均为 a_3，E 列的值均为 a_5，因此把这 3 行 A 列的值改为 a_1。

至此，表的第 3 行由 a_1,a_2,a_3,a_4,a_5 组成，可见该分解具有无损连接性。

以上讨论的是无损分解的一般情况。在把一个关系模式分解为两个子模式的情况下，可以采用以下特殊的判定准则。

定理 3.10　二项分解定理：设 $\rho=(R1,R2)$ 是 R 的一个分解，F 是 R 上的函数依赖集，分解 ρ 具有无损连接性的充分必要条件是：

$$R1\cap R2\to(R1-R2)\in F^+ \quad 或 \quad R1\cap R2\to(R2-R1)\in F^+$$

证明：

（1）充分性：设 $R1\cap R2\to(R1-R2)$，按算法 3.3 可构造出表 3-14。表中省略了 a 和 b 的下标，这无关紧要。

表 3-14　构造表

R_i	$R1\cap R2$	$R1-R2$	$R2-R1$
R1	aa⋯a	aa⋯a	bb⋯b
R2	aa⋯a	bb⋯b	aa⋯a

若 $R1\cap R2\to(R1-R2)$ 在 F 中，则可将表中第 2 行位于 $(R1-R2)$ 列中的所有符号都改为 a，这样该表中第 2 行就全是 a 了，则 ρ 具有无损连接性。同理可证 $R1\cap R2\to(R2-R1)$ 的情况。

若 $R1\cap R2\to(R1-R2)$ 不在 F 中，但在 F^+ 中，即它可以用公理从 F 中推出来，从而也能推出 $R1\cap R2\to Ax$，其中 $Ax\subseteq R1-R2$，所以可以将 Ax 列的第 2 行改为全 a，同样可以将 $R1-R2$ 中的其他属性的第 2 行也改为 a，这样第 2 行就变成全 a 行。所以分解

$\rho=\{R1,R2\}$具有无损连接性。

同样可以证明 R1∩R2→(R2−R1)的情况。

(2) 必要性：设构造的表中有一行全为 a，例如第 1 行全为 a，则由函数依赖定义可知 R1∩R2→(R2−R1)；如果是第 2 行全为 a，则 R1∩R2→(R1−R2)。定理证毕。

【例 3.20】 设有关系模式 R(A，B，C)，其上的函数依赖集 F＝{AB→C，C→A}。

判断 R 的一个分解 $\rho=\{R1(A,C),R2(B,C)\}$ 是否为无损连接分解。

解：由于 R1∩R2＝C，R1−R2＝A，所以 R1∩R2→(R1−R2)。根据定理 3.10 可知，分解 ρ 为无损连接分解。

2. 函数依赖保持性

保持关系模式分解等价的另一个重要条件是，原模式所满足的函数依赖在分解后的模式中仍保持不变，即关系模式 R 所满足的函数依赖集应为分解后的模式所满足的函数依赖集所蕴涵。这就是函数依赖保持性问题。

定义 3.18 设有关系模式 R，F 是 R 的函数依赖集，Z 是 R 的一个属性集合，则称 Z 所涉及到的 F^+ 中所有函数依赖为 F 在 Z 上的投影，记为$\Pi_Z(F)$，有：

$$\Pi_Z(F)=\{X\to Y\,|\,X\to Y\in F^+ \text{ 且 } XY\subseteq Z\}$$

说明：$\Pi_Z(F)$中的属性都在 Z 中；X→Y 或在 F 中或由 F 推出。

如：F＝{A→B，C→B，B→D，D→C}，设 Z＝CD，有 $\Pi_Z(F)=\{C\to D,D\to C\}$。

函数依赖投影的意义在于：模式分解后属性的语义没有发生改变，而函数依赖关系会由于分解的不同，而可能受到破坏。

现在根据$\Pi_Z(F)$的定义来定义分解的函数依赖保持性。

定义 3.19 设关系模式 R 的一个分解 $\rho=\{R_1,R_2,\cdots,R_k\}$，F 是 R 的函数依赖集，如果 F 等价于$\Pi_{R1}(F)\cup\Pi_{R2}(F)\cup\cdots\cup\Pi_{Rk}(F)$，则称分解 ρ 具有函数依赖保持性。

从定义看出，保持函数依赖的分解就是指：当一个关系模式 R 分解后，无语义丢失，且经过分解后，原模式 R 的函数依赖关系，都分散在分解后的子模式中。

【例 3.21】 试分析下列分解是否具有无损连接性和函数依赖保持性。

(1) 设 S1(A，B，C)，F1＝{A→B}在 S1 上成立，$\rho_1=\{AB,AC\}$

(2) 设 S2(A，B，C)，F2＝{A→C，B→C}在 S2 上成立，$\rho_2=\{AB,AC\}$

(3) 设 S3(A，B，C)，F3＝{A→B，B→C}在 S3 上成立，$\rho_3=\{AC,BC\}$

解：

(1) 令 R1＝AB，R2＝AC；

因为(R1∩R2)→R1−R2 即 A→B，所以 ρ_1 相对于 F1 是无损连接；

又因为$\Pi_{AB}(F1)\cup\Pi_{AC}(F1)=\{A\to B\}$与 F1 等价；

所以 ρ_1 相对于 F1 是保持函数依赖的分解。

(2) 令 R1＝AB，R2＝AC；

因为(R1∩R2)→R2−R1 即 A→C 所以 ρ_2 相对于 F2 是无损连接；

又因为$\Pi_{AB}(F2)\cup\Pi_{AC}(F2)=\{A\to C\}$与 F2 不等价，丢失了 B→C；

所以 ρ_2 相对于 F2 不保持函数依赖。

（3）令 R1＝AC，R2＝BC；

因为（R1∩R2）＝C，R1－R2＝A，R2－R1＝B，C→A 和 C→B 均不成立；

所以 ρ_3 相对于 F3 不是无损连接；

又因为 $\prod_{AC}$（F3）∪$\prod_{BC}$（F3）＝{A→C，B→C}与 F3 不等价，丢失了 A→B；

所以 ρ_3 相对于 F3 不保持函数依赖。

从上面的例子可以看出，一个无损连接分解不一定具有函数依赖保持性；反之亦然。在模式分解时，要检查分解是否同时满足这两个条件，只有这样才能保证分解的正确性和有效性，才不会发生信息丢失，又保证关系中属性间原有的函数依赖。

3.4.3　模式分解的算法

对关系模式进行分解，使它的模式成为 3NF、BCNF 或 4NF，但这样的分解，不一定都能保证具有无损连接性和函数依赖保持性。对于任一关系模式，可找到一个分解达到 3NF，且具有无损连接性和函数依赖保持性。而对模式的 BCNF 或 4NF 分解，可以保证无损连接，但不一定能保证保持函数依赖集。下面介绍有关关系模式分解的几个算法。

算法 3.4　把关系模式分解为 3NF，使它既具有无损连接性又具有函数依赖保持性。

输入：关系模式 R<U，F>。

输出：具有无损连接性和函数依赖保持性的 3NF 分解 $\rho＝\{R_1,R_2,\cdots,R_k\}$。

方法：

（1）最小化。求 F 的最小函数依赖集 F_m。

（2）排除。如果 F_m 中有一依赖 X→A，且 XA＝U，则输出 ρ＝{R}（即 R 已为 3NF 不用分解），转（6）。

（3）独立。若 R 中某些属性未出现在 F_m 中任一函数依赖的左部或右部，则将它们从 R 中分出去，单独构成一个关系子模式。

（4）分组。对于 F_m 中的每一个 X→A，都构成一个关系子模式 XA（但若有 X→A1，X→A2，…X→An，则可用合并规则变为 X→A1A2…An，再令 XA1A2…An 作为 ρ 的一个子模式）。

经过上述几步，求出函数依赖保持性分解：$\rho＝\{R_1,R_2,\cdots,R_k\}$。

（5）添键。若 ρ 中没有一个子模式含 R 的候选键 X，则令 ρ＝ρ∪{X}；若存在 $R_i \subseteq R_j$（i≠j），则删去 R_i。

（6）停止分解，输出 ρ。

此时 ρ 是既具有无损连接性又具有函数依赖保持性的 3NF 分解。

【例 3.22】　设有关系模式 R<U，F>，U＝{E，G，H，I，J}，F＝{E→I，J→I，I→G，GH→I，IH→E}，将 R 分解为 3NF，并具有无损连接性和函数依赖保持性。

解：由候选键的定义和属性闭包的求解算法可知，在函数依赖集 F 中所有函数依赖的右部未出现的属性一定是候选键的成员。故 R 的候选键中至少包含 J 和 H。

计算：$(JH)^+ = IJHGE = U$。经分析 R 只有唯一的候选键 JH。

求出最小函数依赖集 $F_m = \{E \rightarrow I, J \rightarrow I, I \rightarrow G, GH \rightarrow I, IH \rightarrow E\}$

分解为：

$$\rho = \{EI, JI, IG, GHI, IHE\}$$

因 ρ 中无子模式含 R 的候选键，则令 $\rho = \rho \cup \{R$ 的候选键 JH$\}$。去掉被包含的子集，所以满足 3NF 且具有无损连接性和函数依赖保持性的分解为：

$$\rho = \{JI, GHI, IHE, JH\}$$

算法 3.5　把关系模式分解为 BCNF，使它具有无损连接性。

输入：关系模式 R 和 R 上的函数依赖集 F。

输出：R 的一个分解 $\rho = \{R_1, R_2, \cdots, R_k\}$，$R_i$ 为 BCNF$(i=1, \cdots, k)$，ρ 具有无损连接性。方法如下：

(1) 令 $\rho = \{R\}$；

(2) 如果 ρ 中所有关系模式都是 BCNF，则转(4)；

(3) 如果 ρ 中有一个关系模式 $R_i < U_i, F_i >$ 不是 BCNF，则 R_i 中必有 $X \rightarrow A \in F_i^+$ $(A \notin X)$，且 X 不是 R_i 的键。设 $S_1 = XA, S_2 = U_i - A$，用分解 $\{S_1, S_2\}$ 代替 $R_i < U_i, F_i >$，转(2)；

(4) 分解结束，输出 ρ。

【例 3.23】　设有关系模式 $R < U, F >$，其中：$U = \{C, T, H, R, S, G\}$，$F = \{CS \rightarrow G, C \rightarrow T, TH \rightarrow R, HR \rightarrow C, HS \rightarrow R\}$，将其无损连接地分解为 BCNF。

解：R 上只有一个候选键 HS。

(1) 令 $\rho = \{CTHRSG\}$。

(2) ρ 中的模式不是 BCNF。

(3) 考虑 $CS \rightarrow G$，这个函数依赖不满足 BCNF 条件（CS 不包含候选键 HS），将 CTHRSG 分解为 CSG 和 CTHRS。

模式 CSG 的候选键为 CS，其上只有一个函数依赖 $CS \rightarrow G$，故是 BCNF。

模式 CTHRS 的候选键是 HS，$CTHRS \notin$ BCNF，需进一步分解。选择 $C \rightarrow T$，把 CTHRS 分解成 CT 和 CHRS。

模式 CT 已是 BCNF。模式 CHRS 的候选键是 HS，$CHRS \notin$ BCNF，需进一步分解。选择 $HR \rightarrow C$，把 CHRS 分解成 HRC 和 HRS。这时 HRC 和 HRS 均为 BCNF。

(4) $\rho = \{CSG, CT, HRC, HRS\}$。

3.5　本章小结

本章讨论了如何设计关系数据库的模式问题。关系模式设计的好与不好，直接影响数据库数据的冗余度、数据的一致性和数据库数据的丢失等问题。关系数据理论是指导关系数据库设计的基础。关系数据库设计理论的核心是数据间的函数依赖，衡量的标准是关系规范化的程度及分解的无损连接性和函数依赖保持性。

习　题　3

1. 函数依赖、部分函数依赖、完全函数依赖、传递函数依赖之间的差异是什么？1NF、2NF、3NF、BCNF 之间的关系是什么？无损连接与函数依赖保持性的作用是什么？

2. 设有一关系 $R(S\#, C\#, G, TN, D)$，其属性的含义为：$S\#$——学号，$C\#$——课程号，G——成绩，TN——任课教师，D——教师所在的系。这些数据有下列语义：

学号和课程号分别与其代表的学生和课程一一对应；一个学生所修的每门课程都有一个成绩；每门课程只有一位任课教师，但每位教师可以有多门课程；教师中没有重名，每个教师只属于一个系。

(1) 试根据上述语义分析函数依赖关系、确定函数依赖集。

(2) 关系 R 为第几范式？并举例说明在进行增、删操作时的异常现象。

3. 建立关于系、学生、班级、社团等信息的一个关系数据库，一个系有若干个专业，每个专业每年只招一个班，每个班有若干学生，一个系的学生住在同一宿舍区，每个学生可以参加若干个社团，每个社团有若干学生。

学生的属性有：学号、姓名、出生年月、系名、班级号、宿舍区。

班级的属性有：班级号、专业名、系名、人数、入校年份。

系的属性有：系名、系号、系办公地点、人数。

社团的属性有：社团名、成立年份、地点、人数、学生参加某社团的年份。

请给出关系模式，写出每个关系模式的最小函数依赖集，指出是否存在传递函数依赖，对于函数依赖左部是多属性的情况讨论函数依赖是完全函数依赖，还是部分函数依赖。

指出各关系模式的候选键、外键。

4. 指出下列关系模式是第几范式？并说明理由。

(1) $R(X,Y,Z)$　　　$F=\{XY \rightarrow Z\}$

(2) $R(X,Y,Z)$　　　$F=\{Y \rightarrow Z, XZ \rightarrow Y\}$

(3) $R(X,Y,Z)$　　　$F=\{Y \rightarrow Z, Y \rightarrow X, X \rightarrow YZ\}$

(4) $R(X,Y,Z)$　　　$F=\{X \rightarrow Y, X \rightarrow Z\}$

(5) $R(W,X,Y,Z)$　　$F=\{X \rightarrow Z, WX \rightarrow Y\}$

5. 试证明由关系模式中全部属性组成的集合为候选键的关系是 3NF，也是 BCNF。

6. 试证明只有两个属性的关系必是 BCNF，也必是 4NF。

7. 设有关系模式 $R(A,B,C,D,E)$，其上的函数依赖集：

$$F=\{A \rightarrow BC, CD \rightarrow E, B \rightarrow D, E \rightarrow A\}$$

(1) 计算 B^+。

(2) 求出 R 的所有的候选键，并判断 R 的范式。

8. 设有关系模式 $R<U,F>$，其中：

$$U=\{A,B,C,D,E\}, \quad F=\{A \rightarrow D, E \rightarrow D, D \rightarrow B, BC \rightarrow D, DC \rightarrow A\}$$

（1）求出 R 的所有的候选键。

（2）判断 $\rho=\{AB,AE,CE,BCD,AC\}$ 是否为无损连接分解？

9. 设有关系模式 R(A,B,C,D)，其上的函数依赖集：

$$F=\{A\rightarrow C,C\rightarrow A,B\rightarrow AC,D\rightarrow AC\}$$

（1）求 F 的最小等价依赖集 F_m。

（2）将 R 分解使其满足 BCNF 且无损连接性。

（3）将 R 分解成满足 3NF 并具有无损连接性与函数依赖保持性。

10. 现有一个关系模式 R(A,B,C)，其上的函数依赖集 $F=\{A\rightarrow B,C\rightarrow B\}$，判断分解：$\rho_1=\{AB,AC\}$；$\rho_2=\{AB,BC\}$ 是否具有无损连接性和函数依赖保持性。

11. 设有关系模式 R(A,B,C,D,E,G)，其上的函数依赖集 $F=\{A\rightarrow B,C\rightarrow G,E\rightarrow A,CE\rightarrow D\}$，现有下列分解：

（1）$\rho_1=\{CG,BE,ECD,AB\}$

（2）$\rho_2=\{ABE,CDEG\}$

试判断上述每一个分解是否具有无损连接性。

12. 设 R(A,B,C,D,E,G)，$F=\{AB\rightarrow C,C\rightarrow D,CA\rightarrow E,E\rightarrow A,BD\rightarrow A,B\rightarrow C\}$。

求其保持函数依赖和无损连接的 3NF 分解。

第 2 部分

技 术 篇

第 4 章

数据库设计

本章主要介绍数据库设计的生命周期法。数据库设计需经历 6 个阶段，即需求分析、概念结构设计、逻辑结构设计、物理结构设计、数据库实施、数据库运行和维护。本章将讨论设计过程中的一些技术问题，重点讲解数据库结构设计阶段及过程。

4.1 数据库设计概述

数据库设计是指对于一个给定的应用环境，构造(设计)最优的数据模型，然后据此建立数据库及其应用系统，使之能够有效地存储数据，满足各种用户的应用需求。数据库设计的优劣将直接影响信息系统的质量和运行效果。因此，设计一个结构优化的数据库是对数据进行有效管理的前提和产生正确信息的保证。

大型数据库的设计和开发是一项庞大的系统工程，是涉及多学科的综合性技术，对从事数据库设计的专业人员来讲，应具有多方面的技术和知识。主要有：

(1) 数据库的基本知识和数据库设计技术。

(2) 计算机科学基础知识及程序设计技巧。

(3) 软件工程的原理和方法(用于大型数据库设计与开发)。

(4) 应用领域的知识。

4.1.1 数据库设计的特点和方法

1. 数据库设计的特点

"三分技术，七分管理，十二分基础数据"是数据库建设的基本规律。因此数据库设计的特点包括：

(1) 数据库建设是硬件、软件和干件(技术与管理的界面)的结合。

(2) 结构/数据设计和行为/处理设计的结合。

结构特性设计是指数据库总体概念与结构的设计，它应该具有最小数据冗余、能反映不同用户数据要求、满足数据共享。行为特性是指数据库用户的业务活动，通过应用程序去实现。显然数据库结构设计和行为设计两者必须相互参照、结合进行，当然，最佳设计不可能一蹴而就，而只能是一种"反复探寻、逐步求精"的过程。

2. 数据库设计的目标

（1）满足应用要求。包括两个方面，一是指用户要求：对用户来说，关心的是所设计的数据库是否符合数据要求和处理要求，因此，设计者必须仔细地分析需求，并以最小的开销取得尽可能大的效果。二是要符合软件工程的要求，即按照软件工程的原理和方法进行数据库设计，这样既加快研制周期，也能产生正确、良好的结果。

（2）模拟精确程度高。数据库是通过数据模型来模拟现实世界的信息与信息间的联系的。模拟的精确程度越高，则形成的数据库就越能反映客观实际。因此数据模型是构成数据库的关键。数据库设计就是围绕数据模型展开的。

（3）良好的数据库性能。数据库性能包括存取效率和存储效率等。此外，数据库还有其他性能，如当硬件和软件的环境改变时，能容易地修改和移植数据库；当需要重新组织或扩充数据库时，方便对数据库作相应的扩充。

一个性能良好的数据库，其数据必须具有完整、独立、易共享、冗余小等特点，并可通过优化进一步改善数据库的性能。

3. 数据库设计方法

为了使数据库设计更合理、更有效，人们通过努力探索，提出了各种数据库设计方法，数据库设计方法按自动程度可以分为4类，即手工的、设计指南或规则指导的、计算机辅助的以及自动的设计方法。较有影响的如下：

（1）新奥尔良（New Orleans）设计方法。新奥尔良设计方法是由三十多个欧美各国的数据库专家在美国新奥尔良市专门开会讨论数据库设计问题时提出的，认为数据库设计生命期包括：公司要求分析；信息分析和定义；设计实现；物理数据库设计4个阶段。

（2）基于3NF的数据库设计方法。基于3NF的数据库设计方法是由S. Atre提出的结构化设计方法。其基本思想是：对每一组数据元素推导出3NF关系，基于得到的3NF关系画出数据库企业模式。再根据企业模式，选用某种数据模型，得出适应于某个DBMS的逻辑模式。

（3）基于E-R方法的数据库设计方法。E-R方法的基本思想是：首先设计一个企业模式，它是现实世界的反映，而与存储组织、存取方法、效率无关。然后再将企业模式变换为某个DBMS的数据模式。

（4）计算机辅助数据库设计方法。该方法提供一个交互式过程，一方面充分利用计算机的速度快，容量大和自动化程度高的特点，完成比较规则、重复性大的设计工作；另一方面又充分发挥设计者的技术和经验，做出一些重大决策、人机结合、互相渗透，帮助设计者更好地进行设计。

现在实际使用的设计方法，通常是由上述几种方法结合、扩展而来的。目前，DB设计实现方法常用的主要有：快速原型法和生命周期法。

4. 快速原型法

快速原型法是迅速了解现行管理和用户的需求之后，以同类数据库为参照，借助多种工具，快速设计、开发数据库原型，并进行试运行。通过试用、与用户交流找出问题，并对原型剪裁、修改和补充。得到下一版本，再试运行。若离基本要求差距太大，则原型无效，重新设计、开发原型。经过反复修改和完善直到用户完全满意。最后，工作原型转化为运行系统，可正式投入运行。数据库设计的快速原型法如图 4-1 所示。其优点是可减少系统开发的投资和时间，适用于中小型数据库的设计。

图 4-1 数据库设计的快速原型法

快速原型法的关键在于尽快地构造出数据库原型，通过逐步调整原型使其满足用户的要求。一旦确定了客户的真正需求，所建造的粗糙原型将被丢弃。

生命周期法是一种经典的方法。它主要采用在生存期中，分阶段、按步骤进行设计，经过整个周密的过程完成数据库设计。该方法的优点是系统针对性强，功能、文档等比较完善，其缺点是开发周期长，通用性稍差。适用于大、中型数据库的设计。下面重点介绍数据库设计的生命周期法。

4.1.2 数据库设计阶段及内容

通常，信息系统生命周期包括规划、收集和分析、设计（包括数据库设计）、构造原型、实现、测试、转换以及投入后的维护等阶段。由于数据库是较大型的企业信息系统的基础组件，因此数据库设计是在信息系统规划与立项的基础上进行。

1. 数据库设计阶段的任务

在进行信息系统规划与立项之后，按照数据库系统生存期的设计方法，考虑到数据库及其应用系统开发的过程，将数据库设计分为以下 6 个阶段。如图 4-2 所示。

图 4-2　数据库设计步骤

（1）需求分析。收集与分析用户的信息及应用处理的要求，定义数据库应用的主要任务和目标，确定系统范围和边界。并将结果按照一定的格式形成需求说明书。

（2）概念结构设计。通过对用户需求进行综合、归纳与抽象，形成一个独立于具体DBMS的信息模型（用 E-R 图表示）。

（3）逻辑结构设计。将概念结构转换为某个 DBMS 所支持的数据模型（例如关系模型），并对其进行优化。

（4）物理结构设计。为逻辑数据模型选取一个最适合应用环境的物理结构（包括存储结构和存取方法）。

（5）数据库实施。运用 DBMS 提供的数据语言（例如 SQL）及其宿主语言（例如 C），根据逻辑设计和物理设计的结果建立数据库，编制与调试应用程序，组织数据入库，并进行试运行。

（6）数据库运行和维护。数据库应用系统经过试运行后即可投入正式运行。在数据库系统运行过程中必须不断地对其进行评价、调整与修改。

一个完善的数据库应用系统设计是不可能一蹴而就的，它往往是对上述 6 个阶段的不断反复、修改与扩充。

2. 数据库设计内容与方式

数据库设计的不同阶段的主要内容，以及数据库结构/数据设计和行为/处理设计结合进行的方式，如图 4-3 所示。

设计阶段	设计描述	
	数据	处理
需求分析	数据字典、全系统中数据项、数据流、数据存储的描述	数据流图和判定表(判定树)、数据字典中处理过程的描述
概念结构设计	概念模型(E-R图) 数据字典	系统说明书包括:①新系统要求、方案和概图②反映新系统信息流的数据流图
逻辑结构设计	某种数据模型 关系 非关系	系统结构图(模块结构)
物理设计	存储安排 方法选择 存取路径建立 分区1 分区2	模块设计 IPO表 IPO表... 输入: 输出: 处理:
实施阶段	编写模式 装入数据 数据库试运行 Create... Load...	程序编码 编译联结 测试 Main() ... if ... then ... end
运行维护	性能监测、转储、恢复 数据库重组和重构	新旧系统转换、运行、维护(修正性、适应性、改善维护)

图 4-3 数据库结构和行为设计相结合

4.2 需 求 分 析

需求分析是整个数据库设计中非常重要的一步,它是其他各步的基础。如果把整个数据库设计当成一个系统工程看待的话,那么需求分析就是这个系统工程的最原始的输入。如果这一步走错,就会前功尽弃。所以这一步特别重要,也是最困难最麻烦的一步。其困难之处不是在技术上,而在于要了解、分析、表达客观世界并非容易。

由于需求分析与计算机专业业务相距太远,所以往往被从事数据库设计的计算机专业人员所忽视,他们或认为这里没有什么技术,不值得下工夫,或觉得需求调查琐碎、繁杂,没有意思,于是不感兴趣、厌战、马虎。所以需特别强调需求分析的重要性。

4.2.1 需求分析的任务

1. 需求分析

需求分析是整个数据库设计过程中比较费时、比较复杂的一步,也是最重要的一步。这个阶段的主要任务是通过详细调查现实世界要处理的对象(组织、部门、企业等),充分了解用户的组织机构、应用环境、业务规则，明确用户的各种需求（数据需求、完整性约束条件、操作处理和安全性要求等），然后在此基础上确定新系统的任务、目标与功能。必须充分考虑今后可能的扩充和改变，不能仅按当前应用需求来设计数据库。

2. 调查的重点

调查的重点是得到用户对"数据"和"处理"的要求，包括：

（1）信息要求。用户（各业务部门）对即将建立的数据库有何要求？保存哪些信息？要从数据库得到什么信息？提供的数据与取得的信息是什么形式？

（2）处理要求。如何使用数据？各种数据的使用频率如何？定期使用还是随机发生？有无实时要求？查询方式如何？要构造哪些表格？当各处理事件发生时，如何规定优先级、处理顺序、处理间结构？被存取的数据量与运行限制等。

（3）功能要求。要建立的信息系统需具有哪些功能（包括规划的、现存的、人工的或自动的）？能解决哪些数据处理问题？

（4）企业环境特征。企业的规模与结构、部门的地理分布、有关主管部门对机构规定与要求，数据库的安全性、完整性限制、系统适应性、DBMS 与运行环境、条件与经费等。

4.2.2　需求分析的方法

1. 调查用户需求的步骤

（1）调查组织机构情况。包括了解该组织的部门组成情况，各部门的职能等，为分析信息流程做准备。

（2）调查各部门的业务活动情况。包括了解各个部门输入和使用什么数据，如何加工处理这些数据，输出什么信息，输出到什么部门，输出结果的格式是什么。

（3）协助用户明确对新系统的各种要求。包括信息要求、处理要求、完全性与完整性要求。

（4）确定新系统的边界。确定哪些功能由计算机完成或将来准备让计算机完成，哪些活动由人工完成。由计算机完成的功能就是新系统应该实现的功能。

2. 常用的调查方法

（1）检查文档。通过查阅原系统有关文档，可以深入了解为什么用户需要建立数据库应用系统，并可以提供与问题相关的业务信息。

（2）跟班作业。通过亲自参加业务工作来了解业务活动的情况，可以比较准确地理解用户的需求。当用其他方法所获数据的有效性值得怀疑或系统特定方面的复杂性阻碍了最终用户做出清晰的解释时，这种方法尤其有用。

（3）面谈调研。通过与用户座谈来了解业务活动情况及用户需求。为了保证谈话成功，必须选择合适的谈话人选，准备的问题涉及面要广，要引导谈话有效地进行。应根据谈话对象的回答，提出一些附加的问题以获得准确的信息并进行扩展。

（4）问卷调查。若调查表设计得合理，这种方法很有效，也易于用户接受。

3. 需求分析的结果

　　调查了解了用户的需求后,还需要进一步分析和表达用户的需求。分析和表达用户需求的方法主要用自顶向下的结构化分析方法,即从抽象到具体的分析方法。它从最上层的系统组织机构入手,采用逐层分解的方式分析系统,并且每一层用下面介绍的数据流图和数据字典描述。

4.2.3　需求分析的工具

　　数据库设计过程中,可利用各种辅助工具进行,数据库需求分析阶段的两个主要工具是数据流图与数据字典(分为 DBMS 的数据字典和数据库应用系统的数据字典)。

1. 数据流图

数据流图(Data Flow Diagram,DFD)表达了数据与处理的关系。

数据流图的基本元素。数据流图中的基本元素如下:

（学生选课）描述一个处理。输入数据在此进行变换产生输出数据。其中注明处理的名称。

学生 描述一个输入源点或输出汇点。其中注明源点或汇点的名称。

描述一个数据流。含被加工的数据名称及其数据流动方向。

学生(Student) 描述一个数据存储。常代表一个数据表,其中注明表的名称。

【**例 4.1**】　图 4-4 给出了学生选课的数据流图。

图 4-4　学生选课数据流图

2. DBMS 的数据字典

　　(1) 数据字典的作用。DBMS 的数据字典(也称数据目录)是每个 DBMS 必须提供的功能。数据字典不仅存储各种对象的描述信息,而且还存储系统管理所需的各种对象的细节信息。DBMS 的任务是管理大量的、共享的、持久的数据,对数据库中数据实行集中控制,数据字典是建立和维护这些控制的一个必要工具。具体来说,数据字典的作用主要体现在：满足 DBMS 快速查询有关对象的要求（如查阅用户表、子模式和模式等）；供 DBA 掌握整个系统运行的情况（如现有的数据库、终端、用户；当前的模式数目及其名称等）。

（2）数据字典的内容

数据字典的内容主要有如下几部分：

① 数据库系统所有对象及其属性的描述信息。这些对象包括基本表（含主键）、视图以及存取路径（索引、散列等）、访问权限和用于查询优化的统计数据等。

② 数据库系统对象之间关系的描述信息。包括表之间的外键关系，子模式与模式以及模式与内模式的映射关系、用户与子模式的对应关系等。

③ 登记所有对象、属性的自然语言含义。如每个对象、属性的英语意义对照表等。

④ 记录数据字典变化的历史，也包括数据库状态信息的记录和统计。如：现有基本表的个数，视图的个数，元组个数，不同属性值的记录个数等。

数据字典的最终形式是一组字典表格，不同的系统，其数据字典的内容也是不同的。

数据字典是由系统建立的，为方便数据库管理员对数据库进行管理和控制的信息全集。数据库用户只能对数据字典中的内容进行查询操作，而不能进行更新操作。DBMS 通过两种接口实现两类用户访问数据字典的请求：

① 与人的接口。包括数据库管理员、系统分析员、程序员、终端用户和审计人员等。这类用户通过 DBMS 提供的数据字典访问工具或命令实现对系统数据的访问。

② 与软件的接口。各软件通过 DBMS 的应用程序接口（API）实现对数据字典信息的访问和处理。

3. 应用系统的数据字典

数据库应用系统的数据字典与 DBMS 的数据字典的内容是完全不同的。

数据流图表达了数据与处理的关系，数据字典则是对数据流中数据的详尽描述，它是系统中各类数据描述的集合，是进行详细的数据收集和数据分析所获得的主要成果。通常包括：数据项、数据结构、数据流、数据存储和处理过程 5 个部分。

（1）数据字典各部分的描述

① 数据项：在数据流图中，对每一数据块的数据结构所含的数据项进行说明。数据项是最小的、不可再分的数据单位。对数据项的描述通常包括以下内容：

数据项描述={数据项名,数据项含义说明,别名,数据类型,长度,取值范围,取值含义,与其他数据项的逻辑关系}

其中"取值范围"、"与其他数据项的逻辑关系"定义了数据的完整性约束条件，是设计数据检验功能的依据。

② 数据结构：数据流图中数据块的数据结构说明。

数据结构反映了数据之间的组合关系。一个数据结构可以由若干个数据项组成，也可以由若干个数据结构组成，或由若干个数据项和数据结构混合组成。对数据结构的描述通常包括以下内容：

数据结构描述={数据结构名,含义说明,组成：{数据项或数据结构}}

③ 数据流：数据流图中数据流向的说明。

数据流是数据结构在系统内传输的路径。对数据流的描述通常包括以下内容：

数据流描述={数据流名,说明,数据流来源,数据流去向,组成：{数据结构},平均流量,高峰期流量}

其中"数据流来源"是说明该数据流来自哪个模块。"数据流去向"是说明该数据流将到哪个模块去。"平均流量"是指在单位时间（每天、每周、每月等）里数据的传输次数。"高峰期流量"则是指在高峰时期的数据流量。

④ 数据存储：数据流图中数据块的存储特性说明。

数据存储是数据结构停留或保存的地方，也是数据流的来源和去向之一。对数据存储的描述通常包括以下内容：

数据存储描述={数据存储名,说明,编号,流入的数据流,流出的数据流,组成：{数据结构},数据量,存取方式}

其中"数据量"是指每次存取多少数据,每天（或每小时、每周等）存取几次等信息。"存取方法"包括是批处理,还是联机处理;是检索还是更新;是顺序检索还是随机检索等。另外"流入的数据流","流出的数据流"要指出其来源、去向。

⑤ 处理过程：数据流图中功能块的说明。

数据字典中只需要描述处理过程的说明性信息,通常包括以下内容：

处理过程描述={处理过程名,说明,输入：{数据流},输出：{数据流},处理：{简要说明}}

其中"简要说明"中主要说明该处理过程的功能及处理要求。功能是指该处理过程用来做什么（而不是怎么做）;处理要求包括处理频度要求,如单位时间里处理多少操作,多少数据量,响应时间要求等,这些处理要求是后面物理设计的输入及性能评价的标准。

（2）数据字典应用举例

【例 4.2】 以图 4-4 学生选课数据流图为例,简要说明如何定义数据字典。

① 数据项：以"学号"为例。

数据项名：学号;数据项含义：唯一标识每一个学生;别名：学生编号;数据类型：字符型;长度：8;取值范围：00000000～99999999;取值含义：前 4 位为入学年号,后 4 位为顺序编号;与其他数据项的逻辑关系：主键或外键。

② 数据结构：以"学生"为例。

数据结构名：学生;含义说明：是学籍管理的主体数据结构,定义了一个学生的有关信息;组成：学号,姓名,性别,年龄,所在系。

③ 数据流：以"选课信息"为例。

数据流名：选课信息;说明：学生所选课程信息;数据流来源："学生选课"处理;数据流去向："学生选课"存储;组成：学号,课程号;平均流量：每天 10 个;高峰期流量：每天 100 个。

④ 数据存储：以"学生选课"为例。

数据存储名：学生选课表;说明：记录学生所选课程的成绩;编号：（无）;流入的数据

流：选课信息，成绩信息；流出的数据流：选课信息，成绩信息；组成：学号，课程号，成绩；数据量：50 000 个记录；存取方式：随机存取。

⑤ 处理过程：以"学生选课"为例。

处理过程名：学生选课；说明：学生从可选修的课程中选出课程；输入数据流：学生，课程；输出数据流：学生选课信息；处理：每学期学生都可从公布的课程中选修需要的课程，选课时有些选修课有先修课程的要求，每个学生 4 年内的选修课门数不能超过 24 门。

4.3 概念结构设计

将需求分析得到的用户需求抽象为信息模型的过程就是概念结构设计。概念结构设计以用户能理解的形式表达信息为目标，这种表达与数据库系统的具体细节无关，它所涉及到的数据独立于 DBMS 和计算机硬件，可在任何计算机系统中实现。

在进行数据库设计时，通常是将现实世界中的客观对象首先抽象为不依赖任何 DBMS 和具体机器的信息模型，然后再把信息模型转换成具体机器上 DBMS 支持的数据模型。故信息模型可以看成是现实世界到机器世界的一个过度的中间层次。信息模型最常见的是用 E-R 图表示的模型（也称 E-R 模型）。

信息模型的主要特点包括：

（1）能真实、充分地反映现实世界中事物和事物之间的联系，有丰富的语义表达能力。

（2）易于交流和理解，便于数据库设计人员和用户之间沟通和交流。

（3）易于改进，当应用环境和应用要求改变时，容易对信息模型修改和扩充。

（4）易于向关系、网状、层次等各种数据模型转换。

4.3.1 概念结构设计的方法

1. 概念结构设计的基本方法

（1）自顶向下。首先定义全局概念结构框架，然后逐步细化，如图 4-5 所示。

图 4-5 自顶向下策略

（2）自底向上。首先定义各局部应用的概念结构，然后将它们集成起来，得到全局概念结构，如图 4-6 所示。

图 4-6　自底向上策略

（3）逐步扩张。首先定义最重要的核心概念结构，然后向外扩充，以滚雪球的方式逐步生成其他概念结构，直至总体概念结构，如图 4-7 所示。

图 4-7　逐步扩张策略

（4）混合策略。将自顶向下和自底向上相结合，用自顶向下策略设计全局概念结构的框架，以它为骨架集成由自底向上设计的各局部概念结构。

2. 常用的概念结构设计方法

经常采用的概念设计策略是自底向上方法。即自顶向下地进行需求分析，然后再自底向上地设计概念结构，如图 4-8 所示。

图 4-8　自顶向下分析与自底向上设计

自底向上概念结构设计的方法,通常分为两步:①抽象数据并设计局部视图;②集成局部视图,得到全局的概念结构。但无论采用哪种设计方法,一般都以 E-R 图为工具来描述概念结构。概念结构设计步骤如图 4-9 所示。

图 4-9　概念结构设计步骤

4.3.2　E-R 图及其扩展描述

E-R 图是对现实世界的一种抽象,其主要成分是实体、联系和属性。使用这三种成分,可以建立许多应用环境的信息模型,但是还有一些特殊的语义,单用上述概念已无法表达清楚,因此引入了扩充的 E-R 图。

1. 数据抽象

抽象是对实际的人、物、事和概念进行人为处理,它抽取人们关心的共同特征,忽略非本质的细节,并把这些特征用各种概念精确地加以描述,这些概念组成了某种模型。对象之间有两种基本联系,即聚集和概括。

(1) 聚集(Aggregation)。聚集定义了某一类型的组成成分。它抽象了对象内部类型和成分之间的"is part of"的语义。

例如:实体型就是若干属性的聚集。实体型"学生"是由"学号、姓名、性别、专业、所在院系"组成的,如图 4-10 所示。更复杂的聚集如图 4-11(a)所示,即某一类型的成分又是一个聚集。该聚集可用图 4-11(b)的 E-R 图表示。

图 4-10　聚集

(2) 概括(Generalization)。概括定义类型之间的一种子集联系。它抽象了类型之间的"is subset of"的语义。

例如:学生是一个实体型,本科生、研究生也是实体型,但本科生、研究生是学生的子集。实体型"学生"就是对实体型"本科生"和"研究生"的抽象。将实体型"学生"称为超

(a) 复杂的聚集　　　　　　　　　　　　(b) E-R图

图 4-11　复杂的聚集及其 E-R 图

类(或父类),实体型"本科生"和"研究生"称为子类,如图 4-12 所示。

概括具有一个很重要的性质:继承性。子类继承超类上定义的全部属性,其本身还可包含某些特殊的属性。

(3) 数据抽象层次。一个聚集对象可能是某类对象的概括,此时它也是一个概括对象。一个概括对象也可能是对象联系的聚集,此时,它也可以是聚集对象。一般说来,每个对象既可以是聚集对象,也可以是概括对象。当反复利用概括和聚集进行数据抽象时,就可以形成对象的层次关系。

图 4-13 表示了一个聚集层次结构,每个对象和它的成分之间是 1∶m 联系。

图 4-12　概括　　　　　　　　　**图 4-13　一个聚集层次**

图 4-14 描述了交通工具的概括层次。

图 4-14　交通工具的概括层次

2. 属性

常用的属性分类如下:

(1) 单值属性。只能有一个值的属性。如:学号、性别、身份证号等。用椭圆表示。

(2) 多值属性。可能有多个值的属性。例如:一个单位可能装多个电话;一个商品可能有多种销售价格(经销、代销、批发、零售和优惠)等。用双椭圆表示。

（3）派生属性。数据库中不存在，通过某种算法推导出来的属性。例如：一个人的年龄可以通过出生年月推导出来；职工的工资等于基本工资加奖金等。用虚椭圆表示。

（4）复合属性。包含其他属性的属性。

【**例 4.3**】 具有复合属性、多值属性和派生属性的 E-R 图，如图 4-15 所示。

图 4-15　具有复合属性、多值属性和派生属性的 E-R 图

这里复合属性"地址"包括省、市、邮编。"街道"本身也是由街道号、街道名、楼栋号组成的复合属性。"电话号码"是多值属性。"年龄"是派生属性。

3. 基数

在相互联系的实体中，实体出现一次而可能引起的另一个实体出现的最小和最大次数称为前一个实体的基数，用 $1..h$ 的形式表示，其中 1 表示最小的映射基数，而 h 表示最大的映射基数。最小值为 h（即 $h..h$）表示这个实体集全部参与该联系集，最大值为 1（即 $1..1$）表示这个实体最多参与一个联系，而最大值为 * 代表没有限制。

【**例 4.4**】 某学校规定，每学期学生至少选修一门课程、最多选修 6 门课程；每一门课程至多有 40 人选修，可以没人选修。基数的表达方法如图 4-16 所示。

$$学生 \quad \overset{m}{\underset{1..6}{}} \quad 选课 \quad \overset{n}{\underset{0..40}{}} \quad 课程$$

图 4-16　基数的表达方法

在 E-R 图设计中，利用实体的基数可描述企业对数据完整性的特殊要求。例如，在数据库应用设计中，可根据"每一门课至多 40 人选修"的特定约束条件，设计一个数据库触发器，限定某一门课程的选修人数不得超过 40 人。

4. 弱实体

一个实体的存在必须以另一个实体或多个实体的存在为前提，通常将前者称为弱实体，用双线矩形框表示，其联系以双线菱形框表示。弱实体集必须与另一个称为标识实体集关联才有意义。弱实体集的属性不足以形成主键，它的主键部分或全部从其标识实体集中获得。具有弱实体集的 E-R 图如图 4-17 所示。

图 4-17　具有弱实体集的 E-R 图

4.3.3　局部视图设计

根据需求分析的结果(数据流图、数据字典等)对现实世界的数据进行抽象,设计各个局部视图,即分 E-R 图。设计分 E-R 图的步骤如下。

1. 确定局部结构范围

局部结构的划分方式一般有两种。一种是依据系统的当前用户进行自然划分。例如,对一个企业的综合数据库,用户有企业决策集团、销售部门、生产部门、技术部门和供应部门等,各部门对信息内容和处理的要求明显不同,因此,应为他们分别设计各自的分 E-R 图。另一种是按用户要求数据库提供的服务归纳成几类,使每一类应用访问的数据显著地不同于其他类,然后为每类应用设计一个分 E-R 图。

局部结构范围的确定应考虑的因素有:
(1) 范围的划分要自然,易于管理。
(2) 范围之间的界面要清晰,相互影响要小。
(3) 范围的大小要适度。太小了,综合困难;太大了,不便分析。

2. 逐一设计分 E-R 图

选择好局部结构之后,就要对每个局部结构逐一设计分 E-R 图,亦称局部 E-R 图。每个局部结构都对应了一组数据流图,局部结构涉及的数据都已经收集在数据字典中了。要将这些数据从数据字典中抽取出来,参照数据流图,标定局部结构中的实体、属性,标识实体主键,确定实体之间的联系及其类型($1:1$、$1:m$、$m:n$)。

现实世界中具体的应用环境常常对实体和属性已经作了大体的自然划分。在数据字典中,"数据结构"、"数据流"和"数据存储"都是若干属性有意义的聚合,就体现了这种划分。可以从这些内容出发定义 E-R 图,然后再进行必要的调整。调整的原则是:为了简化 E-R 图,现实世界中能作为属性对待的,尽量作为属性对待。

实体与属性并没有非常严格的界限,但可以给出两条准则:
(1) 作为"属性",一般不具有需要描述的性质。即属性是不可分的数据项,不应包含其他属性。若为复合属性则需进一步处理。
(2) 属性不能与其他实体具有联系。即 E-R 图中所表示的联系只发生在实体之间。例如:职工是一个实体,职工号、姓名、年龄是职工的属性,职称如果没有与工资、福利挂钩,换句话说,没有需要进一步描述的特性,根据准则(1)可以作为职工实体的属性,如图 4-18 所示。

但如果不同的职称有不同的工资、住房标准和不同的福利时,则职称作为一个实体看待就更恰当,如图 4-19 所示。

图 4-18　职称作为职工实体的一个属性　　　　图 4-19　职称作为一个实体

局部视图设计完成之后,就要进行视图的集成。视图的集成是概念设计的第二步,即将上一步得到的各个局部 E-R 图集成为一个整体的 E-R 图,即全局视图。视图的集成通常分两步进行:首先合并 E-R 图,然后消除数据冗余。下面分别介绍。

4.3.4 合并 E-R 图

本步骤的主要任务是合并分 E-R 图,生成初步 E-R 图。合并是在假设各局部 E-R 图都是完全的和一致的前提下进行的,即假定各局部 E-R 图都能满足其对应局部范围的应用需求,且其内部不存在需要合并的成分。

1. 合并的方法

(1) 二元合并法。指在同一时刻,只考虑两个局部 E-R 图的合并,并产生一个 E-R 图作为合并结果。二元合并流程如图 4-20 所示。

二元合并的过程并不意味着只能通过一条流水线作业的形式进行合并处理,设计人员可根据具体情况分多个子集进行二元合并,最后再通过一次二元合并形成初步 E-R 图。该方法可降低合并工作的复杂度。

(2) 多元合并法。其特点是同时将多个局部 E-R 图一次合并。其不足之处是比较复杂,合并起来难度大。多元合并流程如图 4-21 所示。

图 4-20　二元合并流程　　　　　　图 4-21　多元合并流程

2. 冲突处理

由于局部 E-R 图仅以满足局部应用需求为目标,因而各局部 E-R 图中对同一数据对象因各自的应用特征不同可能采取不同的处理。此外,由于众多的设计人员对数据语义理解上可能存在的差别,这就导致各个局部 E-R 图之间必定会存在许多不一致的地方,称之为冲突。因此合并局部 E-R 图时,必须着力消除各个局部 E-R 图中的不一致,才能形成一个为全系统中所有用户共同理解和接受的统一的信息模型。在局部 E-R 图的合并过程中,会产生三种冲突:

(1) 属性冲突。包括以下两种:

① 属性域冲突,即属性值的类型、取值范围或取值集合不同。例如:人的年龄,有的用整型,有的用出生日期表示。

② 属性取值单位冲突。例如：人的身高，有的用米，有的用公分为单位。

解决方法：取尽可能包含较多局部 E-R 图要求的数据类型、值域或取值单位作为该属性的数据类型、值域或取值单位，并可考虑今后系统维护的工作量进行取舍。如上述的属性"年龄"可采用日期型，它可以精确到年、月、日，少数不同应用要求的用户可通过 DBMS 提供的语句或函数实现数据类型及值域的转换，计算出某人的年龄。采用日期型还可减少每年动态维护年龄的工作量。

一些较特殊的较难提取公共特征的属性冲突，只能通过不同用户协商解决。

(2) 命名冲突。包括以下两种：

① 同名异义（一词多义）。不同意义的对象在不同的局部 E-R 图中具有相同的名字。例如：名称为"组成"的联系，在某个局部 E-R 图中表示产品和零件的组成关系，在另一个局部 E-R 图中则表示车间和工人的组成关系。

② 异名同义（多词一义）。同一意义的对象在不同的局部 E-R 图中具有不同的名字。如：对科研项目，财务科称为项目，科研处称为课题，生产管理处称为工程。

解决方法：重新命名。

(3) 结构冲突。包括以下三种：

① 同一对象在不同应用中具有不同的抽象。例如"部门"在某一局部 E-R 图中被当作实体，而在另一局部 E-R 图中则被当作属性。

解决方法：统一为实体或属性。通常的方法是：若为实体的一方仅含一个同对方冲突的属性，而不含任何其他属性，则可将该实体转化为与对方相同的属性；若其中还含有其他非冲突属性，则可将对方中与实体一方发生冲突的那个属性转化为实体。

② 同一实体在不同局部 E-R 图中所包含的属性不完全相同，或者属性的排列次序不完全相同。

解决方法：使该实体的属性取各局部 E-R 图中属性的并集，再适当调整属性的次序。

③ 实体之间的联系在不同局部 E-R 图中呈现不同的类型。例如实体 E1 与 E2 在一个局部 E-R 图是多对多联系，而在另一个局部 E-R 图中是一对多联系；又如在一个局部 E-R 图中 E1 与 E2 有联系，而在另一个局部 E-R 图中 E1、E2、E3 三者之间有联系。

解决方法：根据应用的语义对实体联系的类型进行综合或调整。

4.3.5　消除数据冗余

本步骤的主要任务是消除数据冗余，设计基本 E-R 图。局部 E-R 图经过合并后生成的初步 E-R 图可能存在冗余的数据（实体、属性和联系）。冗余的数据可由基本的数据导出，容易破坏数据库的完整性，造成难以数据库维护，需要通过修改与重构，消除不必要的数据冗余。

1. 用分析法消除冗余数据

在需求分析时形成的数据流图和数据字典可用来说明客观系统中数据的抽取、加工和传送过程,它对于消除冗余是很有用的。通过对有关数据的分析,如果发现某数据能通过其他数据运算得到,则可将该数据舍去。例如:教师工资单中包括该教师的基本工资、各种补贴、应扣除的房租水电费以及实发工资,由于实发工资可以由前面各项推算出来,可以去掉,在需要查询实发工资时可根据基本工资、各种补贴、应扣除的房租水电费数据临时生成。

如果是为了提高效率,人为地保留了一些冗余数据,则应把数据字典中数据关联的说明作为完整性约束条件。

2. 用规范化消除冗余联系

在关系规范化理论中,求最小依赖集可用来消除冗余联系。其方法是:

(1) 确定局部 E-R 图实体之间的函数依赖。实体间一对一、一对多、多对一的联系可以用实体键之间的函数依赖来表示。

例如:部门和职工之间是一对多联系,可表示为:职工号→部门号;工厂和厂长之间是一对一联系,可表示为:厂名→厂长名,厂长名→厂名;课程和学生之间是多对多联系,可表示为:(学号,课程号)→成绩,于是可建立函数依赖集 F。

(2) 求 F 的最小依赖集 F_m,求其差集,即:$D = F - F_m$。

(3) 逐一考察 D 中每一函数依赖,确定是否为冗余,若是,就把它去掉。

3. 视图集成的原则

视图集成后形成一个整体的数据库概念结构,对该整体概念结构还必须进行进一步验证,确保它能够满足下列条件:

(1) 整体概念结构内部必须具有一致性,即不能存在互相矛盾的表达。

(2) 整体概念结构能准确地反映每个局部结构,包括属性、实体及实体间的联系。

(3) 整体概念结构能满足需求分析阶段所确定的所有要求。

4.4　逻辑结构设计

逻辑结构设计的主要任务是:将概念结构设计阶段的基本 E-R 图转换为 DBMS 所支持的数据模型,包括数据库模式和子模式。这些模式在功能上、完整性和一致性约束及数据库的可扩充性等方面均应满足用户的各种要求。

4.4.1　逻辑结构设计的步骤

由于现在的数据库系统普遍采用关系模型的 DBMS,而关系模型的逻辑结构是通过一组关系模式与子模式来描述的。故关系数据库的逻辑结构设计一般分三步进行:

(1) 将基本 E-R 图转换为关系模式。

(2) 对关系模式进行优化。

(3) 设计合适的用户子模式。

4.4.2　E-R 图向关系模式的转换

E-R 图则是由实体、实体的属性和实体之间的联系三个要素组成的。所以 E-R 图的转换实际上就是要将实体、属性和实体之间的联系转化为关系模式,这种转换一般遵循如下原则。

1. 实体与实体属性的转换

一个实体型转换为一个关系模式。实体的属性就是关系的属性。实体的主键就是关系的主键。

【**例 4.5**】　图 4-10 中的学生实体可转换为如下关系模式,其中学号为该关系的主键。

学生(<u>学号</u>,姓名,性别,专业,所在院系)

2. 实体间联系的转换

(1) 一个 1∶1 联系可以转换为一个独立的关系模式,也可以与任意一端对应的关系模式合并。如果转换为一个独立的关系模式,那么与该联系相连的各实体的主键以及联系本身的属性均转换为该联系关系模式的属性;如果与某一端对应的关系模式合并,则需要在该关系模式的属性中加入另一个关系模式的主键和联系本身的属性。

【**例 4.6**】　工厂和厂长间存在着 1∶1 联系,其 E-R 图如图 4-22 所示。

将其转换为关系模式有如下方法:

① 将联系转换成一个独立的关系模式(关系的主键用下划线表示):

工厂(<u>厂号</u>,厂名,地点)

厂长(<u>姓名</u>,性别,年龄)

管理(<u>厂号</u>,姓名,任期)

② 将联系与“工厂”关系模式合并,增加“姓名”和“任期”属性,即:

工厂(<u>厂号</u>,厂名,地点,姓名,任期)

厂长(<u>姓名</u>,性别,年龄)

③ 将联系与“厂长”关系模式合并,增加“厂号”和“任期”属性,即:

工厂(<u>厂号</u>,厂名,地点)

厂长(<u>姓名</u>,性别,年龄,厂号,任期)

推荐使用合并的方法,因为这样可减少关系模式的个数。

(2) 一个 1∶n 联系可以转换为一个独立的关系模式,也可以与 n 端对应的关系模式合并。如果转换为一个独立的关系模式,则与该联系相连的各实体的主键以及联系本身的属性均转换为关系的属性,而关系的主键为 n 端实体的主键。

图 4-22　工厂与厂长间的
1∶1 联系

【例 4.7】 仓库和商品间存在着 1 : n 联系,其 E-R 图如图 4-23 所示。采用合并的方法,转换后的关系模式为:

仓库(<u>仓库号</u>,地点,面积)

商品(<u>货号</u>,品名,价格,仓库号,数量)

【例 4.8】 职工与亲属间存在的弱实体联系,其 E-R 图如 4-17 所示。

转换时,可将被依赖实体的主键纳入弱实体中,作为弱实体的主键或主键中的一部分。转换后的关系模式为:

职工(<u>工号</u>,姓名,年龄,性别,职称)

亲属(<u>工号</u>,亲属姓名,亲属关系)

【例 4.9】 具有超类和子类联系的 E-R 图如图 4-24 所示。各个实体的属性为:

职员:职工号,姓名,性别,年龄,参加工作时间

飞行员:飞行小时,健康检查,飞机型号

机械师:学历,级别,专业职称

管理员:职务,职称

图 4-23 仓库与商品间的 1 : n 联系

图 4-24 超类和子类联系

① 独立法。超类、子类实体都转换为独立的关系模式,并将超类实体的主键加到子类实体中。转换后的关系模式为:

职员(<u>职工号</u>,姓名,性别,年龄,参加工作时间)

飞行员(<u>职工号</u>,飞行小时,健康检查,飞机型号)

机械师(<u>职工号</u>,学历,级别,专业职称)

管理员(<u>职工号</u>,职务,职称)

为了查询方便,可在超类实体中增加一个指示器属性,根据指示器的值直接查询子类实体表。所以,职员关系模式又可以为:

职员(<u>职工号</u>,姓名,性别,年龄,参加工作时间,职员类型)

② 继承法。消去抽象的超类,其内容由子类继承,即职员全部属性放在每个子类的关系模式中。

(3) 一个 m : n 联系转换为一个关系模式。

必须将"联系"单独建立一个关系模式,与该联系相连的各实体的主键以及联系本身

的属性均转换为关系模式的属性。而关系模式的主键为各实体主键的组合。

【**例 4.10**】　学生与课程间存在的 $m:n$ 联系,其 E-R 图如图 4-25 所示。

转换后的关系模式为:

学生(<u>学号</u>,姓名,性别,年龄)

课程(<u>课程号</u>,课程名,学时)

选修(<u>学号,课程号</u>,成绩)

(4) 三个或三个以上实体间的一个多元联系转换为一个关系模式。

与该多元联系相连的各实体的主键以及联系本身的属性均转换为关系模式的属性。而关系模式的主键为各实体主键的组合。

【**例 4.11**】　供应商、项目、零件间存在的 $m:n$ 联系,其 E-R 图如图 4-26 所示。

转换后的关系模式为:

供应商(<u>供应商号</u>,供应商名,地址)

零件(<u>零件号</u>,零件名,重量)

项目(<u>项目编号</u>,项目名称,开工日期)

供应(<u>供应商号,项目编号,零件号</u>,零件数)

图 4-25　学生与课程的 $m:n$ 联系　　　　图 4-26　供应商、项目、零件的联系

(5) 同一实体集的实体间的联系,即自联系,也可按上述 $1:1$、$1:n$ 和 $m:n$ 的三种情况分别处理。

【**例 4.12**】　职工间存在的 $1:n$ 联系,其 E-R 图如图 4-27 所示。

转换时,可在"职工"实体所对应的关系模式中多设一个属性,用来作为与"职工"实体相联系的另一个实体的主键。由于这个联系涉及的是同一个实体,所以增设的这个属性的名称不能与"职工"实体的主键相同,但它们的值域是相同的。转换后的关系模式为:

职工(<u>工号</u>,姓名,年龄,性别,职称,工资,领导者工号,民意测验)

【**例 4.13**】　零件间存在的 $m:n$ 联系,其 E-R 图如图 4-28 所示。

转换时,必须为"组装"联系单独建立一个关系模式。该关系模式中至少应包含被它所联系的双方实体的主键,联系的属性"数量"也要纳入这个关系中。由于这个"联系"只涉及一个实体,所以加入的实体的主键不能同名。

图 4-27　同一实体间的 1∶n 联系

图 4-28　同一实体间的 m∶n 联系

转换后的关系模式为：

零件(**代号**,名称,价格)

组装(**代号**,**组装件代号**,数量)

(6) 具有相同主键的关系模式应合并。

为了减少系统中的关系模式个数,如果两个关系模式具有相同的主键,应尽量将它们合并为一个关系模式。合并方法是将其中一个关系模式的全部属性加入到另一个关系模式中,然后去掉其中的同义属性(可能同名也可能不同名),并适当调整属性的次序。

假如有关系模式：特长学生(**学号**,特长)和学生(**学号**,姓名,所在院系)。它们的主键相同,则合并后的关系模式为：学生(**学号**,姓名,特长,所在院系)。

(7) 复合属性、多值属性、派生属性的处理。

【**例 4.14**】　将图 4-15 的 E-R 图转换为关系模式。

解：复合属性的处理：为每个子属性创建一个单独的属性而将复合属性去掉。

多值属性的处理：为多值属性创建一个新的关系模式,该关系模式由实体的主键和多值属性组成。派生属性的处理：从关系模式中去掉。转换后的关系模式为：

职工(**职工号**,姓名,出生日期,省,市,邮编,街道号,街道名,楼栋号)

职工_电话(**职工号**,电话号码)

4.4.3　关系模式的优化

数据库逻辑设计的结果不是唯一的。为了进一步提高数据库应用系统的性能,通常以规范化理论为指导,根据应用适当地修改、调整关系数据库的结构,这就是关系模式的优化。规范化理论为数据库设计人员判断关系模式优劣提供了理论标准,可用来预测模式可能出现的问题,使数据库设计工作有了严格的理论基础。

模式优化的方法通常有：

(1) 确定数据依赖。根据需求分析阶段所得到的语义,确定各关系模式属性之间的数据依赖,以及不同关系模式属性间的数据依赖。

(2) 对各关系模式之间的数据依赖进行最小化处理,消除冗余的联系。

(3) 确定各关系模式的范式,并根据需求分析阶段的处理要求,确定是否要对它们进行合并或分解。注意,并非规范化程度越高越好,需权衡各方面的利弊。

(4) 对关系模式进行必要的调整,以提高数据操作的效率和存储空间的利用率。通常可采用垂直分割和水平分割的方法,其示意图如图 4-29 所示。

垂直分割是关系列上的分割。可将关系模式中常用和不常用的属性分开存储。

【例 4.15】　设关系模式:职工(职工号,姓名,年龄,工资,地址,奖惩,健康状况,简历),进行合理的垂直分割。因经常要存取职工号、姓名、年龄、工资等 4 项,其他项很少用,故可将该模式分割成两个:

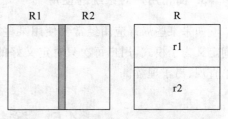

图 4-29　垂直分割与水平分割示意图

职工 1(职工号,姓名,年龄,工资)

职工 2(职工号,地址,奖惩,健康状况,简历)

这样可减少程序存取的数据量。注意:分割后的子模式应均含原关系的键来保证分解的无损连接性。

水平分割是关系行上的分割,将关系按行划分成若干不相交的子表(列相同)。例如,职工关系可分成在职职工和退休职工两个关系;也可对常用和不常用的记录分开存储,从而提高存取记录的速度。

4.4.4　用户子模式的设计

生成了整个应用系统的模式后,还应该根据局部应用需求,结合具体 DBMS 的特点,设计用户的子模式。子模式设计的目标是抽取或导出模式的子集,以构造各不同用户使用的局部数据逻辑结构。

目前关系 DBMS 一般都提供了视图概念,可以利用这一功能设计更符合局部用户需要的用户子模式。

数据库模式的建立主要考虑系统的时间效率、空间效率和易维护性等,而用户子模式的建立更多考虑的是用户的习惯与方便。主要包括如下内容。

1. 使用符合用户习惯的别名

在合并局部 E-R 图时,曾做了消除命名冲突的工作,以使数据库系统中同一关系和属性具有唯一的名字。这在设计数据库整体结构时是非常必要的,但对于某些局部应用,由于改用了不符合用户习惯的属性名,可能会使他们感到不方便。因此,在设计用户子模式时可以重新定义某些属性名,使其与用户习惯一致。

2. 对不同用户定义不同的子模式

为满足系统对安全性的要求,需对不同级别的用户定义不同的子模式。例如,教师关系模式中包括职工号、姓名、性别、出生日期、婚姻状况、学历、学位、政治面貌、职称、职务、工资、工龄等属性。学籍管理应用只能查询教师的职工号、姓名、性别、职称数据;课程管理应用只能查询教师的职工号、姓名、学历、职称数据;教师管理应用则可以查询教师的全部数据。为此只需定义三个不同的子模式,分别包括允许不同局部应用操作的属性。这样就可以防止用户非法访问本来不允许他们查询的数据,保证了系统的安全性。

3. 简化用户对系统的使用

如果某些局部应用经常要使用某些较复杂的查询,为了方便用户,可将这些复杂查询定义为子模式,用户每次只对定义好的子模式进行查询,以使用户使用系统时感到简单直观、易于理解。

4.5　数据库物理设计

对一个给定的逻辑数据模型选取一个最适合应用环境的物理结构(存储结构与存取方法)的过程,就是数据库的物理设计。

数据库的物理设计通常分为两步:

(1) 确定数据库的物理结构;

(2) 对物理结构进行评价,评价的重点是时间和空间效率。

4.5.1　物理设计的内容和要求

逻辑数据库设计极大地依赖于实现细节,如目标 DBMS 的具体功能、应用程序、编程语言等。逻辑数据库设计输出的是全局逻辑数据模型和描述此模型的文档(数据字典和一组相关的表)。同时,这些也代表着物理设计过程使用的信息源,并且它们提供了要进行有效的数据库物理设计非常重要的依据。

物理设计依赖于具体的 DBMS。要着手物理数据库设计,就必须充分了解所用DBMS 的内部特征,特别是文件组织方式、索引和它所支持的查询处理技术。但是,物理数据库设计并不是独立的行为,在物理、逻辑和应用设计之间经常是有反复的,例如,在物理设计期间为了改善系统性能而合并了表,这可能影响逻辑数据模型。

与逻辑设计相同,物理设计也必须遵循数据的特性以及用途,必须了解应用环境,特别是应用的处理频率和响应时间要求。在需求分析阶段,已了解某些用户要求某些操作要运行多快,或者每秒必须要处理多少个操作。这些信息构成了在物理设计时所做决定的基础。

通常对关系数据库物理设计的主要内容有:

(1) 为关系模式选择存取方法;

(2) 设计关系、索引等数据库文件的物理存储结构。

4.5.2　存取方法与存储结构

物理数据库设计的主要目标之一就是以有效方式存储数据。例如,想按姓名以字母顺序查询职员记录,则文件按职员姓名排序就是很好的文件组织方式,但是,想要查询所有工资在某个范围内的职员,则该排序就不是好的文件组织方式。

数据库系统通常是多用户共享系统,对同一数据存储,要建立多条路径,才能满足多用户的多种应用要求。

1. 关系模式存取方法

1）索引存取方法

所谓索引存取方法是指对关系的哪些列建立索引、哪些列建立主索引、哪些列作为次键建立次索引、哪些列建立组合索引、哪些索引要设计为唯一索引等。

建立索引的一般原则是：

（1）可在经常用于连接操作的列上建立索引，这样会使连接更有效率。

（2）可在经常按某列的顺序访问记录的列上建立索引。

（3）为经常有查询、ORDER BY、GROUP BY、UNION 和 DISTINCT 的列建立索引。

（4）在内置函数的列上建立索引。

例如，要知道每个部门职员的平均工资，可以使用如下的 SQL 语句：

SELECT 部门, AVG(工资) FROM 职工 GROUP BY 部门

由于有 GROUP BY 子句，因此可以考虑为"部门"列添加索引。但是，为"部门"和"工资"列共同创建索引会更加有效，因为这使得 DBMS 只根据索引中的数据就可以完成整个查询，而不需要访问数据文件。

不适合建立索引的情况有：

（1）不必为小表建索引。因在内存中查询该表比存储额外的索引更加有效。

（2）避免为经常被更新的列或表建立索引。因为存在更新后维护索引的代价。

（3）若查询常涉及表中记录的大部分则不建索引。因整表查询比用索引查询更有效。

（4）避免为由长字符串组成的列创建索引。因这样的索引表会很大。

2）聚簇存取方法

许多关系型 DBMS 都提供了聚簇功能，即为了提高某个属性（或属性组）的查询速度，把在这个或这些属性上有相同值的元组集中存放在一个物理块中。如将同一系的学生元组集中存放，则每读一个物理块可得到多个满足查询条件的元组，从而显著地减少了访问磁盘的次数。

聚簇功能不但适用于单个关系，也适用于多个关系。必须注意的是，聚簇只能提高某些特定应用的性能，而且建立与维护聚簇的开销是相当大的。对已有关系建立聚簇，将导致关系中元组移动其物理存储位置，并使此关系上原有的索引无效，必须重建。当一个元组的聚簇键改变时，该元组的存储位置也要做相应移动。因此只有在用户应用满足下列条件时才考虑建立聚簇，否则很可能会适得其反。

（1）通过聚簇键进行访问或连接是该关系的主要应用，与聚簇键无关的其他访问很少。尤其当 SQL 语句中包含与聚簇键有关的 ORDER BY、GROUP BY、UNION、DISTINCT 等子句或短语时，使用聚簇特别有利，可以省去对结果集的排序操作。

（2）对应每个聚簇键值的平均元组数适中。太少了，聚簇效益不明显，甚至浪费块的空间；太多了，就要采用多个连接块，同样对提高性能不利。

（3）聚簇键值相对稳定，以减少修改聚簇键值所引起的维护开销。

3）Hash 存取方法

当查询是基于 Hash 字段值的准确匹配时，尤其是如果访问顺序是随机的，Hash 就是一种好的存储结构。例如，如果职工表是基于职工号进行 Hash 映射的，则查询职工号等于 M250178 的记录就很有效。但 Hash 法在下列情况并非好的存储结构。

（1）当记录是基于 Hash 字段值的模糊匹配进行查询时。例如，查询职工号以字符"M2"开始的所有职工。

（2）当记录是基于 Hash 字段值的范围进行查询时。例如，查询职工号在"M200000"到"M200100"之间的所有职工。

（3）当记录是基于一个其他列而不是基于 Hash 列进行查询时。例如，如果职工表基于职工号进行映射，那么 Hash 映射不能用来查询基于姓名列的记录。

（4）当记录是基于 Hash 字段的一部分进行查询时。例如，如果选课表基于学号和课程号进行 Hash 映射，那么就不能只基于学号列来查询记录。

（5）当 Hash 列经常被更新时。当 Hash 列被更新时，DBMS 必须删除整条记录，并且有可能将它重新定位于新地址。因此，经常更新 Hash 列会影响系统性能。

2. 确定数据库的存储结构

确定数据库存储结构时要综合考虑存取时间、存储空间利用率和维护代价三方面的因素。这三个方面常常是相互矛盾的，例如消除一切冗余数据虽然能够节约存储空间，但往往会导致查询代价的增加，因此必须进行权衡，选择一个折中方案。

（1）确定数据的存放位置。为了提高系统性能，数据应该根据应用情况将易变部分与稳定部分、经常存取部分和存取频率较低部分分开存放。例如，数据库数据备份、日志文件备份等由于只在故障恢复时才使用，而且数据量很大，可以考虑存放在光盘或磁带上。目前许多计算机都有多个磁盘，因此进行物理设计时可以考虑将表和索引分别放在不同的磁盘上，在查询时，由于两个磁盘驱动器分别在工作，因而可以保证物理读写速度比较快。

（2）确定系统配置。数据库产品一般都提供了一些存储分配参数，供设计人员和DBA 对数据库进行物理优化。初始情况下，系统都为这些变量赋予了合理的默认值。但是这些值不一定适合每一种应用环境，在进行物理设计时，需要重新对这些变量赋值以改善系统的性能。这些配置变量包括：同时使用数据库的用户数，同时打开的数据库对象数，使用的缓冲区长度、个数，数据库的大小，装填因子，锁的数目等，这些参数值影响存取时间和存储空间的分配，在物理设计时就要根据应用环境确定这些参数值，以使系统性能最优。

4.5.3　性能评价

衡量一个物理设计的好坏，可以从时间、空间、维护开销和各种用户要求着手。其结果可以产生多种方案，数据库设计人员必须对这些方案进行细致的评价，从中选择一个较优的方案作为数据库的物理结构。性能评价的结果也是前面设计阶段的综合评价，可以作为反馈输入，修改各阶段的设计结果。评价物理数据库的方法完全依赖于所选用的

DBMS,主要是从定量估算各种方案的存储空间、存取时间和维护代价入手,对估算结果进行权衡、比较,选择出一个较优的合理的物理结构。如果该结构不符合用户需求,则需要修改设计。数据库性能如下。

1. 存取效率

存取效率是用每个逻辑存取所需的平均物理存取次数的倒数来度量。这里,逻辑存取意指对数据库记录的访问,而物理存取是指实现该访问在物理上的存取。例如,如果为了找到一个所需的记录,系统实现时需存取两个记录,则存取效率为 $1/2$。

2. 存储效率

存储效率是用存储每个要加工的数据所需实际辅存空间的平均字节数的倒数来度量。例如,采用物理顺序存储数据,其存储效率接近 100%。

3. 其他性能

设计的数据库系统应能满足当前的信息要求,也能满足一个时期内的信息要求;能满足预料的终端用户需求,也能满足非预料的需求;当重组或扩充组织时应能容易扩充数据库;当软件与硬件环境改变时,它应容易修改和移植;存储于数据库的数据只要一次修正,就能一致正确;数据进入数据库之前应能作有效性检查;只有授权的人才允许存取数据;系统发生故障后,容易恢复数据库。

上述这些性能往往是相互冲突的,为了解决性能问题,要求设计人员熟悉各级数据模型和存取方法,特别是物理模型和数据的组织与存取方法,对于数据库的存取效率、存储效率、维护代价以及用户要求这几方面,需要有一个最优的权衡折中。

4.6　数据库实施与维护

1. 数据库实施

数据库实施主要包括以下工作:

(1) 定义数据库结构。确定了数据库的逻辑结构与物理结构后,就可以用所选用的DBMS 提供的数据定义语言来建立数据库结构。

(2) 组织数据入库。这是数据库实施阶段最主要的工作。对于数据量不是很大的小型系统,可以用人工方法完成数据的入库,其步骤为:①筛选数据;②转换数据格式;③输入数据;④校验数据。对于中大型系统,应设计一个数据输入子系统由计算机辅助数据的入库工作。

(3) 编制与调试应用程序。在数据库实施阶段,编制与调试应用程序是与组织数据入库同步进行的。调试应用程序时由于数据入库尚未完成,可先使用模拟数据。

(4) 数据库试运行。应用程序调试完成,并且已有一小部分数据入库后,就可以开始数据库的试运行。数据库试运行也称为联合调试,其主要工作包括:①功能测试;②性能测试。

2. 数据库的维护

数据库试运行结果符合设计目标后,数据库就可以真正投入运行了。在数据库运行阶段,对数据库经常性的维护工作主要是由 DBA 完成的,包括 4 个方面:

(1) 数据的转储与恢复。

(2) 数据库的安全性、完整性控制。

(3) 数据库的性能监督、分析和改造。

(4) 数据库的重组织与重构造。

当数据库应用环境发生变化,会导致实体及实体间的联系也发生相应的变化,使原有的数据库设计不能很好地满足新的需求,从而不得不适当调整数据库的模式和内模式,这就是数据库的重构造。DBMS 都提供了修改数据库结构的功能。

重构造数据库的程度是有限的。若应用变化太大,已无法通过重构数据库来满足新的需求,或重构数据库的代价太大,则表明现有数据库应用系统的生命周期已经结束,应该重新设计新的数据库系统,开始新数据库应用系统的生命周期了。

说明:为加快数据库设计速度,目前很多 DBMS 都提供了一些辅助工具,设计人员可根据需要选用。但是利用工具生成的仅仅是数据库应用系统的一个雏形,比较粗糙,数据库设计人员需要根据用户的应用需求进一步修改该雏形,使之成为一个完善的系统。

数据库结构设计的具体实例——某录像出租公司数据库的设计过程参见附录。

4.7　本章小结

设计一个数据库应用系统需要经历需求分析、概念结构设计、逻辑结构设计、物理结构设计、数据库实施、数据库运行维护 6 个阶段,设计过程中往往还会有许多反复。

数据库的各级模式正是在这样一个设计过程中逐步形成的。需求分析阶段综合各个用户的应用需求,在概念设计阶段形成独立于机器特点、独立于各个数据库产品的概念模式,用 E-R 图来描述。在逻辑设计阶段将 E-R 图转换成具体的数据库产品支持的数据模型如关系模型,形成数据库逻辑模式。然后根据用户处理的要求,安全性的考虑,在基本表的基础上再建立必要的视图形成数据的子模式。在物理设计阶段根据 DBMS 特点和处理的需要,进行物理存储安排,设计索引,从而形成数据库内模式。

习　题　4

1. 试述数据库设计的特点和目标。

2. 数据库设计有哪几个阶段?试述需求分析阶段的任务和方法。

3. 数据库应用系统数据字典的内容和作用是什么?

4．什么是数据库的概念结构？试述数据库概念结构设计的步骤。

5．什么是数据库的逻辑结构设计？将 E-R 图转换为关系模型的一般规则有哪些？

6．试述数据库物理设计的内容和步骤。数据库实施阶段的主要工作有哪些？

7．你认为数据库的日常维护工作主要包括哪些？

8．设要建立一个公司数据库。该公司有多个下属单位，每一个单位有多个职员，一个职员仅隶属于一个单位，且一个职员在一个工程中工作，但一个工程中有很多职员参加建设，有多个供应商为各个工程供应不同设备。

单位的属性有：单位名、电话。

职员的属性有：职员号、姓名、性别。

设备的属性有：设备号、设备名、产地。

供应商的属性有：姓名、电话。

工程的属性有：工程名、地点。

请完成如下处理：

(1) 设计满足上述要求的 E-R 图。

(2) 将该 E-R 图转换为等价的关系模式。

(3) 根据你的理解，用下划线标明每个关系中的键。

9．有如下运动队和运动会两个方面的实体：

运动队方面有：

运动队：队名、教练姓名、队员姓名。

队员：队名、队员姓名、性别、项目名。

其中，一个运动队有多个队员，一个队员仅属于一个运动队，一个队仅一个教练。

运动会方面有：

运动队：队编号、队名、教练姓名。

项目：项目名、参加运动队的编号、队员姓名、性别、比赛场地。

其中，一个项目有多个运动队参加，一个运动员可参加多个项目，一个项目一个比赛场地。

请完成如下设计：

(1) 分别设计运动队和运动会两个局部 E-R 图；

(2) 将它们合并为一个全局 E-R 图；

(3) 合并时存在什么冲突，如何解决这些冲突？

10．设计表示下面关系的 E-R 图及其关系模式。

一个航班可以乘载若干名旅客，每个乘客可以搭一个或多个航班；

一个且仅一个飞行员必须对每个航班负责，每个飞行员可以负责多个航班；

一个或多个飞行员必须对每个乘客负责，每个飞行员必须对多个乘客负责。

第 5 章

chapter 5

数据库系统管理技术

数据库系统的管理必须通过 DBMS 软件提供的功能来进行。本章介绍 DBMS 的组成与功能、关系数据库的查询优化策略及系统调优方法。描述数据库安全性控制、完整性控制与事务管理的相关技术,讲解 SQL 触发器的设计。

5.1　DBMS 的组成与功能

5.1.1　DBMS 软件及其组成

DBMS 是一种负责数据库的定义、建立、操纵、管理和维护的软件系统,其职能是有效地实现数据库三级模式之间的转换。DBMS 是数据库系统的核心,它建立在操作系统的基础之上,是位于操作系统与用户之间的一层数据管理软件,负责对数据库进行统一的管理和控制。用户发出的或应用程序中的各种操作数据库中数据的命令,都要通过 DBMS 来执行。DBMS 还承担着数据库的维护及并发操作的协调工作,能够按照数据库管理员所规定的要求,保证数据库的安全性和完整性。为了提供这些功能,DBMS 的核心通常由以下 4 部分组成。

1. 数据定义语言及其翻译处理程序

DBMS 一般都提供数据定义语言(Data Definition Language,DDL)供用户定义数据库的子模式、模式、内模式、各级模式间的映射、有关的约束条件等。用 DDL 定义子模式、模式和内模式后,各种模式翻译程序负责将它们翻译成相应的内部表示,即生成目标子模式、目标模式和目标内模式。

2. 数据操纵语言及其编译(或解释)程序

DBMS 提供了数据操纵语言(Data Manipulation Language,DML)实现对数据库的查询检索、插入、修改、删除等基本操作。DML 分为宿主型 DML 和自主型 DML 两类。宿主型 DML 本身不能独立使用,必须嵌入主语言中。自主型 DML 是交互式命令语言,语法简单,可以独立使用。

3. 数据库运行控制程序

DBMS 提供了一些负责数据库运行过程中的控制与管理的系统运行控制程序,包括系统初启、文件读写与维护、存取路径管理、缓冲区管理、安全性控制、完整性检查、并发控制、事务管理程序及日志管理程序等,它们在数据库运行过程中监视着对数据库的所有操作,控制管理数据库资源,处理多用户的并发操作等。

4. 实用程序

DBMS 通常还提供一些服务性程序,包括数据初始装入程序、数据转储程序、数据库恢复、性能监测与优化、数据库再组织、数据转换程序及通信程序等。数据库用户可利用这些实用程序完成数据库的建立与维护,以及数据通信与格式的转换。

5.1.2　DBMS 的主要功能

由于不同 DBMS 要求的硬件资源、软件环境是不同的,因此其功能与性能也存在差异,但一般说来,DBMS 的功能主要包括以下 6 个方面:

1. 数据定义

数据定义包括定义构成数据库结构的子模式、模式和内模式,定义各个子模式与模式之间、模式与内模式之间的映射,为保证数据库中数据具有正确语义而定义的完整性规则,为保证数据库安全而定义的用户口令和存取权限等。

2. 数据操作

数据操作功能用来查询和更新数据库中的数据。包括数据的查询、插入、修改和删除等基本操作。高端 DBMS 还提供了复杂数据的操作,如全文、领域搜索、多维数据查询、浏览等。

3. 数据组织、存储和管理

数据库中需要存放多种数据,如数据字典、用户数据、存取路径等,DBMS 负责分门别类地组织、存储和管理这些数据,确定以何种文件结构和存取方式物理地组织这些数据,如何实现数据之间的联系,以便提高存储空间利用率以及提高随机或顺序查找、增删改等操作的时间效率。

4. 数据库运行管理

对数据库的运行进行管理是 DBMS 运行时的核心工作,包括对数据库进行并发控制、安全性检查、完整性约束条件的检查和执行、数据库的内部维护(如索引、数据字典的自动维护)等。所有访问数据库的操作都要在这些控制程序的统一管理下进行,以保证数据的安全性、完整性、一致性以及多用户对数据库的并发使用。

5. 数据库的建立和维护

建立数据库包括数据库初始数据的输入与数据转换等。维护数据库包括数据库的转储与恢复、数据库的重组织与重构造、性能的监视与分析等。

6. 数据接口

DBMS 需要提供与其他软件系统进行通信的功能。例如，提供与其他 DBMS 或文件系统的接口，从而能够实现不同软件的数据转换、实现异构数据库之间的互访和互操作功能等。此外，现代 DBMS 还提供了先进辅助设计工具、可视化的集成开发环境或商业智能开发平台等。

5.1.3 DBMS 的工作过程

数据库系统的工作过程，大致归纳为三个阶段：建立数据库结构并输入数据；设计与开发应用系统；在 DBMS 下运行应用系统以及维护数据库。用户访问数据库的工作过程如图 5-1 所示。在使用数据库时，存取一个记录的过程如下：

（1）用户程序 A 向 DBMS 发出调用数据库中数据的命令，命令中给出所需记录类型名和主键值等有关参数。

（2）DBMS 分析调令，取出应用程序 A 对应的子模式，从中找出有关记录的数据库描述。检查 A 的存取权限，决定是否执行 A 的命令。

（3）决定执行后，DBMS 取出对应模式，根据子模式与模式变换的定义，决定为了读取记录需要哪些模式记录类型。

（4）DBMS 取出内模式，并通过模式与内模式的变换找到这些记录类型的内模式名以及有关数据存放的信息。决定从哪台设备，用什么方式读取哪个物理记录。

（5）DBMS 根据第（4）步的结果，向 OS 发出执行读取记录的命令。

图 5-1 用户访问数据库的工作过程

（6）OS 向记录所在的物理设备发出调页命令，由 DBMS 送至系统缓冲区。

（7）DBMS 根据模式、子模式导出应用程序所要读取的逻辑记录，并将数据从系统缓冲区传送到程序 A 的用户工作区。

（8）DBMS 在程序调用的返回点提供成功与否的状态信息。

（9）记载工作日志。

（10）应用程序检查状态信息，若成功，对工作区中的数据正常处理；若失败，决定下一步如何执行。

5.2　查询优化与系统调优

5.2.1　关系数据库的查询优化

1. 查询处理中的优化问题

在数据库系统中，最基本、最常用和最复杂的数据操作是数据查询。关系数据库的查询效率是影响关系 DBMS 性能的关键因素。用户的查询通过相应查询语句提交给 DBMS 执行，该查询首先要被 DBMS 转化成内部表示。而对于同一个查询要求，通常可对应多个不同形式但相互等价的表达式。这样，相同的查询要求和结果存在着不同的实现策略，系统在执行这些查询策略时所付出的开销会有很大差别。从查询的多个执行策略中进行合理选择的过程就是"查询处理过程中的优化"，简称为查询优化。

查询优化的基本途径可以分为用户手动处理和机器自动处理两种。在关系数据库系统中，用户只需要向系统表述查询的条件和要求，查询处理和查询优化的具体实施完全由系统自动完成。关系 DBMS 可自动生成若干候选查询计划并且从中选取较优的查询计划的程序称为查询优化器。

查询优化器的作用在于：用户不必考虑如何较好地表达查询来获得较高的效率，而且系统自动优化可以比用户的程序优化做得更好。

具有非过程化的关系数据查询的实现过程如图 5-2 所示。

图 5-2　关系数据库数据查询过程

2. 查询优化技术

查询优化的技术可分为以下三类：

(1) 规则优化：如果查询仅仅涉及查询语句本身，根据某些启发式规则，例如"先选择、投影和后连接"等就可完成优化，称之为规则优化。这类优化的特点是对查询的关系代数表达式进行等价变换，以减少执行开销，所以也称为代数优化。

(2) 物理优化：如果优化与数据的物理组织和访问路径有关，例如在已经组织了基于查询的专门索引或者排序文件的情况下，就需要对如何选择实现策略进行必要的考虑，诸如此类的问题就是物理优化。

(3) 代价估算优化：对于多个候选策略逐个进行执行代价估算，从中选择代价最小的作为执行策略，就称为代价估算优化。

规则优化要对查询的关系代数表达式进行等价变换，物理优化涉及到数据文件的组织方法，代价估算优化开销较大，它们都适用于一定的场合。实际中的查询优化通常是将几种技术结合使用。

3. 查询优化的一般策略

当前，一般系统都是选用规则优化方法。这种方法与具体关系系统的存储技术无关，其基本原理是研究如何对查询代数表达式进行适当的等价变换，即如何安排所涉及到操作的先后执行顺序；其基本原则是尽量减少查询过程中的中间结果，从而以较少的时间和空间执行开销取得所需的查询结果。

下面是提高查询效率的常用优化策略：设有学生表：s1(sno,sname,age)和s2(sno,sname,age)，选课表：scg(sno,cname,grade)。

(1) 尽可能先做选择运算，允许的情况下再优先执行投影运算。

在优化策略中这是最重要、最基本的一条。它常常可使执行时间节约几个数量级，因为选择或投影运算一般均可使计算的中间结果大大变小。由于选择运算可能大大减少元组的数量，同时选择运算还可以使用索引存取元组，所以通常认为选择操作应当优先于投影操作。

(2) 合并笛卡儿积与其后的选择为连接运算。

把要执行的笛卡儿积与在它后面要执行的选择结合起来成为一个连接运算，连接特别是等值连接运算要比同样关系上的笛卡儿积省很多时间。

如：$\sigma_{s1.sno=scg.sno}(s1 \times scg) = s1 \bowtie scg$

等式前是先做笛卡儿积，再做选择运算，要对表进行两次扫描；等式后是在两表中选出符合条件元组的同时进行连接，对两表各扫描一遍即可完成。

(3) 把投影运算和选择运算同时进行。

如有若干投影和选择运算，并且它们都对同一个关系操作，则可以在扫描此关系的同时完成所有的这些运算以避免重复扫描关系。

例：$\Pi_{sno}(\sigma_{grade \geqslant 90}(scg))$执行时，在选出满足成绩大于90分元组的同时进行学号的投影，则仅对scg表扫描一遍即可完成。

（4）让投影运算与其前后的其他运算同时进行。

把投影同其前或其后的双目运算结合起来，没有必要为了去掉某些属性列而专门扫描一遍关系。

例：$\Pi_{sno}(s1-s2)$、$scg \bowtie \Pi_{sno}(s2)$

以上两操作均仅对表扫描一遍即可完成。

（5）在执行连接前对关系适当地预处理。

预处理方法主要有两种：索引连接方法、排序合并连接方法。

索引连接方法是先在关系的连接属性上建立索引，然后执行连接。

排序合并连接方法是先对关系按连接属性进行排序，再执行连接。

设两个表：R 表有 m 行、S 表有 n 行，设事先对这两个表按连接属性进行了排序。应用排序合并连接方法的连接，只需对两个表各扫描一遍即可完成，该方法的连接时间复杂度仅需 $O(m+n)$。而一般连接 R、S 表的扫描时间复杂度需 $O(m*n)$。

（6）找出公共子表达式。

如果某个子表达式重复出现，其结果不是一个很大的关系，并且从外存中读入这个关系比计算该子表达式的时间少得多，则先计算一次公共子表达式并把结果写入中间文件是合算的。

5.2.2 数据库系统调优

上一节讨论的技术主要是 DBMS 用于处理用户的应用查询，本节讨论的一些方法将有助于使用户构建的特定的数据库应用系统达到最好的性能。

数据库调优是修改一个数据库应用系统并调整 DBMS 的参数以提高性能的过程。性能是以执行一个任务的响应时间和吞吐量来衡量的。数据库的调优可以从很多方面进行，如最低层硬件层的调优，为了提高性能，系统必须提供大量的主存空间、足够多的 CPU 和二级存储设备，以及足够的通信能力；接下来是 DBMS 层的调优，可以从磁盘中的物理数据的组织方式，调整数据高速缓存等方面进行；最后是应用层的调优，这一层的性能问题包括规范化数据库的设计，合理添加索引、SQL 语句调优等。本节重点讨论应用层的调优策略。

1. 数据库模式调优

数据库模式处于应用的核心，如果模式设计得好，可以设计出高效的 SQL 语句。数据库模式调优可以从下面几个方面进行：

（1）设置索引。

一个特定查询的不同查询执行计划的开销可能有非常大的差别。在很多情况下，这种差别是在查询计划中利用索引导致的。应用程序员应该在特定应用设计中创建恰当的索引，以使查询优化器能够选择一个好的查询执行计划。下面给出一些选择创建索引的依据。

① 聚集索引与非聚集索引的选择。由于一个表最多只能有一个聚集索引，应该将它建立在能利用聚集索引优势的属性上。注意，用另外一个聚集索引替换一个已经存在的

聚集索引是一件非常耗时的工作,因为这个过程中包含对存储结构的完全重组。DBA 或应用程序员应该事先对应用进行分析,考虑应用可能会执行哪些查询以及每个查询的执行频率,创建一个可能带来最大效益的聚集索引,直到性能分析显示需要对系统进行再次调优为止都不要对其进行修改。对选课表 scg(sno,cname,grade)考虑如下查询:

```
SELECT sno,cname
FROM scg
WHERE grade=85
```

一个非常诱人的解决方案是在 grade 属性上创建聚集索引,因为可获取具有特定 grade 值的所有行。只有获取整个表的很少一部分行的时候,利用非聚集索引才是恰当的。如果获取整个表的很大一部分行(一次查询需要访问表中超过 20%的行),全表扫描是恰当的。当一次查询要访问表中较多的行时,应该谨慎地考虑是否创建索引,可以先对负载进行模拟,以确定构建索引是否是一个好的方法。其次,如果属性值倾向于在域内均匀分布,则不要在对应一个较少的域的列上创建索引,因为查询优化器不大可能选择这样一个索引。

② 嵌套查询与索引。嵌套是 SQL 最强大的特征之一。然而,不幸的是,嵌套查询非常难优化。

【例 5.1】　设在学生-选课关系数据库(见表 2-5～表 2-7)中增加两个表:

```
teacher(tno,tname,tage,tsex,salary,address,phone,dept)
tc(tno,cno,semester)
```

考虑如下的查询:

```
SELECT t.tname,c.cname
FROM teacher t,course c
WHERE t.dept='数学系' AND c.cno IN
    (SELECT cno FROM tc WHERE semaster='s2009'AND tno=t.tno);
```

该查询返回在 2009 年春季讲授过一门课程的数学系教师姓名和这门课程的名字。

典型情况下,查询优化器将这个查询分割成内部查询和外部查询两个独立的部分来优化。由于内部查询和外部查询是相关的,所以,高效地执行子查询(内部查询)是非常重要的,因为子查询需要被执行多次。可以为 tc 表的(tno,semester)属性集创建一个聚集索引,这样可以快速获取特定教师在特定学期讲授的所有课程。

注意,某些查询优化器已经设法消除嵌套子查询并设法减少处理查询的开销,但设计者应尽量避免查询嵌套。

③ 使用 GROUP BY 的查询。考虑如下查询:

```
SELECT cno,COUNT(*)
FROM s_c
WHERE grade >=60
GROUP BY cno;
```

该查询返回每门课程成绩及格的学生人数。对这个查询第一感觉是应该在 grade 属性上创建聚集索引,因为这个查询包含范围条件。这样做的目的是影响查询优化器,使其先获取满足条件的所有行,然后在 cno 属性上对其排序(使每组的行都聚集在一起),再计算每组的行数。但是,满足 WHERE 子句中选择条件的行可能很多,故可能不得不对一个很大的中间表进行排序。

如果在选择前先排序,即在 cno 属性上创建一个聚集索引,在查询执行前这个表就是有序的。由于分组已经完成,需要做的只是扫描表,并计算每组中满足条件的行数。在条件的选择性不是很强的情况下,采用这种方法,查询效率会更高。

该例子得到的启发是,索引并不只是一个对数据进行访问的路径,它同时还是一种对数据进行排序的方法。在这个例子中,查询计划并没有利用索引来寻找特定行,只是利用了其保证行是有序的这个特征。

④ 连接查询与索引。考虑如下查询:

```
SELECT s.sname
FROM student s,s_c
WHERE s.sno=s_c.sno AND s_c.cno='001';
```

若在 s_c 表的 cno 属性上创建一个聚集索引,作为连接的外层循环的一部分,查询优化器可以快速地找到选修了 001 号课程的所有学生。由于 cno 是表 s_c 主键中的属性,在主键(sno,cno)上肯定存在索引,现在要做的只是确保这个属性被声明为主键的第一个属性。

对于连接的内查询,需要一个 student 表上的搜索键为 sno 的索引。由于 sno 是表 student 的主键,DBMS 会在 sno 属性上自动创建一个索引。

⑤ 外键约束。设有两个表:T1(A_1,A_2,…),T2(B_1,B_2,…)。

其中,A_1 是表 T1 的外键,它参照的是表 T2 的主键 B_1。

按参照完整性的规则,A_1 属性上的值要么为空值,要么必须是它所参照的主键 B_1 上的值。通过参照完整性约束来保证数据的一致性。当一行 t1 被插入 T1 时,DBMS 必须保证 t1 的 A_1 属性值与该行的 B_1 属性值相同。由于 B_1 是 T2 的主键,必然有搜索键为 B_1 的索引可用于快速检查这个约束。但如果反过来,现删除 T2 中的一行 t2,DBMS 必须确保 T1 中没有行参照它。由于 A_1 不是 T1 的键,T1 可能没有搜索键为 A_1 的索引,这时,检查外键约束就需要扫描整个表了。如果表 T1 很大,并且表 T2 被删除或更新的频率很高,这个表扫描的过程可能会带来巨大的开销。在这种情况下,应该在表 T1 上建立一个搜索键为 A_1 的索引。

⑥ 使用聚集函数。聚集函数 COUNT()在查询中经常会用到,利用它可以计算一个表中满足条件的行数。如果不存在恰当的索引,执行这个查询需要扫描整个表。如果在具有 NOT NULL 约束的属性上建立索引,就可以用索引扫描代替表扫描。索引扫描的I/O 开销是非常小的,因为,相对于整个表来说,索引的叶子级只包含很少的页面。

(2) 反规范化设计。对于频繁更新的数据库,数据冗余带来了很多一致性维护的问题,为此,可以采用关系模式分解的方法,即关系的规范化来解决这些问题。但是,如果大多数操作是只读查询,模式分解会使查询处理更加复杂,并影响查询性能。因此,如果一个执行频率很高的查询,且对性能要求较高,是否对关系模式进行分解就要进行权衡。反规范化设计是关系规范化的逆过程,它通过模式合并或者向模式中添加冗余信息来设法提高查询的性能,结果会导致违反范式条件。

例如,采取添加冗余信息的形式。为了打印选修了某门课程的学生姓名,需要对student 表和 s_c 表进行连接。可以通过在 s_c 表上添加一个 sname 属性列来避免连接。另外一个例子是要输出学生的姓名及其平均成绩,这也需要将 student 表与 s_c 表进行连接。如果这个查询执行得非常频繁,可以在 student 表上添加一个冗余的平均成绩(GPA)列来提高查询性能。

不要无限制地进行反规范化。因它除了需要额外的存储空间外,还需要额外的开销来维护一致性。在上例中,每当发生一次成绩变更或者向 s_c 表添加一个新行,都要更新对应的 GPA 值。较好的方法是创建一个触发器,每当发生更新时,触发器被触发来更新student 表。尽管性能损失不可避免,但该方法降低了复杂度,并且避免了一致性问题。

(3) 行、列设计的选择。在某些情况下,同样的信息既可以存储在行中,也可以存储在列中,最终的选择可能是出于性能的考虑。

【例 5.2】 要存储每个销售商在国内每个地区的销售总额。一种可能的解决方案是为每个销售商在不同行内存储这些数据:

```
CREATE TABLE sales(id INTEGER,region CHAR(6),total-sales DECIMAL)
```

这样,要得到一个销售商在所有地区的销售总额,需要获取多行数据。另外一个方案是将与一个销售商相关的所有信息放在一行。设有三个地区,可设计如下的表:

```
CREATE TABLE sales
(id INTEGER,r1sales DECIMAL,r2sales DECIMAL,r3sales DECIMAL)
```

该方案限制是:只能提供固定数目的销售地区。但如果需要同时获取与一个销售商相关的所有信息,该方案可能有更好的性能。

(4) 数据分割。对于非常大的表,可以把它分成多个子表来降低访问的开销。通常将表中频繁访问的数据与很少访问的数据分开,这样可以减少 I/O 操作,将表分割后,还可对表的不同部分并发访问。

水平分割通常对非常大的表进行,这些表中的行有些是经常访问的,而有些却又很少访问。例如,可将 book 表划分成:常借阅的图书 book1 表和不常借阅的图书 book2表。这样降低了系统开销,提高了查询速度。当然,如何区分哪些是常借阅的图书,哪些是不常借阅的,可通过增加冗余的列来统计每本图书的借阅量,根据借阅量的多少来划分,这两个片段中的行也应随着图书借阅量的值进行动态的维护,该工作可以通过创建触发器来完成。

垂直分割通常用于包含较多列的表,这些表中的某些列常被访问,而另一些列却很少被访问。例如,如果 teacher 表中的 address 和 phone 属性很少被访问,将它们加上 tno属性(teacher 表的键)分割到一个子表中,剩余的属性加上 tno 属性分割到另一个子表中。通过分割,表变小了,相关查询运行就会更快。

必须对分割进行权衡,分割付出的代价就是增加了访问及管理多个表的复杂性。因此,只有在性能收益非常明显的情况下才能使用这个技术。

2. SQL 语句调优

在表的模式已经调优的情况下,还可以进一步对 SQL 语句进行调优的几种方法。

(1) 尽量避免排序。因排序的开销很大,除非对应用来说非常重要,否则不要使用。此外,DISTINCT 选项、集合操作(如：UNION 和 EXCEPT)均会引入排序操作以消除重复,故尽量避免。

对于不可避免的排序,如：ORDER BY 子句,那就应该仔细考虑,对结果进行排序是否必不可少;GROUP BY 子句通常也会引入排序,可以考虑利用聚集索引进行预排序。

(2) 慎使用视图。由于视图是从一个或几个基表中产生的虚表,所以对视图的查询最终都会通过 DBMS 转换为对相关基表的查询。从这点看,利用视图不可能带来任何性能增益。

【例 5.3】 考虑如下定义在 student 表和 s_c 表上的视图：

```
CREATE VIEW st_sc(s.sno,s.sname,s_c.cno,s_c.grade)AS
    SELECT s.sno,s.sname,s_c.cno,s_c.grade
    FROM student s,s_c
    WHERE s.sno=s_c.sno ;
```

设有查询 1：SELECT s. sno, s. sname FROM st_sc,该查询通过视图 st_sc 的查询会转换为对相应基表 student 和 s_c 的查询,包含连接开销;而查询 2：SELECT s. sno, s. sname FROM student s,与查询 1 得到相同的结果,但无需执行连接操作,而直接从基表中获得结果集中的所有列。

(3) 考虑查询重构。通常,表达一个复杂的查询有多种不同的方法。每种方法的开销依赖于相关表的状态以及是否存在索引,没有可以用来确定哪种方法最好的简易规则。

【例 5.4】 利用下列三种方法表达这样一个查询：返回在 2009 年春季(S2009)讲授过课程的教师的信息。

```
① SELECT *
    FROM teacher t
    WHERE EXISTS
       (SELECT * FROM tc WHERE tc.semester='S2009' AND tc.tno=t.tno);
② SELECT *
    FROM teacher t
    WHERE t.tno IN
       (SELECT tc.tno FROM tc WHERE tc.semester='S2009');
③ SELECT DISTINCT t.tno,t.tname,…
    FROM teacher t,tc
    WHERE tc.tno=t.tno AND tc.semester='S2009';
```

第一种方法包含一个相关子查询,故性能较差。利用建立在搜索键(tno,semester)上的索引可以高效地执行子查询,因为满足子查询的选择条件的行可能较少。第二种方法,子查询只执行一次,因此,如果没有可用的索引,即使利用表扫描也不会带来很多的开销。对于第三种方法,除非事先知道相关表的很多状态信息,否则,其开销比较难估计。

注意,在包含 GROUP BY 子句的查询计划中排序通常是难以避免的,但可使参与排序的关系尽可能地小来降低排序的开销,可通过增强 WHERE 子句的功能来达到该目的。

【例 5.5】 查询 teacher 表中计算机学院或数学系教师中工资最高者:

```
SELECT t.tno,MAX(t.salary)
FROM teacher t
GROUP BY t.dept
HAVING dept IN('计算机学院','数学系');
```

与如下查询:

```
SELECT t.tno,MAX(t.salary)
FROM teacher t
WHERE dept IN('计算机学院','数学系')
GROUP BY t.dept;
```

的查询结果相同。但第二个查询的开销较小,因为尽早地过滤掉了对结果无用的元组。

(4) 数据库调优工具。DBMS 供应商提供了各种用于对数据库进行调优的工具。这些工具通常情况下需要创建一个实验数据库,在这个数据库里对各种查询计划进行实验。在大多数的 DBMS 中提供的一个典型工具是 EXPLAIN PLAN 语句,它允许用户查看 DBMS 生成的查询计划。这个语句不是 SQL 标准的一部分,因此,在不同 DBMS 供应商提供的数据库产品中,其语法可能会有所差别。基本方法就是先执行一个如下形式的语句:

```
EXPLAIN PLAN
SET queryno=100
FOR <SQL 查询语句 >
```

该语句使 DBMS 生成一个查询执行计划,并把这个查询执行计划当成一个元组集存储在 PLAN_TABLE 表(queryno 是该表的一个属性,有些 DBMS 用不同的属性名,例如 id)中。然后,可通过执行对 PLAN_TABLE 表的查询来获得该查询执行计划:

```
SELECT *
FROM PLAN_TABLE
WHERE queryno=100;
```

基于文本的查询执行计划的检测功能非常强大,但大多数 DBA 通常把这种方法作为最后的选择,因为很多 DBMS 都提供了更便于使用的图形界面的调优工具。这些工具不仅显示查询计划,而且还建议用户创建索引以提高各种查询的执行速度。

通过考察查询执行计划,可以确认 DBMS 是否忽略了创建的索引。如果对当前的查询执行策略不满意,还可以尝试其他执行策略。更重要的是,很多 DBMS 提供了跟踪工具,可以利用跟踪工具跟踪查询的执行,并输出 CPU 和 I/O 资源利用情况以及每步处理的行数等信息。利用跟踪工具,可以尝试各种查询执行计划,并评估每个执行计划的性能,再决定取舍。

5.3　数据库的安全性

数据库是计算机系统中大量数据集中存放的场所,它保存着长期积累的信息资源。如何保护这些宝贵的财富使之不受来自外部的破坏与非法使用是 DBMS 的重要任务。数据库的一大特点是数据可以共享,但数据共享必然带来数据库的安全性问题。因此,数据库系统中的数据共享不能是无条件的共享,而必须是在 DBMS 统一严格的控制之下,只允许有合法使用权限的用户访问允许他存取的数据,数据库系统的安全保护措施是否可靠是 DBMS 的重要性能指标之一。本节主要讨论 DBMS 提供的数据库安全性控制功能与相关技术。

5.3.1　安全性的基本概念

1. 数据库安全性问题

数据库安全性是指对数据库进行安全控制,保护数据库以防止不合法的使用所造成的数据泄露、更改或破坏。

用户非法使用数据库可以有多种情况。例如,编写一段合法的程序绕过 DBMS 及权限机制;操作系统可以直接存取、修改或备份数据库中的数据;编写应用程序执行非授权操作等。

安全性问题不是数据库系统独有的,所有计算机系统都有这个问题。只是在数据库系统中存放大量数据,为许多用户直接共享,从而使安全性问题更为突出。数据库的安全性和计算机系统的安全性,包括操作系统、网络系统的安全性是紧密联系、相互支持的。

系统安全问题可分为三大类:技术安全、管理安全、政策法律类。本节仅涉及技术安全类,介绍 DBMS 的安全保护方法与控制技术。

2. 数据库系统安全模型

在数据库系统中,需采取措施实现多层保护。一种比较通用的数据库系统安全模型,如图 5-3 所示。

数据库系统安全模型采取多层防范措施,由 DBMS 提供数据库的多层安全性控制。

图 5-3　数据库系统安全模型

5.3.2　安全性控制技术

数据库安全性控制的一般技术有：身份认证；存取控制；视图限制；数据加密和审计追踪。

1. 身份认证

身份认证是系统提供的最外层安全保护措施。其方法是由系统提供一定的方式让用户标识自己的名字或身份。系统内部记录着所有合法用户的标识，每次用户要求进入系统时，由系统对两者进行核对，通过鉴定后才提供机器使用权。用户标识和鉴定的方法有很多种，而且在一个系统中往往是多种方法并举，以获得更强的安全性。

通过用户名和口令来鉴定用户的方法简单易行，但用户名与口令容易被人窃取。还可借助一些更加有效的身份验证技术，如智能卡技术、物理特征（指纹、虹膜等）认证技术、数字签名技术等具有高强度的身份验证技术日益成熟，但此类方式增加安全性的同时也增加了开销。

2. 存取控制

DBMS 的安全子系统主要包括两部分：

定义用户权限：定义用户使用数据库的权限，并将用户权限登记到数据字典中。

合法权限检查：若用户的操作请求超出了定义的权限，系统将拒绝执行此操作。

三种常用的存取控制方法是：自主存取控制、强制存取控制、基于角色存取控制。

（1）自主访问控制（Discretionary Access Control，DAC）。它是基于用户身份或所属工作组来进行访问控制的一种手段。方法是：用户对于不同的数据对象有不同的存取权限，不同的用户对同一对象也有不同的权限，用户还可将其拥有的存取权限转授给其他用户。

特点：非常灵活、简便。用户可利用 DBMS 的授权功能主动实施。DAC 访问控制受主体主观随意性的影响较大，其安全力度尚嫌不足，适于单机方式下的安全控制。

自主存取控制能够通过授权机制有效地控制其他用户对敏感数据的存取。但由于用户可自由地决定将数据的存取权限、"授权"的权限授予别人，而系统对此无法控制，即存在失控问题。比如，甲将自己权限范围内的某些数据存取权限授权给乙，本意是只允许乙本人操纵这些数据。但乙一旦获得了对数据的权限，就可以将数据作备份,获得自身权限内的副本,并在不征得甲同意的前提下传播副本。造成该问题的根本原因在于,这种机制仅仅通过对数据的存取权限来进行安全控制,而数据本身并无安全性标记。

(2) 强制访问控制(Mandatory Access Control,MAC)。它基于被访问对象的信任度进行权限控制。方法是:每一个数据对象被标以一定的密级,每一个用户也被授予某一个级别的许可证。对于任意一个对象,只有具有合法许可证的用户才可以存取。

特点:比较严格、安全。由 DBMS 实施,用户不能直接感知或进行控制。MAC 是一种强制性的安全控制方式,主要用于网络环境。

MAC 是对数据本身进行密级标记,无论数据如何复制,标记与数据是一个不可分的整体,只有符合密级标记要求的用户才可以操纵数据,从而提供了更高级别的安全性。

强制访问控制的实施由 DBMS 完成,但许可证与密级标记由专门的安全管理员设置,任何用户均无权设置与授权,这体现了在网络上对数据库安全的强制性与统一性。

由于较高安全性级别提供的安全保护要包含较低级别的所有保护,因此在实现 MAC 时要首先实现 DAC,即 DAC 与 MAC 共同构成 DBMS 的安全机制。

(3) 基于角色访问控制(RBAC)被认为是 DAC 和 MAC 的一种"中性"策略,在 RABC 模型中可以表示 DAC 和 MAC。RBAC 通过增加角色方便管理。

角色是一个或一群用户在组织内的称谓或一个任务的集合。角色可以根据组织中的不同工作创建,然后根据用户的职责分配角色以及进行角色转换。对不同的角色定义不同的存取权限称为授权。只有系统管理员能分配角色和权限定义。用户只有通过角色享有对应的访问权限。RBAC 最大优势在于授权管理的便利性,主要的管理工作即为授权或取消用户的角色。

在某种程度上,可以说 RBAC 是 DAC 和 MAC 在应用范围、有效性和灵活性上的扩展。

3. 视图限制

通过视图限制把要保密的数据对无权存取的用户隐藏起来,从而自动地对数据提供一定程度的安全保护。视图限制间接地实现了支持存取条件的用户权限定义。通过为不同的用户定义不同的视图,可以限制各个用户的访问范围。

【例 5.6】　仅允许用户 u1 拥有学生表 student 中所有女学生记录的查询和插入权限。

解:先建立 student 中所有女学生记录的视图,再将该视图的查询和插入权限授予 u1(授权语句下一小节具体介绍)。

```
CREATE VIEW st_male
AS SELECT *
FROM student
WHERE sex='女';
GRANT SELECT,INSERT ON st_male      //将有关 st_male 视图的查询和插入权限
TO u1;                              //授给 u1
```

【**例 5.7**】 允许所有用户查询每个学生的平均成绩(不允许了解具体的各课程成绩)。

```
CREATE VIEW grade_avg(sno,avgrade)
AS SELECT sno,AVG(grade)
FROM s_c
GROUP BY sno;
GRANT SELECT ON grade_avg        //将有关 grade_avg 视图的查询权限
TO PUBLIC;                        //授给全体用户
```

4. 审计追踪

审计追踪是一种监视措施。数据库在运行中,DBMS 追踪用户对一些敏感性数据的存取活动,结果记录在审计记录文件中。一旦发现有窃取数据的企图,有的 DBMS 会发出警报信息,有些 DBMS 虽无警报功能,也可在事后根据记录进行分析,从中发现危及安全的行为,找出原因,追究责任,采取防范措施。

审计追踪的主要功能是对数据库访问作即时的记录,一般包括下列内容:请求(源文本);操作类型,如修改、查询等;操作终端标识与操作者标识;操作日期和时间;操作所涉及的对象,如:表、视图、记录、属性等。为提高审计追踪效能,还可设置审计事件发生积累机制,当超过一定阈值时能发出报警,以提示采取措施。

审计追踪由 DBA 控制,或者由数据的属主控制。应用中,使用 SQL 的 AUDIT 语句设置审计功能,使用 NOAUDIT 语句取消审计功能。

5. 数据加密

对于高度敏感性数据,例如财务数据、军事数据、国家机密,除以上安全性措施外,还可以采用数据加密技术,以密码形式存储和传输数据。这样如果企图通过不正常渠道获取数据,例如利用系统安全措施的漏洞非法访问数据或者在通信线路上窃取数据,那么只能看到一些无法辨认的二进制代码。用户正常查询数据时,首先要提供密码钥匙,由系统进行译码后,才能得到可识别的数据。

所有提供加密机制的系统必然也提供相应的解密程序。这些解密程序本身也必须具有一定的安全性保护措施,否则数据加密的优点也就遗失殆尽了。常用的数据加密方法有:美国国家数据加密标准 DES(Data Encryption Standard),公开密钥系统等。

由于数据加密与审计追踪都是比较费时的操作,而且数据加密、解密程序及审计记录会占用大量系统资源,增加了系统的开销,降低了数据库的效率。因此 DBMS 通常将它们作为可选特征,允许 DBA 根据应用对安全性的要求,灵活地打开或关闭审计功能;允许用户选择对高度机密的数据加密。审计追踪与数据加密技术一般用于安全性要求较高的数据库系统。

5.3.3 自主存取控制的实施

自主存取控制的实施主要通过 SQL 语言的授权与权限回收来进行。

1. 用户分类与权限

为了实现存取控制,需要对数据库的用户分类。一般分类如下:

(1) 系统用户(或 DBA):是指具有至高无上的系统控制与操作特权的用户,一般是指系统管理员或数据库管理员 DBA,他们拥有数据库系统可能提供的全部权限。

(2) 数据对象的属主:是创建某个数据对象的用户,如一个表属主创建了某个表,具有对该表更新、删除、建索引等所有的操作权限。

(3) 一般用户:是指那些经过授权被允许对数据库进行某些特定的数据操作的用户。

(4) 公共用户:是为了方便共享数据操作而设置的,它代表全体数据库用户。

不同的用户(或应用程序)对数据库的使用方式是不同的,用户对数据库的使用方式称为"权限"。数据库系统中通常有如下几种权限:

数据访问权限:包括数据的读权限、插入权限、修改权限以及删除权限。

数据库模式修改权限(数据库管理权限):包括允许用户创建和删除索引权限;创建新关系的资源权限;在关系中增加和删除属性的修改权限;撤销关系的权限。

2. 授权功能

授权就是给予用户一定的访问数据库的特权。一个用户可以把他所拥有的权限转授给其他用户,也可以把已转授给其他用户的权限回收。

SQL 语言的安全性控制功能,通过 SQL 的 GRANT 语句和 REVOKE 语句提供。由 GRANT 和 REVOKE 语句提供的基本用户接口,通常称为授权子系统。

DBMS 必须具有以下功能:

(1) 把授权的决定告知系统,这是由 SQL 的 GRANT 和 REVOKE 语句来完成的。

(2) 把授权的结果存入数据字典。

(3) 当用户提出操作请求时,根据授权情况进行检查,决定是否执行操作请求。

3. 表/视图特权的授予

一个 SQL 特权允许一个被授权者在给定的数据库对象上进行特定的操作。授权操作的数据库对象包括:表/视图、列、域等。

授权的操作包括:INSERT、UPDATE、DELETE、SELECT、REFERENCES、TRIGGER、UNDER、USAGE、EXECUTE 等。

其中 INSERT、UPDATE、DELETE、SELECT、REFERENCES、TRIGGER 有对表做相应操作的权限,故称为表特权。

用 SQL 语言的 GRANT 语句授权的一般形式为:

```
GRANT {<权限>[,<权限>]|ALL}
    [ON<对象类型><对象名>]
    TO {<用户>[,<用户>]|PUBLIC}
    [WITH GRANT OPTION]
```

语义为：将对指定操作对象的指定操作权限授予指定的用户。

说明：

(1) 对不同类型的操作对象有不同的操作权限。

(2) <权限>可以是 SELECT、INSERT、UPDATE、DELETE、ALTER、INDEX，对于视图特权只有 SELECT、INSERT、UPDATE 和 DELETE。

(3) PUBLIC 是一个公共用户。

任选项"WITH GRANT OPTION"使得在给用户授予表/视图特权时，同时授予一种特殊的权限，即被授权的用户可把授予他的特权继续授予其他用户。

【例 5.8】 把查询表 s_c 和修改其学号的权限授给用户 u2 和 u4。

```
GRANT SELECT,UPDATE(sno)
ON TABLE s_c
TO u2,u4;
```

【例 5.9】 把对表 s_c 的 INSERT 权限授给用户 u5，并允许将此权限再授予其他用户。

```
GRANT INSERT
ON TABLE s_c
TO u5
WITH GRANT OPTION;
```

u5 还可以将此权限授予 u6：

```
GRANT INSERT
ON TABLE s_c
TO u6;                    //u6 不能再传播此权限
```

【例 5.10】 DBA 把在数据库 studdb 中建立表的权限授予用户 u8。

```
GRANT CREATETAB
ON DATABASE studdb
TO u8;
```

GRANT 语句可以：一次向一个用户授权；一次向多个用户授权；一次传播多个同类对象的权限；一次可以完成对基本表/视图和属性列这些不同对象的授权。注意：授予关于 DATABASE 的权限必须与授予关于 TABLE 的权限分开，因为对象类型不同。

授予的权限可以由 DBA 或其他授权者用 REVOKE 语句收回，其一般格式为：

```
REVOKE {<权限>[,<权限>]|ALL}
[ON<对象类型><对象名>]
FROM {<用户>[,<用户>]|PUBLIC}
[CASCADE|RESTRICT];
```

CASCADE 指级联，即删除或修改目标表的元组时，同时删除或修改依赖表中对应候选键所指定的元组,且收回权限操作会级联下去,但系统只收回直接或间接从某处获得的权限,如图 5-4 所示。

图 5-4 授权与回收的级联

RESTRICT:限定只有当依赖表中外键没有与目标表中要删除或修改的候选键相对应时,系统才能对目标表中的候选键进行删除或修改,否则系统拒绝此操作。

【例 5.11】 把用户 u5 对 s_c 表的 INSERT 权限收回。

```
REVOKE INSERT
ON TABLE s_c
FROM u5;
```

【例 5.12】 取消 ling 的存取 student 表的特权。

```
REVOKE ALL
ON student
FROM ling CASCADE;
```

此时,被 ling 转授的权限也被回收。

4. 数据库角色的授权

一个数据库角色是被命名的一组与数据库操作相关的权限。在 SQL 中,授权一个角色给一个用户,则允许该用户使用被授权的角色所拥有的每一个权限。用户与角色之间存在多对多的联系;一个用户允许被授予多个角色,同一个角色可被授权予多个用户。一个角色也可以被授予另一个角色的权限。

角色是权限的集合。因此,可为一组具有相同权限的用户创建一个角色,使用角色来管理数据库权限可简化授权的过程。在 SQL 中,DBA 和用户可利用 CREATE ROLE 语句创建角色,再用 GRANT 语句给角色授权。

(1) 用 CREATE ROLE 语句创建角色。其 SQL 语句格式是:

```
CREATE ROLE<角色名>。
```

新创建的角色是空的,没有任何内容。可用 GRANT 为角色授权。

(2) 用 GRANT 语句将权限授予某一个或几个角色。其 SQL 语句格式是:

```
GRANT {<权限>[,<权限>]|ALL}
ON<对象类型>对象名
TO<角色>[,<角色>]
```

（3）用 GRANT 语句将一个角色授予其他的角色或用户。其 SQL 语句格式是：

```
GRANT {<角色>[,<角色>]|ALL}
TO <角色>[,<用户>]
[WITH ADMIN OPTION]
```

其中，若指定了 WITH ADMIN OPTION 子句，则获得某种权限的用户可以把这种权限再授予其他的角色，即用户的转让权。

该语句把角色授予某用户或授予另一个角色。这样，一个被授权角色所拥有的权限就是授予它的全部角色所包含的权限的总和。授予者或是角色的创建者，或者拥有在这个角色上的转让权。

一个角色包含的权限包括直接授予这个角色的全部权限加上其他角色授予这个角色的全部权限。

（4）用 REVOKE 可回收角色的权限，或改变角色拥有的权限。其 SQL 语句格式是：

```
REVOKE<权限>[,<权限>]…
ON<对象类型><对象名>
FROM<角色>[,<角色>]…
```

其中，REVOKE 动作的执行者或是角色的创建者，或者拥有此角色上的转让权。

【例 5.13】 通过角色来实现将一组权限授予某些用户以及修改、回收权限。

步骤如下：

① 创建一个角 c1。

② 用 GRANT 语句，使角色 c1 拥有 student 表的查询、插入数据权限。

③ 将这个角色授予 u1，u2，u3。使他们具有角色 c1 所包含的全部权限。

④ 增加角色的权限。使角色 c1 在原基础上增加修改及删除数据权限。

⑤ 一次性的通过 REVOKE c1 来回收 u3 拥有该角色的所有权限。

⑥ 减少角色的权限。去除角色 c1 其插入数据的权限。

SQL 语句实现如下：

```
CREATE ROLE c1;
GRANT SELECT,INSERT ON TABLE student TO c1;
GRANT c1 TO u1,u2,u3;
GRANT UPDATE,DELETE ON TABLE student TO c1;
REVOKE c1 FROM u3;
REVOKE INSERT ON TABLE student FROM c1;
```

此例说明，通过角色的使用可使自主控制方式授权的执行更加灵活、方便。

5.3.4　Web 数据库安全策略

客户机、服务器通过开放的网络环境，跨不同硬件和软件平台通信，数据库安全问题在异构环境下变得更加复杂。异构环境的系统具有可扩展性，能管理分布或联邦数据库环境,每个节点服务器还能自治,实行集中式安全管理和访问控制,对自己创建的用户、规则、客体进行安全管理。如:由 DBA 或安全管理员执行本部门、本地区或整体的安全策略,授权特定的管理员管理各组应用程序、用户、规则和数据库。因此,访问控制和安全管理尤为重要,异构环境的数据库安全策略有:

(1) 全局范围的身份认证;

(2) 全局的访问控制,以支持各类局部访问控制;

(3) 全局完整性控制,以完善数据库安全;

(4) 网络安全管理,包括网络信息加密、网络入侵防护和检测等。

实施安全策略的技术有多种。以身份认证为例:

可使用智能卡进行身份认证。智能卡提供的是硬件保护措施和加密算法,较传统的口令鉴别方法更好,安全性能增加,不足之处是携带不方便且开户费用较高。

为保证服务器上数据库的安全,可使用主体认证技术进行主体特征鉴别。该技术以人体唯一的、可靠的、稳定的生物特征(如指纹、虹膜、脸部、掌纹等)为依据,采用计算机的强大网络功能和网络技术进行图像处理和模式识别。主体特征鉴别技术优点是安全性、可靠性和有效性好,与传统的身份认证手段相比产生了质的飞跃,适合安全级别较高的场所;不足之处是生物特征信息采集、认证装备的成本较高,人身特征识别软件识别率有待提高。

5.4　数据库的完整性

5.4.1　完整性控制的功能

1. 安全性与完整性的关系

计算机系统的可靠性一般是指系统正常地无故障运行的概率。数据库的可靠性概念则是指数据库的安全性(Security)与完整性(Integrity)。

数据库的完整性是指数据库中数据的正确性、有效性和相容性。防止错误的数据进入数据库。正确性是指数据的合法性;有效性是指数据的值是否属于所定义的有效范围;相容性是指表示同一对象的两个或多个数据必须一致,否则就是不相容。例如,学生的性别只能是男或女;学号必须唯一等。数据是否具备完整性关系到数据库系统能否真实地反映现实世界,用户存取的是否是正确有效的数据。因此维护数据库的完整性是非常重要的,它也是 DBMS 的主要性能指标之一。

数据的完整性与安全性是数据库保护的两个不同的方面。安全性是防止用户非法使用数据库,包括恶意破坏数据和越权存取数据。完整性则是防止合法用户使用数据库时向数据库中加入不合语义的数据。也就是说,安全性措施的防范对象是非法用户和非法操作,完整性措施的防范对象是失真无效的数据。

完整性受到破坏的常见原因有:错误的数据、错误的更新操作、各种硬软件故障、并发访问及人为破坏等。

2. 完整性控制的功能

数据库的完整性保障是 DBMS 的主要功能之一。数据库中数据应满足的条件称为完整性约束条件/规则。而检查数据库中数据是否满足完整性约束条件的过程称为完整性检查。DBMS 中执行该检查的子系统称为完整性子系统。

完整性子系统负责处理数据库中完整性约束条件的定义和检查,防止因错误的更新操作产生的不一致性。用户可使用完整性控制的功能,对某些数据规定一些约束条件。当进行数据操作时,就由 DBMS 激发相应的检查程序,进行完整性约束检查。若发现错误的更新操作,立即采取措施处理,或是拒绝执行该更新操作,或是发出警告信息,或者纠正已产生的错误。

DBMS 的完整性控制有三个方面的功能:

(1) 定义功能,即提供定义完整性约束条件的机制。

(2) 检查功能,即检查用户发出的操作请求是否违背了数据的完整性约束条件。

(3) 防范功能,如果违背了数据的完整性约束条件,则采取一定的防范动作。

在数据库系统中,用户实现数据库的完整性控制,有两种方式:一种是通过 SQL 定义完整性约束,另一种是通过定义触发器和存储过程等来实现。

5.4.2 完整性约束的设计

用 SQL 实现完整性约束主要分三类:通过定义主键实现实体完整性,通过定义外键满足参照完整性,通过定义域约束、检查约束和断言等实现用户定义的完整性。下面按 SQL 语句的不同形式分别介绍其设计与表示。

1. 基本表约束

SQL 基本表约束有三种:主键与候选键定义、外键定义和检查约束定义。这些约束都在基本表的定义中说明。

(1) 主键与候选键定义。主键定义形式为:

```
PRIMARY KEY(<列名表>)。
```

候选键定义形式为:

```
UNIQUE(<列名表>)。
```

其中<列名表>不能为空,一个关系中只能有一个 PRIMARY KEY,但可有多个 UNIQUE。表的主键不能为空,而表的候选键可以为空。

【例 5.14】

```
CREATE TABLE teacher              //创建教师表
    (tno    NUMERIC(6),
     name   CHAR(8)NOT NULL,
     cardno NUMERIC(4),
```

```
    age      NUMERIC(2),
    dept     CHAR(20),
UNIQUE (cardno),                    //定义借书卡号为候选键,用于唯一性查询等。
PRIMARY KEY(tno));                  //定义教师号为主键
```

（2）检查约束定义。其定义形式为：

```
CHECK(<条件表达式>)。
```

当对具有 CHECK 子句约束的基本表进行元组更新操作时,需要对相关的元组进行检查,看其是否满足 CHECK 子句所定义的约束条件,若不满足约束条件,则系统拒绝此更新操作。

在 age 属性定义的后面加子句：

```
CHECK(age BETWEEN 18 AND 60)
```

需注意的是,CHECK 子句只对定义它的关系起约束作用,对其他关系没有任何作用,因此可能会产生违反参照完整性的现象。

（3）外键定义。其形式为：

```
FOREIGN KEY(<列名表>)
REFERENCE<目标表>[(<列名表>)]
[ON DELETE<参照动作>]
[ON UPDATE<参照动作>];
```

其中,<目标表>指明与外键相应的候选键所在的关系表,<参照动作>指明当对目标表进行操作涉及到主键时,对与其匹配的外键所在依赖表产生的影响,有 5 种：

① NO ACTION：对依赖表无影响。

② CASCADE：删除或修改目标表的元组时。同时删除或修改依赖表中对应的元组。

③ RESTRICT：限定只有当依赖表中外键没有与目标表中要删除或修改的候选键相对应时,系统才能对目标表中的候选键进行删除或修改。否则系统拒绝此操作。

④ SET NULL：限定当依赖表中外键与目标表中要删除或修改的候选键相对应时,依赖表中的外键均置空值。

⑤ SET DEFAULT：限定当依赖表中外键与目标表中要删除或修改的候选键相对应时,依赖表中的外键均置预先定义好的默认值。

【例 5.15】　用基本表约束定义相关的完整性。

```
CREATE TABLE s_c
    (sno      NUMERIC(6),
    cno      CHAR(3),
    grade    INT,
    PRIMARY KEY(sno,cno),
    FOREIGN KEY(sno)REFERENCES student,
    FOREIGN KEY(cno)REFERENCES course,
    CHECK((grade IS NULL)OR(grade BETWEEN 0 AND 100)));
```

约束可以命名,以便引用。约束的命名形式为:

CONSTRAINT<约束名>。

【例 5.16】 属性约束。为学生表加约束一:姓名要求唯一;约束二:年龄小于 40 岁。

```
    ALTER TABLE student ADD
CONSTRAINT c1_name UNIQUE(sname);
ALTER TABLE student ADD
    CONSTRAINT c2_age CHECK(age< 40);
```

SQL3 主张显式命名所有的约束。以方便增、删。

如撤销约束:

```
ALTER TABLE student DROP CONSTRAINT c2_age;
```

2. 域约束

SQL 的域约束是指一个作用于所有属于这个域的属性列的约束。SQL 可以用 "CREATE DOMAIN"语句定义新的域,并使用 CHECK 子句来进行约束的定义。

域约束规则的形式是:

```
CREATE DOMAIN <域名><域类型>CHECK(<条件>)
```

【例 5.17】 定义有效成绩等级为:A,B,C,D,E 的域约束。

```
CREATE DOMAIN gradess CHAR(1)DEFAULT '?'
CONSTRAINT valid-grade
CHECK(VALUE·IN('A','B','C','D','E','?'));
```

该语句定义了一个新的域 gradess,并且为其加上了一个名为"valid-grade"的约束, CHECK 子句指明定义在该域上的列的取值,默认值为"?"。

若对学生成绩的基本表 s_c(sno,cno,grade)中 grade 列用域 gradess 来定义:

```
CREATE TABLE s_c
    (sno    NUMERIC(6),
    cno    CHAR(3),
    grade  gradess,
…);
```

则对该表进行插入操作时,每插入一条学生成绩的记录。其成绩 grade 必须为 CHECK 子句中指明的值,默认值为"?",否则为非法成绩值,系统将产生一个含有约束名为 valid-grade 的诊断信息,以表明当前操作不满足该域约束。

3. 断言

若完整性约束涉及多个关系或与聚合操作有关。则可采用 SQL 的断言机制来完成。断言(Assertion)是完整性约束的一个特殊类型。一个断言可以对基本表的单独一行或整个基本表定义有效值集合，或定义存在于多个基本表中的有效值集合。

断言可以用 CREATE ASSERTION 语句创建，其形式为

CREATE ASSERTION <断言名>CHECK(,<条件表达式>)

【例 5.18】　每门课程只允许 100 个学生选修。

```
CREATE ASSERTION asser1
CHECK(100>=ALL(SELECT COUNT(sno)
              FROM s_c
              GROUP BY cno));
```

若撤销断言用：

```
DROP ASSERTION asser1;
```

【例 5.19】　不允许计算机学院的学生选修 019 号(计算机入门)课程。可设计以下的断言形式：

```
CREATE ASSERTION asser2
    CHECK(NOT EXISTS
(SELECT *
    FROM student,s_c
    WHERE student.sno=s_c.sno AND dept='计算机学院'AND cno='019');
```

【例 5.20】　用断言机制定义完整性约束：学生必须在选修"离散数学"课后，才能选修其他课程。

```
CREATE ASSERTION asser3
CHECK(NOT EXISTS
    (SELECT sno FROM s_c WHERE cno IN
        (SELECT cno FROM course WHERE cname<>'离散数学')AND sno NOT IN
            (SELECT sno FROM s_c WHERE cno IN
(SELECT cno FROM course WHERE cname='离散数学')));
```

5.4.3　数据库触发器设计

1. 触发器的概念与作用

数据库触发器(Trigger)是一类靠事件驱动的特殊过程。触发器一旦由某用户定义，任何用户对触发器规定的数据进行更新操作，均自动激活相应的触发器采取应对措施。触发器本质上是一条语句，当对数据库作更新操作时，它自动被系统执行。

触发器的事件-条件-动作模型示意图如图 5-5 所示。

图 5-5　触发器模型示意图

模型中的主要部分：

（1）事件：引起触发器动作的事件，通常是更新操作。

（2）条件：触发器将测试条件是否满足。如果条件满足，就执行相应操作，否则什么也不做。

（3）动作：如果触发器测试满足预定的条件，就由 DBMS 执行这些动作（即对数据库的操作）。这些动作可以是一系列对数据库的操作，这些动作也能使触发事件撤销，如删除一个刚插入的元组等，甚至可以是对触发事件本身无关的其他操作。

触发器在数据库系统中起着特殊的作用，可用触发器完成很多数据库完整性保护的功能，其中触发事件即是完整性约束条件，而完整性约束检查即是触发条件的检查过程，最后处理过程的调用即是完整性检查的处理。

触发器用于完整性保护，而且具有主动性的功能。其功能一般比完整性约束条件强得多，且更加灵活。一般当系统检查数据中有违反完整性约束条件时，仅仅给用户必要的提示信息；而触发器不仅给出提示信息，还会引起系统内部自动进行某些操作，以消除违反完整性约束条件所引起的负面影响。另外，触发器除了具有完整性保护功能外，还具有安全性保护功能。

2. 定义 SQL 触发器

SQL 触发器（SQL Trigger）是一个 SQL 数据更新语句引起的链式反应，它规定了在给表中进行插入、删除及修改之前或之后执行的一个 SQL 语句集合。

创建一个触发器，使用 CREATE TRIGGER 语句。要撤销一个触发器，使用 DROP TRIGGER 句。要更改一个现存的触发器，撤销后再重新定义。

定义触发器语句的一般格式：

```
CREATE TRIGGER <触发器名>
{BEFORE|AFTER} <触发事件>ON <表名>
[REFERENCING <旧值或新值名表>]
FOR EACH {ROW|STATEMENT}]
[WHEN(<触发条件>)]
<SQL 语句——触发的动作>
```

触发器语句说明如下：

（1）触发器名是一个<标识符>，在其所属的模式里是唯一的。只有模式的拥有者才能为这个模式创建触发器。

（2）ON<表名>子句命名了触发器的表，即当其中数据被改变时引起触发器动作的基本表。这个表必须属于要创建的触发器所属的同一个模式，且当前的<授权 ID>必须在这个表上拥有 TRIGGER 特权。

（3）{BEFORE| AFTER}是触发器动作时间，定义了何时想要执行触发器动作。如果想要触发器动作在触发事件之前出现，则触发器动作时间用 BEFORE，否则用 AFTER。

（4）触发事件定义了在触发器表上的 SQL 数据更新语句，它的执行将激活触发器，它可以是 INSERT、DELETE 或 UPDATE。只有在 UPDATE 情况下,可以增加一个可选项子句以标出触发列(该列上的 UPDATE 将激活触发器)的清单。如果省略这个可选项子句,其作用范围是命名的触发器表的每一列。

(5) REFERENCING 子句:定义了具有 1～4 个特殊值的变量名(或别名)的清单:触发器在其上进行操作的旧行或新行的变量名;触发器在其上进行操作的旧表或新表名。

每一个只能被规定一次。如果既没有规定 ROW,也没有规定 TABLE,则默认为 ROW。如果触发事件是 INSERT,则没有旧行值。如果触发事件是 DELETE,则没有新行值。

(6) 触发动作:定义了当触发器被激活时想要它执行的 SQL 语句,有三个部分:动作间隔尺寸、动作的时间条件和动作体。

① FOR EACH 子句:定义了触发动作间隔尺寸,即动作的频繁度。有语句级 STATEMENT(默认)和行级 ROW。例如,假设表 student 有 1000 行记录,设为其创建了 AFTER UPDATE OF sno ON student 的一个触发器,那么,如果动作间隔尺寸为 FOR EACH STATEMENT,则对于这个触发器语句触发动作只发生一次,如果动作间隔尺寸为 FOR EACH ROW,则触发动作发生 1000 次(触发表一行一次)。

② WHEN 子句定义了触发动作的时间条件。当触发器被激活时,如果触发条件是 TRUE,则触发动作发生,否则触发动作不发生;如果触发条件是 UNKNOWN,触发动作也不发生。如果从触发器定义中省略 WHEN 子句,触发动作在触发器激活后立即发生。

③ 动作体定义了当触发器被激活时想要 DBMS 执行的 SQL 语句。动作体可以是一个(或一系列的)SQL 语句,若为一系列的 SQL 语句,则使用 BEGIN ATOMIC…END 子句括起,语句之间用分号隔离。

触发器的动作体不能含有<触发的 SQL 语句>。<触发的 SQL 语句>包括:SQL 事务语句,SQL 连接语句,模式语句或 SQL 会话语句。多种 SQL 语句在触发体内是合法的,但是禁止在触发器定义的触发体中包含主变量和参数。主语言程序中的一段程序可以由触发器调用。

【**例 5.21**】　触发器示例。将从图书表 book 中被删除行中的图书名保存在一个文件中。以下是一个触发器定义:

```
CREATE TRIGGER book-de
AFTER DELETE ON book
REFERENCING OLD AS oldline
FOR EACH ROW
INSERT INTO bookdelete VALUES(oldline.title);
```

该触发器将每一个从表 book 中删除行中的书名插入到一个称为 bookdelete 的表中。

注意:本例中触发器动作时间必须是 AFTER,因为触发动作包含了 SQL 数据更新语句。oldline 是一个旧行的元组变量,因此 oldline.title 是从这一行取出的 title 列值。

CREATE TRIGGER 语句的主要部分是它的表、它的事件(激活触发器的 SQL 数据更新操作)和它的动作(由触发器执行的 SQL 语句)。

注意:级联更新问题。需防止一个触发动作引发一系列连锁反应,以至失控。

3. SQL 触发器设计例

【例 5.22】 设计用于学生-选课数据库中关系 s_c 的触发器,该触发器规定,如果需要修改关系 s_c 的成绩属性值 grade 时,修改之后的成绩不得低于修改之前的成绩,否则就拒绝修改。该触发器的程序可以编写如下:

```
CREATE TRIGGER trig_grade                          ①
AFTER UPDATE OF grade ON s_c                        ②
    REFERENCING OLD AS oldg,NEW AS newg             ③
    FOR EACH ROW                                    ④
WHEN(oldg.grade>newg.grade)                         ⑤
    UPDATE s_c                                      ⑥
    SET grade=oldg.grade                            ⑦
    WHERE cno=newg.cno                              ⑧
```

其中:

① 说明触发器的名称为 trig_grade。

② 给出触发事件,即关系 s_c 的成绩修改后激活触发器。

③ 为触发器的条件和动作部分设置必要的元组变量,oldg 和 newg 分别为修改前后的元组变量。

④ 表示触发器对每一个元组都要检查一次。如果没有这一行,表示触发器对 SQL 语句的执行结果只检查一次。

⑤ 是触发器的条件部分。若修改后的值比修改前的值小,则必须恢复以前的旧值。

⑥~⑧ 是触发器的动作部分,这里是 SQL 的修改语句。这个语句的作用是恢复修改之前的旧值。

4. 撤销触发器

撤销一个触发器,语句格式如下:

```
DROP TRIGGER <触发器名>
```

撤销一个触发器语句的作用是撤销已命名的触发器,它将不再对 SQL 数据起作用。<触发器名>必须表示一个已经存在的触发器,只有拥有该触发器的<授权 ID>可以撤销它,因而,不可能撤销一个由 DBMS 提供的预定义触发器。

撤销一个触发器时,其他对象不会受语句的影响,因为没有其他对象涉及触发器。

设计触发器需要技巧,复杂时难以掌握。特别是一个触发器的动作可以引发另一个触发器,会引起连锁反应,需要防止触发器的一个无限触发链的产生。目前关系数据库系统广泛应用了触发器。使用时需注意:由于一些 DBMS 在 SQL3 发布以前就支持触发器,自然不同于 SQL3。不同的 DBMS 有各自的触发器语法规定,使用时需参照产品手册。

5.5　事务管理技术

5.5.1　事务的基本概念

1. 事务及其生成

事务(Transaction)是由一系列的数据库操作组成,这些操作要么全部成功完成,要么全部失败,即不对数据库留下任何影响。事务是数据库系统工作的一个不可分割的基本单位,既是保持数据库完整性约束或逻辑一致性的单位,又是数据库恢复及并发控制的单位。事务的概念相当于操作系统中的进程。

事务可以是一个包含有对数据库进行各种操作的一个完整的用户程序(长事务),也可以是只包含一个更新操作(插入、修改、删除)的短事务。例如,在关系数据库中,一个事务可以是一条 SQL 语句、一组 SQL 语句或整个程序。事务和程序是两个概念。一般地讲,一个程序中包含多个事务。那么,如何生成一个事务呢?

事务的开始与结束可以由用户显式控制。如果用户没有显式地定义事务,则由DBMS 按默认规定自动划分事务。在 SQL 语言中,定义事务的主要语句有三条:

(1) 事务开始语句:START TRANSACTlON。表示事务从此句开始执行,此语句也是事务回滚的标志点,一般可省略此语句,对数据库的每个操作都包含着一个事务的开始。

(2) 事务提交语句:COMMIT。表示提交事务的所有操作。具体地说就是当前事务正常执行完,用此语句通知系统,此时将事务中所有对数据库的更新写入磁盘的物理数据库中,事务正常结束。在省略"事务开始"语句时,同时表示开始一个新的事务。

(3) 事务回滚语句:ROLLBACK。表示当前事务非正常结束,此时系统将事务对数据库的所有已完成的更新操作全部撤销,将事务回滚至事务开始处并重新开始执行。

2. 事务的状态与特性

一个事务从开始到成功地完成或者因故中止,可分为三个阶段,即事务初态-事务执行-事务完成,事务的三个阶段如图 5-6(a)所示。

一个事务从开始到结束,中间可经历不同的状态:活动状态;局部提交状态;失败状态;中止状态;提交状态。事务定义语句与状态的关系如图 5-6(b)所示。

事务具有以下 4 个重要特性,通常称为 ACID 性质。

(1) 原子性(Atomicity)。从终端用户的角度看,事务是不可再分的原子工作。从系统的角度看,事务是完成某件原子工作的程序的一次执行。它要么全部成功地完成;要么全部不完成,对数据库毫无影响。

(2) 一致性(Consistency)。一致性指事务对数据库的每一个插入、删除、修改等更新操作,都必须遵守一定的完整性约束,系统一旦查出数据库的完整性受到破坏,则撤销该事务并清除该事务对数据库的任何影响。一个成功的事务把数据库从一个一致的状态转换到另一个一致的状态。

（3）隔离性（Isolation）。

事务的隔离性是指两个或多个事务可以同时运行而不互相影响，一个事务内部的操作及其使用的数据对并发的其他事务是隔离的、不可见的。

（4）持久性（Durability）。

事务的持久性是指一个事务的成功完成之后，其工作的结果就会永远保存在数据库中，是永久有效的，即使随后系统发生故障，也能保持或恢复。

ACID 特性遭到破坏的因素有：多个事务并发运行时，不同事务的操作交叉执行；事务在运行过程中被强行停止。

在系统故障时保障事务 ACID 特征的技术为恢复技术；保障事务在并发执行时 ACID 调整的技术被称为并发控制。恢复和并发控制是保证事务正确执行的两项基本措施，它们合称为事务管理（Transaction Management）。

(a) 事务

(b) 事务定义语句与状态的关系

图 5-6 事务的执行及状态

5.5.2 数据库恢复技术

数据库的恢复是指 DBMS 必须具有把数据库从错误状态恢复到某一已知的正确状态（亦称为一致状态或完整状态）的功能。尽管数据库系统中采取了各种保护措施来防止数据库的安全性和完整性被破坏，保证并发事务的正确执行，但是计算机系统中硬件的故障、软件的错误、操作员的失误以及恶意的破坏仍是不可避免的，这些故障轻则造成运行事务非正常中断，影响数据库中数据的正确性，重则破坏数据库，使数据库中全部或部分数据丢失,因此 DBMS 必须具有数据库的恢复功能。

数据库恢复的基本单位是事务。数据库恢复机制包括一个数据库恢复子系统和一套特定的数据结构。实现可恢复性的基本原理是重复存储数据,即数据冗余。

恢复机制涉及的两个关键问题是:如何建立冗余数据;如何利用这些冗余数据实施数据库恢复。

建立冗余数据最常用的技术是:数据转储和登录日志文件。它们是数据库恢复的基本技术,通常在一个数据库系统中,这两种方法是一起使用的。

1. 数据转储

(1) 数据转储的概念。数据转储就是 DBA 定期地将整个数据库复制到磁带或另一个磁盘上保存起来的过程。这些备用的数据文本称为后备副本或后援副本。

当数据库遭到破坏后可以将后备副本重新装入,但重装后备副本只能将数据库恢复到转储时的状态,要想恢复到故障发生时的状态,必须重新运行自转储以后的所有更新事务。转储是十分耗费时间和资源的,不能频繁进行。DBA 应该根据数据库使用情况确定一个适当的转储周期。转储周期可以是几小时、几天,也可以是几周、几个月。

(2) 静态转储和动态转储。转储按转储时的状态分为静态转储和动态转储。

静态转储是在系统中无运行事务时进行的转储操作。即转储操作开始的时刻,数据库处于一致性状态,而转储期间不允许对数据库的任何存取、修改活动。显然,静态转储得到的一定是一个数据一致性的副本。

静态转储简单,但转储必须等待正运行的用户事务结束才能进行,同样,新的事务必须等待转储结束才能执行。显然,这会降低数据库的可用性。

动态转储是指转储期间允许对数据库进行存取或修改。即转储和用户事务可以并发执行。它不用等待正在运行的用户事务结束,必须把转储期间各事务对数据库的修改记下来,建立日志文件(log file)。这样,后援副本加上日志文件就能把数据库恢复到某一时刻的正确状态。

(3) 海量转储和增量转储。转储按转储方式分为海量转储和增量转储。

海量转储是指每次转储全部数据库。

增量转储则指每次只转储上一次转储后更新过的数据。

从恢复角度看,一般说来,用海量转储得到的后备副本进行恢复会更方便些。但如果数据库很大,事务处理又十分频繁,则增量转储方式更实用、有效。

(4) 数据转储方法。数据转储有两种方式,分别可以在两种状态下进行,因此数据转储方法可以分为 4 类,见表 5-1。

表 5-1　数据转储方法

转储方式 ＼ 转储状态	动 态 转 储	静 态 转 储
海量转储	动态海量转储	静态海量转储
增量转储	动态增量转储	静态增量转储

2. 登记日志文件

日志文件是用来记录事务对数据库的更新操作的文件。概括起来日志文件主要有两种格式：以记录为单位的日志文件和以数据块为单位的日志文件。

（1）以记录为单位的日志文件，一个日志记录（log record）包括：每个事务开始的标记、结束标记和每个更新操作。

（2）以数据块为单位的日志文件，包括：事务标识和被更新的数据块。由于将更新前的整个块和更新后的整个块都放入日志文件中，操作的类型和操作对象等信息就不必放入日志记录中。

日志文件在数据库恢复中起着非常重要的作用。可以用来进行事务故障恢复和系统故障恢复，并协助后备副本进行介质故障恢复。具体的作用如下：

事务故障恢复和系统故障必须用日志文件。

在动态转储方式中必须建立日志文件，后备副本和日志文件综合起来才能有效地恢复数据库。

在静态转储方式中，也可以建立日志文件。

当数据库毁坏后可重新装入后备副本把数据库恢复到转储结束时刻的正确状态，然后利用日志文件，把已完成的事务进行重做处理，对故障发生时尚未完成的事务进行撤销处理。这样不必重新运行那些已完成的事务程序就可把数据库恢复到故障前某一时刻的正确状态，利用日志文件恢复示例如图 5-7 所示。

图 5-7　利用日志文件恢复数据库

为保证数据库是可恢复的，登记日志文件时必须遵循两条原则：

（1）登记的次序严格按并发事务执行的时间次序；

（2）必须先写日志文件，后写数据库。

说明：把对数据的修改写到数据库中与把表示这个修改的日志记录写到日志文件中是两个不同的操作。有可能在这两个操作之间发生故障，即这两个写操作只完成了一个。如果先写了数据库修改，而在运行记录中没有登记下这个修改，则以后就无法恢复这个修改了。如果先写日志，但没有修改数据库，按日志文件恢复时只不过是多执行一次不必要的撤销（UNDO）操作，并不会影响数据库的正确性。所以为了安全，一定要先把日志记录写到日志文件中，然后再进行数据库的修改。这就是"先写日志文件"的原则。

3. 检查点恢复技术

利用日志技术进行数据库恢复时,恢复子系统必须搜索日志,确定哪些事务需要 REDO,哪些事务需要 UNDO。一般需要检查所有日志记录。这样做有两个问题。一是搜索整个日志将耗费大量的时间。二是很多需要 REDO 处理的事务实际上已经将它们的更新操作结果写到数据库中了,然而恢复子系统又重新执行了这些操作,浪费了大量时间。为了解决这些问题,人们研究发展了具有检查点的恢复技术。

检查点(check point)也称安全点、恢复点。当事务正常运行时,数据库系统按一定的时间间隔设检查点。一旦系统需要恢复数据库状态,就可以根据最新的检查点的信息,从检查点开始执行,而不必从头开始执行那些被中断的事务。

具有检查点的恢复技术在日志文件中增加一类新的记录——检查点记录(检查点建立时所有正在执行的事务清单),增加一个重新开始文件(存储各检查点记录的地址),并让恢复子系统在登录日志文件期间动态地维护日志。系统在检查点做的动作主要有:

(1) 暂时中止现有事务的执行。

(2) 在日志中写入检查点记录,并把日志强制写入磁盘。

(3) 把主存中被修改的数据缓冲区强制写入磁盘。

(4) 重新开始执行事务。

系统出现故障时恢复子系统将根据事务的不同状态采取不同的恢复策略,如图 5-8 所示。各事务说明如下:

T1:在检查点之前提交。

T2:在检查点之前开始执行,在检查点之后故障点之前提交。

T3:在检查点之前开始执行,在故障点时还未完成。

T4:在检查点之后开始执行,在故障点之前提交。

T5:在检查点之后开始执行,在故障点时还未完成。

图 5-8　具有检查点的数据库恢复策略

恢复策略如下:

T3 和 T5 在故障发生时还未完成,所以予以撤销;

T2 和 T4 在检查点之后才提交,它们结束在下一个检查点之前,对数据库所做的修改在故障发生时可能还在缓冲区中,尚未写入数据库,所以要重做;

T1 在检查点之前已提交,其更新在检查点 Tc 已写入数据库中,所以不必执行 REDO 操作。

4. 数据库镜像

介质故障是对系统影响最为严重的一种故障。系统出现介质故障后,用户应用全部中断,恢复起来也比较费时。故 DBA 必须周期性地转储数据库,如果不及时而正确地转储数据库,一旦发生介质故障,会造成较大的损失。

为避免磁盘介质出现故障影响数据库的可用性,许多 DBMS 提供了数据库镜像 (Mirror)功能用于数据库恢复。其方法是 DBMS 根据 DBA 的要求,自动把整个数据库或其中的关键数据复制到另一个磁盘上,并自动保证镜像数据与主数据的一致性,即每当主数据库更新时,DBMS 自动把更新后的数据复制过去,如图 5-9(a)所示。

(a)

(b)

图 5-9　数据库镜像方法图示

一旦出现介质故障,可由镜像磁盘继续提供使用,同时 DBMS 自动利用镜像磁盘数据进行数据库的恢复,不需要关闭系统和重装数据库副本,如图 5-9(b)所示。

在没有出现故障时,数据库镜像还可以用于并发操作,即当一个用户对数据加排他锁修改数据时,其他用户可以读镜像数据库上的数据,而不必等待该用户释放锁。

双磁盘镜像技术(Mirrored Disk)常用于可靠性要求高的数据库系统。数据库以双副本的形式存放在两个独立的磁盘系统中,每个磁盘系统有各自的控制器和 CPU,且可以互相自动切换。

5. 远程备份系统

现代数据库应用要求事务处理系统提供高可用性,即系统不能使用和等待的时间必须少之又少。传统的事务处理系统是集中式或局域客户/服务器模式。这样的系统易遭受火灾、洪水和地震等自然灾害的毁坏。故要求数据库系统有抗破坏力,使之无论在系统故障还是自然灾害下都能快速恢复运行。

获得高可用性的方式之一是远程备份系统,即在一个主站点(Primary site)执行事务处理,使用一个远程备份(remote backup)站点以应付突然事件。一开始所有主站点的数据都被复制到远程备份站点。随着更新在主站点上执行，远程站点必须保持与主站点同步。

同步方法是：通过发送所有主站点的日志记录到远程备份站点，远程备份站点根据日志记录执行同样的操作来达到同步。注意：不是传送更新的数据本身，而是传送更新数据的操作命令，这样可大大减少数据的传送量。远程备份站点必须物理地与主站点分开放在不同的地区，这样发生在主站点的灾害就不会殃及远程备份站点。图 5-10 是远程备份系统的示意图。

图 5-10　远程备份系统示意图

当主站点发生故障时，远程备份站点就立即接管处理。但它首先使用源于主站点的数据副本(也许已过时)以及收到的来自主站点的日志记录执行恢复。事实上，远程备份站点执行的恢复动作就是主站点要恢复时需要执行的恢复动作。对于单站点的恢复算法稍加修改，就可用于远程备份站点的恢复。一旦恢复执行完成，远程备份站点就开始处理事务。

即使主站点的数据全部丢失，系统也能恢复，相对单站点系统而言，这大大地提高了系统的可用性。

另一种实现高可用性的方法是使用分布式数据库，将数据复制到不止一个站点。此时事务更新任何一个数据项，都被要求去更新其所有复制品。

5.5.3　故障的恢复策略

数据库恢复的基本方法有：定期备份数据库、建立日志文件、针对不同故障类型分别恢复。数据库系统中可能发生各种各样的故障，大致可以分为 4 类：事务故障、系统故障、介质故障及计算机病毒。

1. 事务故障及恢复

事务故障是指事务在运行至正常结束点前被中止。事务故障有的是可预期的，即应用程序可以发现并让事务回滚，撤销已作的修改，恢复数据库到正确状态。有的是非预期的，即不能由事务程序来处理。

事务内部较多的故障是非预期的，是不能由应用程序处理的。如运算溢出、并发事务发生死锁而被选中撤销、违反了某些完整性限制、超时、申请资源过多、人工操作干预等。以后，事务故障仅指这类非预期的故障。

这类故障只发生在事务上，而整个数据库系统仍在控制下运行。事务故障意味着事务没有达到预期的终点(COMMIT 或者显式的 ROLLBACK)，因此，数据库可能处于不正确状态。恢复程序要在不影响其他事务运行的情况下,强行回滚(ROLLBACK)该事务,即撤销该事务已经作出的任何对数据库的修改,使得该事务好像根本没有启动一样。这类恢复操作称为事务撤销(UNDO)。事务回滚 ROLLBACK 就是由一组 UNDO 操作所组成。

恢复子系统利用日志文件撤销此事务已对数据库进行的修改。事务故障的恢复是由系统自动完成的,对用户是透明的。

2. 系统故障及恢复

系统故障是指造成系统停止运转的任何事件,使得系统要重新启动,通常称为软故障(Soft Crash)。例如,特定类型的硬件错误(CPU 故障)、操作系统故障、DBMS 代码错误、死循环时系统安排停止、系统崩溃、突然停电等等。这类故障影响正在运行的所有事务,但不破坏数据库。这时主存内容,尤其是数据库缓冲区中的内容都被丢失,所有运行事务都非正常终止。发生系统故障时,一些事务的结果可能已送入物理数据库,另外一些事务可能有一部分甚至全部留在缓冲区,尚未写回到磁盘上的物理数据库中,从而造成数据库可能处于不正确的状态。

为保证数据一致性,恢复子系统必须在系统重新启动时让所有非正常终止的事务回滚,强行撤销(UNDO)所有未完成事务。重做(REDO)所有已提交的事务,以将数据库真正恢复到一致状态。系统故障的恢复是由系统在重新启动时自动完成的,不需要用户干预。

3. 介质故障及恢复

介质故障称为硬故障(Hard Crash),硬故障指外存故障。如磁盘损坏、磁头碰撞,瞬时强磁场干扰等。这类故障将破坏存储在介质上的数据库或部分数据库,并影响正在存取这部分数据的所有事务。这类故障比前两类故障发生的可能性小得多,但破坏性最大。

发生介质故障后,磁盘上的物理数据和日志文件被破坏,这是最严重的一种故障,恢复方法是重装数据库,然后重做已完成的事务。

系统的恢复步骤:

(1) 装入最新的数据库后备副本,使数据库恢复到最近一次转储时的一致性状态。对于动态转储的副本,还须同时装入转储开始时刻的日志文件副本,利用恢复系统故障的方法(即 REDO+UNDO),才能将数据库恢复到一致性状态。

(2) 装入相应的日志文件副本,重做已完成的事务。

这样就可以将数据库恢复至故障前某一时刻的一致状态了。

介质故障的恢复需要 DBA 介入。但 DBA 只需要重装最近转储的数据库副本和有关的各日志文件副本,然后执行系统提供的恢复命令即可,具体的恢复操作仍由 DBMS 完成。

计算机病毒是具有破坏性、可以自我复制的计算机程序。计算机病毒已成为计算机系统的主要威胁,自然也是数据库系统的主要威胁。因此数据库一旦被破坏要用恢复技术对数据库加以恢复,一般按介质故障处理。

5.5.4 并发控制技术

1. 并发控制的概念

多个用户共享数据库时会产生多个事务同时存取同一数据的情况。DBMS 必须提供并发控制机制。并发控制机制是衡量一个 DBMS 性能的重要标志之一。多个处理机同时运行多个事务,称事务的并行运行;单个处理机交叉运行多个事务,称事务的并发运行。本节讨论的是后一种。

数据库是一个共享资源,允许多个用户程序同时存取数据库。若对这种操作不加以控制就会破坏数据的一致性。

【例 5.23】 设有 A,B 两个民航售票点,它们按下面的次序进行订票操作:

① A 售票点执行事务 T1 通过网络在数据库中读出某航班的机票余额为 A,设 A=5。

② B 售票点执行事务 T2 通过网络在数据库中读出某航班的机票余额也为 A,设 A=5。

③ A 售票点事务 T1 卖出一张机票修改后余额为 A=A−1,此时 A=4,将 4 写回数据库。

④ B 售票点事务 T2 卖出一张机票修改后余额为 A=A−1,此时 A=4,将 4 写回数据库。

最后形成的结果是卖出两张机票,但在数据库中仅减去了一张,从而造成了错误,这就是有名的民航订票问题。

下面讨论事务并发执行的几种错误,一般而言事务并发执行带来的数据不一致性包括三类:丢失修改、不可重复读和读"脏"数据。

(1) 丢失修改(lost updata):两个事务 T1 和 T2 读入同一数据并修改,T2 提交的结果破坏了 T1 提交的结果,导致 T1 的修改被丢失。前面的民航售票是一个典型的并发执行所引起的不一致例子,其主要原因就是"丢失修改"引起的。

(2) 不可重复读(non-repeatable read):是指事务 T1 读取数据后,事务 T2 执行更新操作,使 T1 无法再现上次读取结果(得到与上次不同的值、发现消失或多出一些记录)。

(3) 脏读(dirty read):是指事务 T1 修改某一数据,并将其写回磁盘,事务 T2 读取同一数据后,T1 由于某种原因被撤销,这时 T1 已修改过的数据恢复原值,T2 读到的数据就与数据库中的数据不一致,则 T2 读到的数据就为"脏"数据,即不正确的数据。此种操作称为"脏读"。

产生这三种错误的主要是由于违反了事务 ACID 中的 4 项原则,特别是隔离性原则。为保证事务并发执行的正确,必须要有一定的调度手段以保障事务并发执行中一事务执行时不受其他事务的影响。并发控制就是要用正确的方式调度并发操作,使一个用户事务的执行不受其他事务的干扰,从而避免造成数据的不一致性。

2. 封锁与封锁协议

并发控制的主要技术是封锁(locking)。为了防止数据库数据的不一致性,必须采取封锁策略,即在事务要对数据库进行操作之前,首先对其操作的数据设置封锁,禁止其他事务再对该数据进行操作,当它对该数据操作完毕并解除对数据的封锁后,才允许其他事务对该数据进行操作。

(1) 封锁。所谓封锁就是事务 T 在对某个数据对象如表、记录等操作之前,先向系统发出请求,对其加锁。加锁后事务 T 就对该数据对象有了一定的控制,在事务 T 释放它的锁之前,其他的事务不能读取或更新此数据对象。

基本的封锁类型有两种:排他锁(Exclusive locks 简记为 X 锁)和共享锁(Share locks 简记为 S 锁)。

排他锁又称为写锁。若事务 T 对数据对象 A 加上 X 锁,则只允许 T 读取和修改 A,其他任何事务都不能再对 A 加任何类型的锁,直到 T 释放 A 上的锁。这就保证了其他事务在 T 释放 A 上的锁之前不能再读取和修改 A。排他锁保护数据对象不被同时读或写。

共享锁又称为读锁。若事务 T 对数据对象 A 加上 S 锁,则事务 T 可以读 A 但不能修改 A,其他事务只能再对 A 加 S 锁,而不能加 X 锁,直到 T 释放 A 上的 S 锁。这就保证了其他事务可以读 A,但在 T 释放 A 上的 S 锁之前不能对 A 做任何修改。共享锁保护数据对象不被写,但可以同时读。两种封锁示意图见图 5-11。

图 5-11　两种封锁示意图

(2) 三级封锁协议:在运用 X 锁和 S 锁这两种基本封锁,对数据对象加锁时,还需要约定一些规则,例如何时申请 X 锁或 S 锁、持锁时间、何时释放等,称这些规则为封锁协议。三级封锁协议如下:

① 一级封锁协议。

事务 T 在修改数据 A 之前必须先对其加 X 锁,直到事务结束才释放。事务结束包括正常结束(COMMIT)和非正常结束(ROLLBACK)。

作用:可防止丢失修改,并保证事务 T 是可恢复的。在一级封锁协议中,如果仅仅是读数据不对其进行修改,是不需要加锁的,所以它不能保证可重复读和不读"脏"数据。

② 二级封锁协议。

事务 T 在对数据 A 作读操作前必须先对 A 加 S 锁,读完后立即释放加在 A 上的 S 锁。此种封锁方式与一级封锁协议联合构成了二级封锁协议。

作用:防止丢失修改,还可进一步防止读"脏"数据。

③ 三级封锁协议。

事务 T 在对数据 A 作读操作前必须先对 A 加 S 锁,直到事务结束才能释放加在 A 上的 S 锁。此种封锁方式与一级封锁协议联合构成了三级封锁协议。

作用:除防止丢失修改和不读"脏"数据外,还可防止不可重复读。

上述三种封锁协议可以分别防止不同的并发错误。三个级别的封锁协议可以总结为表 5-2。

表 5-2   不同级别的封锁协议

协议 \ 类别	X 锁		S 锁		一致性保证		
	操作结束释放	事务结束释放	操作结束释放	事务结束释放	不丢失修改	不脏读	可重复读
一级封锁协议		√			√		
二级封锁协议		√	√		√	√	
三级封锁协议		√		√	√	√	√

3. 活锁和死锁

封锁的方法可能引起活锁和死锁。

若一个事务 T 请求封锁的数据已被另一事务封锁,但该数据被释放后,因为优先级别或调度等原因,系统总是批准其他事务对该数据的请求,事务 T 有可能永远等待,这就是活锁。避免活锁的简单方法是采用先来先服务的策略。

若两个事务都获得了各自所需的一个数据并加锁,又都需要对方拥有的另一个数据进行操作。这样会出现两个事务都在死等对方释放所封锁数据的局面,不能结束,形成死锁。

在数据库中,产生死锁的原因是两个或多个事务都已封锁了一些数据对象,然后又都请求对已被其他事务封锁的数据对象进行加锁,从而出现死等现象。

防止死锁的发生其实就是要破坏产生死锁的条件。诊断、预防死锁的方法和操作系统中资源管理类似。

解除死锁通常采用的方法是选择一个处理死锁代价最小的事务,将其撤销,释放此事务持有的所有的锁,使其他事务得以继续运行下去。当然,对撤销的事务所执行的数据更新操作必须加以恢复。

4. 并发调度的可串行性

(1) 并发调度的可串行性。在多个应用、多个事务中有如下几种执行方式:

① 串行执行:以事务为单位,多个事务依次顺序执行,此种执行称为串行执行,串行执行能保证事务的正确执行。

② 并发执行:以事务为单位,多个事务按一定调度策略同时执行,此种执行称为并发执行。

③ 并发执行的可串行化:事务的并发执行并不能保证事务正确性,因此需要采用一定的技术,使得在并发执行时像串行执行时一样,此种执行称为并发事务的可串行化。

而所采用的技术则称为并发控制技术。

安排多个并发事务的执行顺序称为调度。如果调度 S 中每个事务 T 的操作在调度中都是连续执行的，那么就称调度 S 是串行的；否则，调度 S 就是非串行的。串行调度限制了事务的并发或操作的交错，降低了 CPU 的吞吐率。在非串行调度中，人们需要确定哪些调度能得到正确结果，而哪些得到错误结果。这就是所谓的调度可串行性问题。

多个事务的并发执行是正确的，当且仅当其结果与按某一次序串行地执行它们时的结果相同，人们称这种调度策略为可串行化的调度。一个给定的并发调度，当且仅当它是可串行化的，才认为是正确的调度。

为保证并发操作的正确性，DBMS 的并发控制机制必须提供一定的手段来保证调度是可串行化的。目前 DBMS 普遍采用封锁方法实现并发调度的可串行性，从而保证调度的正确性。

下面要介绍的两段锁（Two-Phase Locking，2PL）协议就是保证并发调度可串行性的封锁协议。

（2）两段锁协议。两段锁协议是指所有事务必须分两个阶段对数据项加锁和解锁。

① 获得封锁。在对任何数据进行读、写操作之前，首先要申请并获得对该数据的封锁。

② 释放封锁。释放一个封锁后，事务不再申请和获得任何其他封锁。

例如事务 Ti 遵守两段锁协议，其封锁序列是：

$$\text{Slock A}\quad \text{Slock B}\quad \text{Xlock C}\quad \text{Unlock B}\quad \text{Unlock A}\quad \text{Unlock C;}$$

$$\underset{\text{扩展阶段}}{\underbrace{\qquad\qquad\qquad}}\quad\underset{\text{收缩阶段}}{\underbrace{\qquad\qquad\qquad\qquad}}$$

所谓"两段"锁的含义是，事务分为两个阶段：

第一阶段是获得封锁，也称为扩展阶段。在此阶段，事务可以申请获得任何数据项上的任何类型的锁，但是不能释放任何锁。

第二阶段是释放封锁，也称为收缩阶段。在这阶段，事务可以释放任何数据项上的任何类型的锁，但是不能再申请任何锁。

可以证明，若并发执行的所有事务均遵守两段锁协议，则对这些事务的任何并发调度策略都是可串行化的。

说明：事务遵守两段锁协议是可串行化调度的充分条件，而不是必要条件。

两段锁协议是保证并发调度可串行性的封锁协议。除此之外还有基于时间戳的协议等其他一些方法来保证调度的正确性。

5. 封锁的粒度

封锁的对象的大小称为封锁粒度（Granularity）。封锁的对象可以是逻辑单元，也可以是物理单元。以关系数据库为例，封锁对象可以是这样一些逻辑单元：属性值、属性值的集合、元组、关系、索引项、整个索引直至整个数据库；也可以是这样一些物理单元：页（数据页或索引页）、块等。

封锁粒度与系统的并发度和并发控制的开销密切相关。直观地看，封锁的粒度越大，数据库所能够封锁的数据单元就越少，并发度就越小，系统开销也越小；反之，封锁的粒度越小，并发度较高，但系统开销也就越大。

多粒度封锁：如果在一个系统中同时支持多种封锁粒度供不同的事务选择，这种封锁方法称为多粒度封锁。

（1）多粒度树。多粒度封锁协议允许多粒度树中的每个节点被独立地加锁。对一个节点加锁意味着这个节点的所有后裔节点也被加以同样类型的锁。因此，在多粒度封锁中一个数据对象可能以两种方式封锁，显式封锁和隐式封锁。

显式封锁是应事务的要求直接加到数据对象上的封锁；隐式封锁是该数据对象没有独立加锁，是由于其上级节点加锁而使该数据对象加上了锁。图 5-12 所示四级粒度树中，事务 T1 对关系 R1 加锁，其子树上的节点亦加上了隐式锁。

图 5-12　四级粒度树

（2）意向锁。意向锁的含义是如果对一个节点加意向锁，则说明该节点的下层节点正在被加锁；对任一节点加锁时，必须先对它的上层节点加意向锁。

例如，对任一元组加锁时，必须先对它所在的关系加意向锁。于是，事务 T 要对关系 R1 加 X 锁时，系统只要检查根节点数据库和关系 R1 是否已加了不相容的锁，而不再需要搜索和检查 R1 中的每一个元组是否加了 X 锁。

有三种常用的意向锁：

① 意向共享锁（Intent Share Lock，IS 锁）。如果对一个数据对象加 IS 锁，表示它的后裔节点拟（意向）加 S 锁。例如，要对某个元组加 S 锁，则要首先对关系和数据库加 IS 锁。

② 意向排他锁（Intent Exclusive Lock，IX 锁）。如果对一个数据对象加 IX 锁，表示它的后裔节点拟（意向）加 X 锁。例如，要对某个元组加 X 锁，则要首先对关系和数据库加 IX 锁。

③ 共享意向排他锁（Share Intent Exclusive Lock，SIX 锁）。如果对一个数据对象加 SIX 锁，表示对它加 S 锁，再加 IX 锁，即 SIX＝S＋IX。

例如对某个表加 SIX 锁，则表示该事务要读整个表（所以要对该表加 S 锁），同时会更新个别元组（所以要对该表加 IX 锁）。

锁的相容矩阵如图 5-13(a)所示，锁强度的偏序关系如图 5-13(b)所示。

T1 \ T2	S	X	IS	IX	SIX	—
S	Y	N	Y	N	N	Y
X	N	N	N	N	N	Y
IS	Y	N	Y	Y	Y	Y
IX	N	N	Y	Y	N	Y
SIX	N	N	Y	N	N	Y
⋯	Y	Y	Y	Y	Y	Y

(a) 数据锁的相容矩阵　　　　(b) 锁强度的偏序关系

图 5-13　锁的相容矩阵和锁强度的偏序关系图

注：Y 表示相容请求，N 表示不相容请求，—表示不加锁。

5.6　本章小结

DBMS是管理数据库的软件。它负责数据库的定义、建立、操纵、管理和维护,在保证数据安全可靠的同时,提供数据库应用时的方便性,是数据库系统中最重要的软件。

查询处理是DBMS的核心,而查询优化技术又是查询处理的关键技术。数据库系统调优是为了提高查询的速度,主要可以通过数据库模式调优、SQL语句调优和使用数据库调优工具进行。

数据库的安全性是指保护数据以防止非法使用造成的数据泄密、更改和破坏。数据库的安全管理涉及到用户的访问权限问题,通过用户身份认证、存取控制、视图限制、审计追踪、数据加密等技术来保证数据不被非法使用。三种常用的存取控制方法是:自主存取控制、强制存取控制、基于角色存取控制。自主存取控制的实施主要通过授权来进行。

数据库的完整性是指数据库中数据的正确性、有效性和相容性,防止错误信息进入数据库。关系数据库的完整性通过DBMS的完整性子系统来保障。

安全性措施的防范对象是非法用户和非法操作,完整性措施的防范对象是失真无效的数据。

用SQL实现完整性主要分三类:在完整性约束中,通过定义主键实现实体完整性,通过定义外键满足参照完整性,通过定义域约束、检查约束和断言等实现用户定义的完整性。数据库触发器是一类靠事件驱动的特殊过程,实现用户定义的特殊完整性与安全性。触发器一旦由某用户定义,任何用户对触发器规定的数据进行更新操作,均自动激活相应的触发器采取应对措施。触发器用于完整性保护,而且具有主动性的功能,其功能一般比完整性约束条件强得多,且更加灵活。

事务是数据库的逻辑工作单位,是由若干操作组成的序列。只要DBMS能够保证系统中一切事务的原子性、一致性、隔离性和持续性,也就保证了数据库处于一致状态。为此DBMS必须对事务故障、系统故障和介质故障等进行恢复。数据库转储和登记日志文件是恢复中最经常使用的基本技术。恢复的基本原理就是利用存储在后备副本、日志文件和数据库镜像中的冗余数据来重建数据库。

事务不仅是恢复的基本单位,也是并发控制的基本单位。为了保证并发操作的正确性,DBMS采用封锁方法实现并发操作调度的可串行性,两段锁协议就是保证并发调度可串行性的封锁协议。封锁粒度与系统的并发度和并发控制的开销密切相关。一般,封锁的粒度越大,并发度就越小,系统开销也越小;反之,封锁的粒度越小,并发度较高,但系统开销也就越大。

习 题 5

1. DBMS 有哪些主要组成部分？DBMS 有哪些特点与功能？

2. 什么叫查询优化？查询优化器与数据库调优工具的作用是什么？

3. 查询优化的目的是什么？其一般策略是什么？

4. 什么是数据库的安全性？数据库安全性控制的主要技术有哪些？

5. 什么是数据库中的自主存取控制方法和强制存取控制方法？

6. 什么是数据库的完整性？它与安全性有什么区别？

7. DBMS 的完整性控制机制应具有哪些功能？

8. 触发器是什么？描述触发器的事件-条件-动作模型。

9. 设有两个关系模式：

职工(职工号,姓名,年龄,职务,工资,部门号)

部门(部门号,名称,经理名,地址,电话号)

(1) 请用 SQL 语言定义这两个关系模式,并表示以下完整性约束条件：

① 定义每个模式的主键；

② 定义参照完整性；

③ 定义职工年龄不得超过 60 岁。

(2) 请用 SQL 的 GRANT 和 REVOKE 语句(加上视图机制)完成以下授权定义：

① 全体用户对两个表有 SELECT 权力；

② 用户 U1、U2、U3 对两个表有 INSERT 和 DELETE 权力；

③ 用户刘明对职工表有 SELECT 权力,对工资属性列具有更新权力；

④ 用户吴新具有修改这两个表的结构的权力；

⑤ 用户李颖、周岚具有对两个表所有权力,并具有给其他用户授权的权力；

⑥ 用户杨青具有从每个部门职工中 SELECT 最高工资,最低工资,平均工资的权力,但他不能查看每个人的工资。

10. 设学生-选课数据库的关系 student、s_c、course(见表 2-5～表 2-7)。

(1) 试定义下列完整性约束：

① 在关系 student 中插入的学生年龄值应在 15～25 岁之间。

② 在关系 s_c 中插入元组时,其 sno 值和 cno 值必须分别在关系 student 和关系 course 中出现。

③ 在关系 s_c 中修改 grade 值时,必须仍在 0～100 之间。

④ 在删除关系 course 中一个元组时,首先要把关系 s_c 中具有同样 cno 值的元组全部删去。

⑤ 在关系 student 中把某个 sno 值修改为新值时,必须同时把关系 s_c 中那些同样的 sno 值也修改为新值。

(2) 试用 SQL 的断言机制定义下列完整性约束：

① 学生必须在选修"数学课"课后,才能选修其他课程。

② 每个艺术系的学生最多选修 20 门课程。

（3）在每个表上自行设计一个触发器。

11．数据库系统中为什么要引入事务？事务的 ACID 性质分别指什么？

12．什么是数据库的恢复？恢复实现的技术有哪些？

13．系统日志在事务恢复中的作用是什么？具有检查点的恢复技术有什么优点？

14．写一个修改到数据库中和写一个表示这个修改的日志记录到日志中是两个不同的操作，这两个操作中哪一个应该先做而且更重要些？为什么？

15．事务的并发控制是指什么？如何进行事务的并发控制？

第 6 章

对象关系数据库技术

本章将介绍面向对象的数据模型和面向对象的建模方法,描述对象关系数据模型及其扩充的复杂数据类型与操作,并介绍相关系统与技术。

6.1　面向对象的数据模型

6.1.1　基于对象的数据库概述

数据库技术在商业领域的巨大成功刺激了其他领域对数据库技术需求的迅速增长。新应用的挑战主要来自多种数据类型的应用领域,例如,计算机辅助排版系统中的大文本,天气预报中的图像、空间和地理数据,工程设计中复杂的图形数据,股票市场交易历史中的时间序列数据等。由于传统数据库系统的设计目标源于商业事务处理,它们难以适应和满足新的数据库应用需求。例如,传统的关系 DBMS 只支持简单有限的数据类型,不支持用户自定义的数据类型、运算和函数;不能有效地表示复杂对象等。为此人们研究了非规范化的关系模型、语义数据模型、面向对象数据模型(Object Oriented Data Model)等。其中,面向对象模型是继关系数据模型之后最重要的数据模型。

对象关系数据库系统(Object Relational Data Base System,ORDBS)是面向对象数据模型和关系数据模型相结合的产物。

从 20 世纪 80 年代起,人们努力探索数据库技术与对象技术的结合,研究基本上是沿着两种途径发展的:

第一种实现途径是构建纯粹的面向对象数据库管理系统(OODBMS)。该途径是以一种面向对象语言为基础,增加数据库管理的功能,主要是支持持久对象和实现数据共享。它不仅在处理多媒体等数据类型时可以做到游刃有余,而且在应用系统开发速度和维护等方面有着极大的优越性。

第二种实现途径是对传统的关系 DBMS 加以扩展。通过增加面向对象的特性,把面向对象技术与关系数据库相结合,建立对象关系数据库管理系统(ORDBMS)。它既支持已经被广泛使用的 SQL,具有良好的通用性,又具有面向对象特性,支持复杂对象操作和复杂对象的复杂行为的处理。

其中,第二种的成果最为卓著。它在传统关系数据库的基础上吸收了面向对象数据模型的主要思想,同时又保持了关系数据库系统的优点,成功开发了原型系统。近年来,各大关系 DBMS 厂商也已推出了其产品的对象关系版本,从而满足了许多新的数据库应用需求。本章先简介面向对象数据模型的基本概念及其建模方法,再介绍对象关系数据库系统相关技术与方法。

6.1.2　面向对象模型的概念

传统的数据库应用的数据类型都比较简单。基本数据项是原子的,记录的类型也不多。这决定了它只适合于一些对数据类型要求不高的数据处理事务,比如银行业务和人事、薪金管理。

随着数据库应用的发展,处理复杂数据类型的需求逐渐扩大。例如,考虑计算机辅助电路设计数据库。一个电路由很多部件组成,部件具有不同的类型,同一类型的部件具有相同的属性,部件与部件之间还有联系。如果将每个部件看成部件类的一个对象(实例),并且赋予每个对象唯一的标识符,这样电路中的部件可以依靠唯一标识符联系到其他部件。那么在数据库中对电路建模就会更简单。

面向对象数据模型提出于 20 世纪 70 年代末,80 年代初。它吸收了概念数据模型和知识表示模型的一些基本概念,同时又借鉴了面向对象程序设计语言和抽象数据类型的一些思想,面向对象模型是用面向对象的方法构建起来的数据模型,是一种可扩充的数据模型。

面向对象数据模型的核心概念如下。

1. 对象的结构

对象是相关数据和代码的一个封装体。一个对象对应着 E-R 图中的一个实体。对象和系统的其余部分都是通过消息来交换信息的。

一般来讲,一个对象包括:一个属性集合;一个方法集合;一个对象所响应的消息集合。相关内容如下:

(1) 对象数据的属性集合。属性用变量表示,它描述了对象的状态、组成和特性。对象的某个属性可以是单个值或值的集合,也可以是一个对象。

(2) 方法集合。方法用函数表示,描述对象的行为特性。每个方法是实现一个消息的代码段,且都返回一个值作为对消息的响应。

(3) 响应的消息集合。消息是对象提供给外界的界面,消息由对象接收和响应。

由于一个对象提供给外部的唯一接口是对象所响应的消息集合,因此,修改属性和方法时可以不影响系统的其余部分。这种修改一个对象的定义而不影响系统其余部分的能力是面向对象程序设计的主要优点之一。

2. 类

在数据库中有很多相似的对象,它们有相同名称和类型的属性,响应相同的消息和调用相同的方法。对每个这样的对象单独定义是很麻烦的,因此可以将它们分组形成类。类描述一类对象所具有的共同属性变量和操作方法。一个类的所有对象共享着相同的属性和方法定义,但是每个对象的值各不相同,每个这样的对象被称为该类的实例。

类在面向对象数据库中的作用与关系模式在关系数据库中的作用非常类似。在关系数据库中,数据库是由关系模式生成的关系的集合组成,每个关系又是由很多元组组成。在面向对象数据库中,数据库是由类的集合组成,每个类可生成很多同类对象。

图 6-1 定义了人员类——person 类,包括类的属性变量和方法函数。在这个描述中,每个 person 类的对象都包含字符串类型的变量 name 和整数类型的变量 age。每个对象都有用来得到对象和设定对象的 4 个操作方法。

3. 继承

继承(Inhertance)当且仅当类 Y 的每个对象都是类 X 的对象时,类 X 被称为类 Y 的一个超类,而类 Y 被称为类 X 的一个子类。超类与子类这种在语义上具有泛化与特化的关系,就是继承,即常说的 Is-a 关系。

超类通常定义一些相似的类所共同拥有的属性,消息和方法,而子类是超类的特殊化,它不仅继承了超类的属性,消息和方法,而且还可以定义一些子类所特有的变量,消息和方法。在面向对象系统中继承性的一个重要好处就是代码重用。一个类所定义的属性和方法,可以被类的所有对象引用,也可以被该类的子类的所有对象引用。这样子类不需再重写这些方法。

例如,考虑大学中的学生和教员,学生可分为本科生和研究生,教员可分为教师和职员,研究生又可分为硕士研究生和博士研究生。该例子中类的继承关系如图 6-2 所示。

person 类

| 属性集合(变量):
name VARCHAR;
age INT; |
| 方法集合(函数):
get_name();
get_age();
set_name(name VARCHAR);
set_age(age INT); |

图 6-1　人员类的定义　　　　　　　　**图 6-2　类的层次**

可以在人员类中定义一些公共的属性和方法,如姓名,年龄和性别,地址等。那么在其子类学生类和教员类中就不需要再定义了。而只需要定义一些特有的属性和方法,如对学生类定义专业,班级等属性以及选课,考试等方法。

很容易判断哪些对象与位于层次结构中的叶节点上的类相关联,比如将硕士研究生的集合与硕士类相关联。然而对于非叶节点来说,这个问题就相对复杂了。在图 6-2 中,有两种合理的方法将对象与类关联在一起:

(1) 将本科生、硕士、博士类的学生对象与学生类相关联。

(2) 只将那些非本科生、硕士、博士类的学生对象与学生类相关联。

通常,在面向对象系统中选择后一种方法。在这种情况下要找出所有学生对象的集合也是可以做到的,只需将与学生类及其子类相关联的对象合并起来。绝大多数面向对象系统都允许部分特殊化,也就是说,允许存在属于一个类(如学生类)而不属于这个类的任何一个子类的对象。

4. 多重继承

大学教员在工作的同时可以攻读学位,这时他们具有双重身份:既是大学教员,也是学生。这样,在职攻读学位的大学教员既是大学教员的子类,同时也是学生类的子类。称存在一个类是两个或两个以上不同类的子类的情况为多重继承。

多重继承允许一个类从多个超类中继承属性和方法。超类与子类的关系可以用有向无环图来表示,其中一个类可以有多个超类。在职攻读学位的大学教员类的多重继承如图 6-3 所示。

当使用多重继承时,如果同一个属性或方法可以从多个超类中继承就会有潜在的二义性问题。例如,学生类用属性变量 dept 表示该学生所在的院系,教员类也有一个属性变量 dept 表示教师所在的院系。在职研究生类继承了这两个 dept 的定义,所以,在这种环境中 dept 的含义就不能确定,存在二义性。

5. 对象包含

对象包含:类之间的包含关系表现了现实事物的局部与整体的关系(组合关系),即 A-Part-Of 关系。为了说明对象包含,考虑图 6-4 所示的简化了的微型电脑(PC)硬件数据库的包含层次结构。每台电脑结构包括主机,显示器,键盘和鼠标。机箱包括主板,显卡等。结构中的每一个组件都可以描述为一个对象,同时组件间的包含也可以用对象间的包含来描述。

图 6-3　类的多重继承　　　　图 6-4　电脑硬件数据库的包含层次

包含了其他对象的对象称为复合对象。可以存在多层次的包含,这样就产生了对象间的包含层次。

6. 对象的标识

在面向对象数据库中,一个对象对应着需建模的企业中的一个实体,一个实体即使它的特性随着时间的推移会变化,但是它的标识不会变。同样,一个对象也需要有一个不随时间的推移而变化的唯一标识。

面向对象系统使用对象标识符(Object Identifier)来标识对象,它是唯一而且不变的。当创建一个对象时,系统会自动生成对象的标识符。用户不能修改它,但可以引用它。对象标识符不必是人们熟悉的符号,例如可以是一串无序的数字。对于数据库系统来说,能够像存储变量来存储对象标识符比对象标识符有一个容易记忆的名字更重要。

标识符通常是由系统自动生成的。在很多情况下,由系统自动生成标识符是有益的,因为它不需要人来完成这项工作。然而,也有一些情况比较特殊。因为系统生成的标识符是特定于某个系统的,如果要将该系统的数据转移到另外一个不同的数据库中,这时该系统生成的标识符必须要进行转化。但是有一种情况例外,当一个实体在建模的时候已经有一个系统之外的唯一标识符,就不必让系统生成标识符,而直接使用实体的那个唯一标识符。例如,在中国经常用身份证号作为个人的唯一标识符。

对象标识符与键不同。对象标识符的特点如下:

(1) 全局唯一。在整个系统中一个对象的标识符是全局唯一的。

(2) 自动生成。当创建一个对象时,系统自动分配。

(3) 用户不能修改,但可引用。

(4) 对象的属性/值、方法变化,但对象标识不变。

(5) 独立于值。两对象值相同,但对象标识符不同则是不同对象。

6.1.3　模型的结构与特征

1. 模型的基本特征

面向对象数据模型中,类的子集称为该类的子类,该类称为子类的超类。子类可继承超类的所有属性和方法。子类还可以有子类,形成一个类层次结构。

面向对象数据模型的基本特征有:

(1) 抽象:将一组对象的共同特征和行为抽象形成"类"的概念。而面向对象的数据模型正是由一组抽象的对象类组成的。

(2) 封装:是将一组属性数据和这组数据有关的方法(操作函数表示)组装在一起,形成一个能动的实体——对象。封装使得一个对象可以像部件一样用在各种程序中。

(3) 继承:继承指一个对象类可以获得另一个对象类的特征和能力。这样可大大提高数据对象的可重用性。

2. 模型的要素

面向对象数据模型的三个要素为:

(1) 数据结构。数据结构是一种对象类层次(含嵌套)结构。

(2) 数据操作。使用对象查询语言进行多种对象操作。包括:

① 类的定义和操作:定义(属性、继承性、约束)、生成、存取、修改、撤销等。

② 对象的操作方法的定义:生成、存取、修改、删除对象等。

(3) 数据的完整性约束。包括:

① 唯一性约束:同一模式中,类名唯一;同一类中,属性和方法名唯一。

② 引用/存在性约束:被引用的类必须已存在;被调用的方法必须已被定义;被定义

的方法必须已被实现。

③ 子类型约束：子/超类联系不能有环（循环定义）；不能有从多继承带来的任何冲突；如果只支持单继承，则子类的单一超类必须加以标明。

说明：对象的引用的完整性约束可通过以下方式实现：

① 无系统支持。由用户编写代码控制实现对象的引用的完整性。

② 引用验证。系统检验所有引用的对象是否存在，类型是否正确；但是不允许直接删除对象。

③ 系统维护。系统自动保持所有引用为最新的。例如，当所引用的一个对象被删除时，立即将引用设置为空指针。

④ 自定义语义。自定义语义一般由用户编写代码实现。例如，使用选项"ON DELETE CASCADE"。

3. 构建模型的主要技术

（1）分类。分类是把一组具有相同属性和操作方法的对象归纳或映射为一个公共类的过程。对象和类的关系是值与型的关系。

在面向对象的数据库中，只需对每个类定义一组操作，供该类中的每个对象使用，而类中每一个对象的属性值要分别存储，因为每个对象具有自己的属性值。例如，在面向对象的地理数据模型中，城镇建筑可分为行政区、商业区、住宅区、文化区等若干个类。以住宅区类而论，每栋住宅作为对象都有门牌号、地址、电话号码等相同的属性，但具体的门牌号、地址、电话号码等是各不相同的。而对它们的操作方法如查询等都是相同的。

（2）概括。概括是把几个类中某些具有部分公共特征的属性和操作方法抽象出来，形成一个更高层次、更具一般性的超类的过程。超类和子类用来表示概括的特征，表明它们之间的关系是"父-子"关系，子类是超类的一个特例。

作为构成超类的子类还可以进一步分类，一个类可能是超类的子类，同时也可能是几个子类的超类。所以，概括可能有任意多层次。例如，建筑物是住宅的超类，住宅是建筑物的子类，但如果把住宅的概括延伸到城市住宅和农村住宅，则住宅又是城市住宅和农村住宅的超类。

概括技术的采用避免了说明和存储上的大量冗余，因为住宅地址、门牌号、电话号码等是"住宅"类的属性，同时也是它的超类"建筑物"的属性。当然，这需要一种能自动地从超类的属性和操作中获取子类对象的属性和操作的机制。

（3）聚集。聚集是将几个不同类的对象组合成一个更高级的复合对象的过程。术语"复合对象"用来描述更高层次的对象，"部分"或"成分"是复合对象的组成部分。例如，医院由医护人员、病人、门诊部、住院部、道路等聚集而成。

每个不同属性的对象是复合对象的一个部分，它们有自己的属性数据和操作方法，这些是不能为复合对象所公用的，但复合对象可以从它们那里派生得到一些信息。复合对象有自己的属性值和操作，它只从具有不同属性的对象中提取部分属性值，且一般不继承子类对象的操作。这就是说，复合对象的操作与其成分的操作是不兼容的。

6.1.4　面向对象数据库系统

面向对象数据库(OODB)系统是在面向对象数据模型基础上建立起来的数据库系统。OODB 系统产生于 20 世纪 80 年代后期,它将面向对象编程语言的特性与数据库系统的特性相结合,实现数据的定义、存储、操作与管理。OODB 系统是一个持久的、可共享的对象库的存储和管理者;一个对象库是由一个面向对象数据模型所定义的对象的集合体;而管理软件为一个集成了数据库能力与面向对象编程语言能力的面向对象数据库管理系统。

OODB 系统利用类的设施来描述复杂对象,利用类中封装的方法来模拟对象的复杂行为,利用继承性来实现对象的结构和方法的重用。与关系数据库不同,是因为它存储的是对象,而不是表格。对象的引用通过持久性标识-对象标识符进行,对象标识符可以独一无二地识别各个对象,可以用来在对象之间建立关系。

面向对象数据库管理系统在多用户客户机/服务器环境中提供了持久性存储器。可以处理对象的并行访问,提供锁定和事务保护,保护对象存储器免遭各种类型的威胁,镜像备份和恢复之类传统任务。它还加强了封装,支持继承,结合了对象属性和传统的DBMS 功能,如锁定、保护、事务处理、查询、版式本、并发和持久性。

OODB 语言用于描述面向对象数据库模式,说明类定义并操作对象实例。它主要包括对象定义语言(ODL)和对象操纵语言(OML),OML 中一个重要子集是对象查询语言(OQL)。OODB 语言一般应具备下述功能:

(1) 类的定义与操作。面向对象数据库语言可以操作类,包括定义、生成、存取、修改与撤销类。其中类的定义包括定义类的属性、操作特征、继承性与约束等。

(2) 操作方法的定义。面向对象数据库语言可用于对象操作方法的定义与实现。在操作实现中,语言的命令可用于操作对象的局部数据结构。对象模型中的封装性允许操作方法由不同程序设计语言来实现。

(3) 对象的操作。面向对象数据库语言可以用于操作(即生成、存取。修改与删除)实例对象。

还没有像 SQL 那样的关于面向对象数据库语言的标准,因此不同的产品其具体的数据库语言各不相同。

OODB 系统的目标就是把数据库技术和面向对象技术集成在同一个系统中,以满足一些新的应用需要,例如面向对象的程序设计环境(CASE)、计算机辅助设计与制造(CAD/CAM)、地理信息系统(GIS)、多媒体应用、基于 Web 的电子商务,以及其他非商用领域中的应用。

OODB 系统的功能要求:

(1) 在数据模型方面,引入面向对象的概念:对象、类、对象标识、封装、继承、多态性、类层次结构等。

(2) 在数据库管理方面,提供与扩展持久对象(Persistent Object)、长事务的处理能力,以及并发控制、完整性约束、版本管理和模式演化等的能力。

(3) 在数据库界面方面,支持消息传递,提供计算能力完备的数据库语言,解决数据库语言与宿主语言的不匹配问题。并且在数据库语言方面,提供类似 SQL 非过程化查询功能的语言。

面向对象数据库系统主要研究的问题有:对象数据模型,高效的查询语言,并发的事务处理技术,对象的存储管理,版本管理等。

面向对象数据库系统对一些特定应用领域(例如 CAD/CAM 等),能较好地满足其应用需求。但是,这种纯粹的面向对象数据库系统并不支持 SQL 语言,在通用性方面失去了优势,因而其应用领域有很大的局限性。

6.2　面向对象的建模方法

统一建模语言(Unified Modeling Language,UML)是进行系统分析和设计的重要工具,数据库系统设计中,常应用 UML 表示中的类图来建立信息模型。UML 已成为数据库系统设计的一种新方法。

6.2.1　统一建模语言——UML

1. UML 简介

为了规范软件建模语言,Rational 于 1995 年开始召集了三位面对对象的创始人,与 1996 年提出统一建模语言 UML。UML 是用来对软件进行可视化建模的一种语言,它是为面向对象开发系统的产品进行说明、可视化和编制文档的一种标准语言。UML 最适于数据建模,业务建模,对象建模,组件建模。作为一种模型语言,它使开发人员专注于建立产品的模型和结构,而非选用什么程序语言和算法实现。当模型建立之后,模型可以被 UML 工具转化成指定的程序语言代码。

UML 概括了软件工程、业务建模和管理、数据库设计等许多方法学,在众多设计领域获得流行,已成为数据库系统设计的一种新方法。

2. UML 的特点

UML 具有以下特点:

(1) 面向对象。UML 支持面向对象技术的主要概念,提供了一批基本的模型元素的表示图形和方法,能简洁明了地表达面向对象的各种概念。

(2) 表示能力强。可视化程度高,通过 UML 的模型图能清晰地表示系统的逻辑模型和实现模型,可用于各种复杂系统的建模。

(3) 独立于过程。UML 是系统建模语言,独立于开发过程。

(4) 独立于程序设计语言。用 UML 建立的软件系统模型可以用 Java、VC ++ 、Smalltalk 等任何一种面向对象的程序设计来实现。

(5) 易于掌握使用。UML 图形结构清晰,建模简洁明了,容易掌握使用。

使用 UML 进行系统分析和设计,可以加速开发进程,提高代码质量,支持动态的业务需求。UML 适用于各种规模的系统开发。能促进软件复用,方便地集成已有的系统,并能有效处理开发中的各种风险。

6.2.2　UML 的表示法

UML 表示法定义了 UML 符号的表示方法,是一个标准的一组符号的图形表示法。它为开发者或开发工具使用这些图形符号以及文本语法、为系统建模提供了标准。

1. UML 表示法的组成

标准建模语言 UML 的主要表示可由下列 5 类图组成:

第一类是用例图。用例图从用户角度描述系统功能,并指出各功能的操作者。它描述人们如何使用一个系统,表明谁是相关的用户、用户希望系统提供什么样的服务等,常用来描述系统及子系统。

第二类是静态图。静态图包括类图、对象图和包图。其中类图描述系统中类的静态结构。不仅定义系统中的类,表示类之间的联系如关联、依赖、聚合等,也包括类的内部结构(类的属性和操作)。类图描述的是一种静态关系,在系统的整个生命周期都是有效的。

对象图是类图的实例。包由其他包或类组成,表示包与包之间的关系。包图用于描述系统的分层结构。

第三类是行为图。行为图描述系统的动态模型和组成对象间的交互关系。其中状态图描述类的对象所有可能的状态以及事件发生时状态的转移条件。通常,状态图是对类图的补充。而活动图描述满足用例要求所要进行的活动以及活动间的约束关系,有利于识别并行活动。

第四类是交互图。交互图描述对象间的交互关系。其中顺序图显示对象之间的动态合作关系,它强调对象之间消息发送的顺序,同时显示对象之间的交互;协作图描述对象间的协作关系,显示对象以及它们之间的关系。如果强调时间和顺序,则使用顺序图;如果强调上下级关系,则选择协作图。这两种图合称为交互图。

第五类是实现图。实现图中的构件图描述代码部件的物理结构及各部件之间的依赖关系,该图有助于分析和理解部件之间的相互影响程度。实现图中的配置图定义系统中软硬件的物理体系结构。它可以显示计算机和设备节点以及它们之间的连接关系,也可显示连接的类型及部件之间的依赖性。

2. UML 的分析设计步骤

运用 UML 进行面向对象的系统分析设计,其过程通常由以下三个部分组成:

(1) 识别系统的用例和角色。首先对项目进行需求调研,依据项目的业务流程图和数据流程图以及项目中涉及的各级操作人员,分析、识别出系统中的所有用例和角色;分析系统中各角色和用例间的联系,再使用 UML 建模工具画出系统的用例图,同时,勾画系统的概念层模型,借助 UML 建模工具描述概念层类图和活动图。

(2) 进行系统分析并抽取类。系统分析的任务是找出系统的所有需求并加以描述,同时建立特定领域模型。建立该模型有助于开发人员考察用例,从中抽取出类,并描述类之间的关系。

（3）进行系统设计并设计类及其行为。设计阶段由结构设计和具体设计组成。结构设计是高层设计,其任务是定义包,包括包间的依靠关系和主要通信机制。包有利于描述系统的逻辑组成部分以及各部分之间的依靠关系。具体设计就是要细化包的内容,清楚描述所有的类,同时使用 UML 的动态模型描述在特定环境下这些类的实例的行为。

总之,从应用的角度看,当采用面向对象技术设计系统时,首先是描述需求;其次根据需求建立系统的静态模型,以构造系统的结构;最后是描述系统的行为。

UML 是进行系统分析和设计的重要工具,数据库系统设计中,常应用 UML 表示中的类图来进行实体关系建模。

6.2.3　UML 的信息建模

本节介绍 UML 类图的一个子图,它适用于数据库系统设计的信息建模(或 E-R 建模),以得到较准确的信息模型。为了更好理解 UML 在数据库设计中扮演的角色,本部分仅描述 UML 如何表示信息建模的核心元素。

1. UML 中的实体型

实体型可表示具有相同结构的一系列实体的类型,根据它能生成仅通过标识和状态互相区别的任意数目的实体对象。UML 中表示实体型的元素是类(Class)。

类一般用矩形表示,该矩形分为三个部分:一是类的名称;二是类的属性,包括属性名、属性的类型,可含属性的其他细节,比如主键、初始值等(该部分在缩略图中可以省略);三是类的行为(当不需考虑实体型的行为时,该部分可省略)。

UML 是一种面向对象的建模语言,类图和 E-R 图之间的主要区别在于,E-R 图中的实体属性出现在矩形之外的椭圆中,而在 UML 类图中,属性直接出现在矩形中。与实体型人员、学生相关的 UML 类如图 6-5 所示。

(a)

(b)

图 6-5　UML 类的示例

说明:UML 类以多种方式扩展了 E-R 图中的实体型。第一,UML 类可包含实体上操作的方法,使得设计者可定义由类产生的实体上可执行的操作;第二,UML 将包括对象约束语言,可在 UML 图中直接定义某些约束类,这些约束可立刻在单个或多个类上引入限制;第三,UML 类有扩展机制,可在 UML 表示中增加额外特性,从而更适于数据库设计。

例如,UML 中类的属性可以是集值的。这根据相关属性上的一个约束来指定。在图 6-5(a)中,hobbies 属性的约束为[0..＊],表明该属性可以有任意多个值(包括 0)。还可在 UML 类中增加额外表示,在图 6-5(b)中,标签＜＜PK＞＞附加到属性 id 上来表示一个类的主键;用附加＜＜Invariant＞＞ 标签表示 student 类的所有对象平均成绩高于80 的约束。

2. 在 UML 中表示联系

在 UML 中,类之间的联系被称为关联,而联系类型被称为关联类型。UML 图为关联类型附加了比在 E-R 图中更丰富的语义,下面将介绍这些机制。

(1) 不带属性的关联。同 E-R 图一样,类(即实体型)之间通过关联相联系,这些类的成员可能在关联中扮演不同的角色。为描述清楚起见,可以为角色显式命名。如图 6-6 给出了 E-R 图中一些 UML 类的关联示例。在图 6-6(a)中,subordinate 表示 emp类中的“职工”角色,而 supervisor 表示 emp 类中的“管理者”角色,report 则表示关联的名称“汇报”。在图 6-6(b)中,对于二元关联类型,UML 简单地用一条线将关联中涉及的类连接起来,并标上关联的名称。当涉及的类超过两个时,UML 同 E-R 图一样用一个菱形来表示,见图 6-6(c)。

图 6-6　UML 类的关联示例

(2) 带属性的关联——关联类。类之间的联系可以具有属性,设计者如何表示联系上的属性信息呢? UML 关联类(association class)可以解决这个问题。一个关联类与一个常规类相似,也用矩形表示,并且包含该联系上的属性,但用一条虚线将它连到一个相关的联系上,这意味着用类的属性来描述关联。带有关联类的 UML 关联示例如图 6-7所示。其中图 6-7(a)表示不带关联类的关联,图 6-7(b)和图 6-7(c)分别表示附加了关联类 worksin、sold 的关联。尽管看上去关联类与联系是独立表示的元素,但关联类和联系的名称必须相关。

3. UML 中的简单约束

(1) 重复度约束。

在 UML 中类之间的联系是为实体型指定的。联系双方线上的数字指定了参与该

图 6-7   带有关联类的 UML 关联示例

联系的可能实体(或对象)的数量,称之为"重复度约束",UML 定义了一种一致的方法来表示。

关联到类 A 和类 B 的角色 R 上的一个重复度约束,是附加到 R 上的一个形如 $n..m$ 的范围定义,其中 $n \geqslant 0$ 是一个非负整数,m 要么是 *(表示无限数目),要么是大于等于 n 的整数。该范围给出了类 B 可以关联到另一端类 A 给定实体集中实体数目的下限和上限。另外,简写范围 * 的意思是 $0..*$,范围 1 的意思是 $1..1$。

图 6-7 中标出了几个 UML 中使用的重复度约束。图 6-7(a)表明了为一个关联的两个角色分配的范围。角色 supervisor 上的范围是指一个职员可以有 0 个或 1 个主管;角色 subordinate 上的范围是指一个主管可以管理多个职员,但至少为一个。图 6-7(b)中的范围是指每个教员仅在一个院系中工作,但一个院系可以有任意数目的教员,包括 0 个。

需要特别注意的是:UML 图中使用的范围定义(重复度约束)与 E-R 图中的范围定义(基数)表示形式相似,但范围定义的表示位于联系的不同端,即位置相反。

(2) 外键约束。

与主键约束类似,数据库设计者一般使用附加到属性上的<<FK>>标签来表示外键。图 6-8 给出了 UML 中的几种简单约束。注意:要求不同类中的相关属性具有相同名称。否则,将不能确定哪个主键被外键参照。例:worksin 关联类中<<FK>>的意思是 worksin 中的属性 profid 参照 Professor 的主键属性来取值。

(3) 关联中的键约束。

UML 允许在图的花括弧中放任意多的文字。此类文字用于帮助理解 UML 中的约束,例如,在图 6-8(b)中,对联系 sold 的约束使用的注释是{key:customer,product,date}。在 UML 中,这个注释本身没有什么意义,但是设计组和程序员组采用内部约定,可使得该注释具有特定的意义。

6.2.4   UML 的高级建模

现在讨论高级建模中的 UML 基本表示。

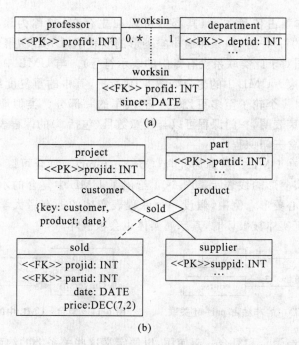

图 6-8   UML 中的几种简单约束

1. 类层次

在 UML 中,超类与子类联系被称为一般联系,用一个实心箭头表示,它从一个子类指向一个超类。图 6-9 表示了两例 UML 中一般联系的类层次。

图 6-9   UML 中一般联系的类层次

正如在 E-R 图中一样,多个一般联系可以被合并,直接在 UML 图中标出覆盖和不相交约束,如图 6-9(b)所示。在图中,花括号内的关键字 complete 表示覆盖约束,该约束是指任何学生必须属于 freshman、sophomore 等 4 类之一,关键字 disjoint 表示子类不相交约束。花括号形式正是约束所要求的 UML 注释。

2. 依赖关系

依赖关系(即 Part-of 联系)是需要依赖的两个实体型之间的一种关系。UML 分为两种形式的实体型间的依赖关系。

在 UML 中,非独占依赖关系(其部分可以独立存在)被称为聚合(Aggregation)。UML 聚合用特殊的符号——一条带有中空菱形的线表示,UML 中聚合是在聚合方用中空菱形表示(E-R 图对于此类联系没有专门的表示符号)。与 UML 中的聚合相伴随的常是适当的重复度约束。UML 中的聚合如图 6-10 所示,其中的重复度约束表明每辆汽车一定有 4 个轮子,且一个轮子至多可以是一辆汽车的一部分。类似地,学校课程表与课程之间的重复度约束表明,一门课程可以与任意数目(包括 0)的课程表相关,但任何一个课程表必须至少包含三门课程。

独占依赖关系在 UML 中被称为复合(Composition)。复合可以被看作一种特殊的聚合,用一端带有实菱形的线表示。图 6-11 给出了 UML 中复合的示例,复合被表示为在聚合方的一个实心菱形。例中,假设一个课程表实体的拥有者大学实体被破坏,则它也会被破坏,当职工实体被破坏时,其亲属实体也会被破坏。

图 6-10   聚合:UML 中的非独占 part-of 关联

图 6-11   复合:UML 中的独占 part-of 关联

范围定义可以与聚合和复合一起使用,以便定义这些关系上的约束条件。

图 6-12 总结了 UML 图中使用的主要符号。

图 6-12   UML 主要符号总结

6.2.5   信息模型与 UML 表示

1. 信息模型设计

信息模型常用 E-R 图来表示。由于 E-R 图的基本组件和 UML 的非常相似,UML 类图向数据模型(如关系模型)的转换与 E-R 图转换的方法是相同的,主要问题是如何正确转换存在于图中的约束,这里不再讨论。下面通过一个经纪公司的例子用图示来说明 E-R 图对应的 UML 表示。

【例 6.1】   有价证券公司是一个经纪公司,它为客户买卖股票。因此,主要参与者是经纪人和客户。该公司在不同的城市地点设有营业厅,每个营业厅有一个主管;每个经纪人在营业厅之一工作,一个经纪人可以是其所在的一个营业厅的主管。

一个客户可以有多个账户,且任何账户可以有多于一个拥有者。每个账户只能被至多一个经纪人管理,一个经纪人可以管理多个账户,但在一个给定营业厅中,一个客户不能有多个账户。

需求是设计一个管理上述信息的数据库。首先给出使用 E-R 图建模的设计,然后对照讨论其在 UML 中的表示。

可用图 6-13 所示的客户/经纪人信息的 E-R 图来表示上述需求的设计。这里,引入一个三元关系 hasaccount,{client,office} 是一个候选键,该键保证了在一个给定营业厅,一个客户至多可以有一个账户。此外,ishandledby 联系涉及账户和经纪人,一个经纪人可管理多个账户。

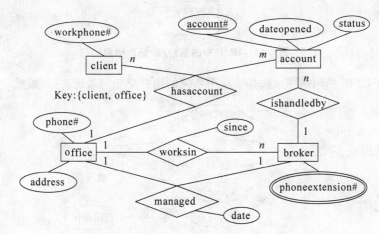

图 6-13　客户/经纪人信息的 E-R 图

2. UML 表示

对于图 6-13 所示的客户/经纪人信息的 E-R 图,其 UML 表示如图 6-14 所示。需了解两者一些明显的不同:UML 表示在矩形中显示的属性描述了类,主键和候选键用 <<PK>> 和 <<UNIQUE>> 标签表示,用重复度约束来表示联系的范围,附属于联系的属性,如联系 worksin 上的 since 和 managed 上的 date,需要用单独的关联类表示,用虚线连接。

除此之外,UML 图特别关注重复度约束的定义。这些约束是:不限制关联于一个特定账户和营业厅的客户数目;每个账户只被一个经纪人处理;每个营业厅可以有任意数目的经纪人。指派给角色 Account 的重复度约束声明,一个特定的“客户-营业厅”对可以与任意数目的账户关联,这不符要求。但是这个问题可以通过附加到 hasaccount 关联上的键来解决,它保证了通过该关联,任何给定的“客户-营业厅”对可以与至多一个账户关联。

3. 其他 UML 表示

必须指出,UML 表示的其他部分对于数据库应用系统的建模也是有用的。如:

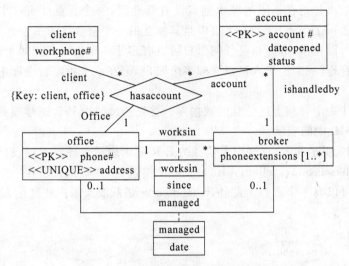

图 6-14 UML 中的客户/经纪人信息

（1）引入 UML 的用例图来描述该应用系统的用户交互与系统功能，如图 6-15 所示。

图 6-15 UML 的用例图示例

（2）用 UML 顺序图来构建用例的动态方面，如图 6-16 所示。

图 6-16 UML 的顺序图示例

（3）用 UML 状态图来描述该系统中不同对象的行为，如图 6-17 所示。

图 6-17   UML 的状态图示例

(4) UML 活动图可用于说明行为是如何协同的,如图 6-18 所示。

图 6-18   UML 的活动图示例

(5) 协作图可用于描述组成复杂系统的不同对象之间的交互,如图 6-19 所示。

图 6-19   UML 的协作图示例

(6) 需要有如图 6-20 所示的构件图、如图 6-21 所示的部署图等更多的内容来描述整个系统的构建。

图 6-20   UML 的构件图示例

有关这部分更详细的内容将在软件工程课程中学习。

图 6-21　UML 的部署图示例

6.3　对象关系数据库系统

6.3.1　对象关系数据库系统概述

在关系数据库系统之上增加面向对象的若干功能,使系统在保留关系模型优势的基础上又具有一定的面向对象机制,这是关系数据库发展的主流方向。对象关系数据模型以扩展的方式提供了复杂数据类型和面向对象的特性,扩充关系查询语言以处理更丰富的数据类型。目前高端的关系数据库产品都具有面向对象的特征与功能,此类系统称为对象关系数据库系统。

对象关系数据库系统是面向对象数据模型和关系数据模型相结合的产物。1990 年,由 Stone brake 等人组成的高级 DBMS 功能委员会发表的《第三代数据库系统宣言》一文中对数据库系统进行了划分。将层次和网状数据库系统称为第一代数据库系统,将关系数据库系统称为第二代数据库系统;将对象关系数据库系统称为第三代数据库系统。第三代数据库系统有如下三条原则:

(1) 支持对象类及其继承机制。

(2) 包含关系数据库系统的所有功能。

(3) 支持开放系统。

虽然用户使用对象关系数据库时必须同时掌握面向对象和关系的概念,而且部分实现了对象关系概念的数据库还并不支持对象的继承性,但作为第三代数据库系统的对象关系数据库系统,它能更好地满足快速发展的多媒体应用、网络应用和新的不断增长的商业应用的需求。

对象关系数据库管理系统支持面向对象数据模型,支持模块化设计和软件重用。它把程序设计的主要活动集中在建立对象和对象之间的联系上,从而完成所需要的计算与操作。一个面向对象的程序就是相互联系的对象集合。对象关系数据库系统结合了关系数据库系统与面向对象数据库系统两方面的特征,它除了具有关系数据库系统的各种特点外,还应该提供以下特点:

（1）扩充数据类型。如可定义数组、向量、矩阵等数据类型以及进行相关的操作。

（2）支持复杂对象。支持由多种基本数据类型或用户自定义数据类型构成的对象。

（3）支持继承机制。子类可继承超类的属性和方法,还可以定义自己特有的性能。

（4）提供通用规则。增强数据库的功能,使之具有主动数据库和知识库的特性。

对象关系数据库管理系统既具备关系 DBMS 的功能,又具有支持面向对象的特性,主要是能扩充基本类型、支持复杂对象、增加复杂对象继承机制、支持规则系统。

6.3.2 对象关系数据模型

由于面向对象数据模型和关系模型都存在需要改进的地方,导致了对象关系数据模型的出现,它是面向对象数据模型与关系模型结合的产物,它扩展关系模型的方式是提供一个丰富的类型系统,它包含复杂数据类型和面向对象的特性。关系查询语言需要作相应扩展以处理这些更丰富的类型系统。这种扩展在扩展建模能力的同时保留关系的基础。

1. 对象关系数据模型的要素

对象关系数据模型的三要素为:

（1）数据结构：类层次的对象与表结构(允许包含嵌套表)。

（2）数据操作：使用扩展的关系数据库语言进行对象与表的操作。

（3）数据的完整性约束：存在对象类、父子约束,对象与表约束、引用约束等。

图 6-22 所示的是一种数据库产品中所实现的对象关系数据结构。

图 6-22 对象关系数据结构示例

2. 相关概念与技术

（1）嵌套关系模型。在关系数据模型中,关系必须满足规范化要求,它要求所有的属性都具有原子性,即属性(值)是不可再分的。但并非所有的应用都是按规范化建模最好。例如,某些应用的用户将数据库看成是对象的集合,而不是记录的集合。而其中的每个对象可能是复杂对象,需要多项内容来表示。

嵌套关系模型是关系模型的一个扩展,它允许一个关系的属性值可以是满足规范化要求的值,也可以是另一个关系的元组,从而使一个复杂的对象可以用嵌套关系中的一个元组表示。因而能表示复杂结构类型以及创建复杂类型的值。

(2)类型的继承。包括属性的继承和方法的继承。一个类型从它的类层次的直接、间接祖先(超类)中继承所有的属性和方法。子类型可通过声明重载方法来取代原来的方法,以重新定义该方法的作用。

继承可以是在类型(Type)一级,也可以是在表(Table)一级。在表一级,允许把数据库中的所有关系组成一个类层次,它是一个有根有向的无环图,子关系可从一个或多个父关系中继承列和过程。

(3)表继承。如果一个子表和一个父表中的元组对于所有的继承属性具有相同的值,则称子表中的元组对应着父表中的元组。因此,相对应的元组表示的是同一个实体。

现在可以定义子表和父表的一致性需求如下:

① 父表中每个元组最多可以与每个直接子表中的一个元组相对应。

② 子表中每个元组在父表中恰有一个元组对应,并在继承的属性上有相同的值。

(4)引用类型。面向对象的语言提供了引用对象的功能,所以类型的一个属性可以是对一个指定类型的对象的引用。

(5)复杂数据操作。SQL3 提供了查询和操作对象的功能。在数据类型扩展的同时,对复杂类型的查询也作了扩展。此外,数据表中的列可以定义为大对象数据类型,可以对它进行插入、删除、修改、查询操作以及赋值、比较等运算。

6.3.3　扩充的数据类型

传统关系数据库系统采用的是符合范式要求的规范化的关系模式,每个属性的取值均是一个不可分割的标量值,且一般只提供字符、数值、日期、时间、逻辑等几种简单数据类型,无法满足对复杂数据对象的描述需要,因此,在对象关系数据库系统中引入了多种扩充的复杂数据类型,包括以下几类:

(1)结构化数据类型。允许每个属性的取值是一个结构化的值,因此,引入日期(年,月,日)、时间(时,分,秒)和时间戳(日期,时间)等结构化的数据类型。

(2)聚集数据类型。允许每个属性的取值可以是一个集合值,包括:集合(Set),数组(Array),序列(List)和包(Bag)4 种集合数据类型。

(3)空间数据类型。可以使用表示平面和三维空间数据对象的几何拓扑数据类型,包括:点、线、面、角度等。

(4)度量衡数据类型。可以使用各种度量单位类型,如用于表示长度、重量、货币等方面的多种不同的度量单位及其相互转换规则。

除了上述复杂数据类型之外,一般还提供自定义数据类型的功能,用户可以定义自己需要的复杂数据类型,而且数据类型可以嵌套。这些数据类型一经定义,便以持久形式保存在数据库系统中,用户可以像使用一般数据类型一样使用这些复杂数据类型。

标准数据库语言 SQL3 在以前版本的基础上扩充了数据类型,其主要扩充类型如下：

(1) 聚合类型：ARRAY 类型。

(2) 行类型：ROW 类型。

(3) 大对象类型：LOB 类型。

(4) 结构类型（自定义所需的嵌套等复杂类型）。

(5) 引用/参照类型：REF 类型。

(6) 自定义域类型（用户自定义属性的域）。

(7) 三值逻辑类型：BOOLEAN 类型。

(8) 区分类型：DISTINCT 类型。

(9) 抽象数据类型：ADT(Abstract Data type)类型。

6.3.4　常用的复杂类型

上述类型中，在第 2 章的 2.4 节中已涉及过自定义域类型、三值逻辑类型。下面介绍几种常用的复杂数据类型。

1. 聚合类型

在 SQL 中聚合类型就是数组，它是元素的集合。聚合类型为一维数组即元素不能再是数组。定义聚合类型的 SQL 语句常用形式为：

<数据类型>ARRAY [<无符号整数>]

其中，<无符号整数>给出数组元素的最大数目；方括号[]是确定的符号，不是缺省标志括号。

使用数组元素的 SQL 语句形式为：

<数组变量名>[<数值下标变量>]

【例 6.2】 使用聚合类型 ARRAY 建立一个地址表，并插入一行数据。

```
CREATE TABLE mailout
    (name VARCHAR(8),
     address VARCHAR ARRAY[3]);
INSERT INTO mailout(name,address)
VALUES('Wang',ARRAY['20 Hongsang Road','Wuhan','430079']);
```

引用数组元素的 SQL 查询语句为：

```
    SELECT name
FROM mailout
WHERE address[3]='430079';
```

2. 行类型

在 SQL 中行类型变量的值是关系表中的一行（元组），同一个表中的所有的行具有相同的行类型。定义行类型的目的是为了将一个完整的行存储在变量中,供程序使用。

定义行类型的 SQL 语句一般格式为:

ROW(<列名><数据类型>[{,<列名><数据类型>}…])

属性列引用的 SQL 语句格式为:

<行变量>.<列名>

【例 6.3】　使用行类型建立一个表,并查询其中的数据。

```
CREATE TABLE lineage
    (name CHAR(8),
    status CHAR(10),
    lastone ROW(baby CHAR(8),birth DATE));
…  //插入数据操作
    SELECT name,status,lastone
    FROM lineage
    WHERE lastone.baby='Liming';
```

3. 大对象类型

大对象(Large Object,LOB)数据类型主要用于多媒体数据,如大型文件、视频、音频等。大对象的长度可以达到 2GB 字节,甚至更大。因此 SQL3 提供了新的字符型大对象数据类型(CLOB)和二进制大对象数据类型(BLOB)。数据表中的列可以定义为大对象数据类型,可以对它进行插入、删除、修改、查询操作,以及赋值、比较、连接、取子串等运算。

【例 6.4】　大对象数据示例。

```
CREATE TABLE mail
    (origin VARCHAR(20),
    address VARCHAR(20),
    arrival DATE,
    message BLOB(10M));
```

大对象一般被用于外部应用,通过 SQL 对它们进行全体搜索是毫无意义的。所以,应用程序一般只检索大对象的“定位器”(Locator),然后用定位器从宿主语言中操作该对象。例如,JDBC 允许程序员分成小片来存取一个大对象,而不是一次取出来。

插入:

```
INSERT INTO mail(origin,address,arrival Timestamp,message)
VALUES('Shanghai','Beijing',DATE'2009-12-01',X'Hello!')
```

查询:

```
SELECT message
FROM mail
```

```
WHERE message=X'Hello!';
```

在上面的这个例子中,可用"X'Hello!'"这个定位器来操作该大对象。

4. 结构类型

SQL3 标准中结构类型的使用如下例:

【例 6.5】 结构类型示例,创建表 6-1 所示的文档类型的表。

表 6-1 文档类型的表 doc

标题(title)	编号(sno)	作者(authors)	日期(day,month,year)	摘要(keywords)
销售报告	S20090710	(Jackie,Smith)	(10,7,2009)	(盈利,销售报告)
进货报告	B20090711	(Jones,Andrew)	(11,7,2009)	(缺货,进货报告)

方法 1:先创建结构类型,再建表。

```
CREATE TYPE mydate
    (day INT,
    month VARCHAR(20),
    year INT);
CREATE TYPE document
    (title VARCHAR(20),
    sno VARCHAR(10),
    authors VARCHAR ARRAY[5],
    date mydate,
    keywords VARCHAR ARRAY[6]);
CREATE TABLE doc OF TYPE document;
```

第一个语句定义了结构类型 mydate,包含日(day),月份(month)和年份(year),第二个语句定义了一个比较复杂的类型 document,包含名称(title),文档的作者数组(authors),一个结构类型的属性(date)和一个关键字数组(keywords)。最后一个语句创建一个文档类型的表 doc。

方法 2:直接创建表 doc 而不用创建中间类型。

可以直接定义 E-R 模型中的复合属性。行类型(ROW)在 SQL3 中用来定义复合属性。例如:可以直接定义属性 date 为:

```
date ROW(day INT,month CHAR(10),year INT)
```

而不必创建一个新的类型。当然也可以直接创建表 doc 而不用创建中间类型,例如:

```
CREATE TABLE doc
    (title VARCHAR(20),
    sno VARCHAR(10),
    authors VARCHAR ARRAY[5],
    date ROW(day INT,month CHAR(10),year INT),
```

```
keywords VARCHAR ARRAY[6]);
```

下面举例说明复杂类型的值的创建。

在 SQL3 中,对象相当于关系中的元组,通过在关系中插入一个元组来创建对象。

以下语句在 doc 关系中插入一个元组:

```
INSERT INTO doc
VALUES('收入表','B20040708',ARRAY['Richards','Lucy','Jacky'],date(9,'July',
2004),array['盈利','销售报告']);
```

6.3.5　继承和引用

继承可以是在类型(Type)一级,也可以是在表(Table)一级。

在表一级,允许把数据库中的所有关系组成一个类层次,它是一个有根有向的无环图,子关系可以从一个或多个父关系中继承属性和操作方法。

1. 类型继承

SQL3 标准中类型继承的使用示例。

【例 6.6】　对于图 6-23 所示类型继承,给出其类型继承的定义。

```
CREATE TYPE person
    (id_no INT,
    name VARCHAR(20));
CREATE TYPE studs
    (degree VARCHAR(20),
    department VARCHAR(20))
    UNDER person;
CREATE TYPE staff
    (salary VARCHAR(20),
    department VARCHAR(20))
    UNDER person;
```

图 6-23　类型继承

studs 和 staff 都继承了 person 的属性(即 id_no 和 name),它们被称为 person 的子类型,person 是 studs 的超类型,同时也是 staff 的超类型。

类型的继承,包括属性的继承和方法的继承。一个类型从它的类层次的直接、间接祖先(超类)中继承所有的属性和方法。子类型可以通过声明重载方法来取代原来的方法,以重新定义该方法的作用。

在 SQL 中和其他语言一样,一个结构类型的每个值被创建时必须关联到一个确定的类型,称为它的最明确类型。比如,假定一个实体具有类型 person 特征,同时还具有类型 studs 特征,那么这个实体的最明确类型是 studs,因为 studs 是 person 的子类型。

SQL3 只支持单重继承,不支持多重继承。

2. 表继承

SQL3 标准中表继承的使用。

【例 6.7】 对于图 6-24 所示的表继承，给出其表继承定义。

```
CREATE TABLE people OF person;
CREATE TABLE students OF studs
    UNDER people;
CREATE TABLE staffs OF staff
    UNDER people;
```

图 6-24 表继承

其中，子表的类型必须是父表的类型的子类型。

如果一个子表和一个父表中的元组对于所有的继承属性具有相同的值，则称子表中的元组对应着父表中的元组。因此，相对应的元组表示的是同一个实体。

可以定义子表和父表的一致性需求如下：

(1) 父表中每个元组最多可以与每个直接子表中的一个元组相对应。

(2) 子表中每个元组在父表中恰有一个元组对应，并在继承的属性上有相同的值。

第一个条件防止了在 students(staffs)中有两个元组与同一个人符合，第二个条件排除了 people 中的一个元组分别符合 students 和 staffs 的一个元组的情况。由于 SQL3 不支持多重继承，所以第二个条件实际上阻止了一个人既是学生又是教职工。

3. 引用

引用是对象之间的合成关系的一种表示形式。在对象关系数据库系统中，允许类型中的一个属性的取值是另一个类型中的对象，从而建立这两个类型之间的引用关系。

对表中的元组也可以引用，如果将一个元组也看成一个对象，既可以通过元组中的主键实现对元组的引用，也可以通过其对象标识符实现对元组对象的引用。

在对象关系数据库系统中，可以使用自定义数据类型功能将一张表定义为一个类型，然后使用该类型来定义另一张表中的属性，从而形成表之间的嵌套定义功能。这种嵌套定义是不允许出现循环结构的。而对元组的引用可以构成循环引用结构。

面向对象的程序语言提供了引用对象的功能，所以类型的一个属性可以是对一个指定类型的对象的引用。

【例 6.8】 在 SQL3 中可以定义一个 class 类型如下：

```
CREATE TYPE class
    (classname VARCHAR(20),
    monitor REF(person)SCOPE IS people);
    CREATE TABLE classes OF class;
```

它有一个 name 属性和一个引用到 person 类型的 monitor 属性，这里引用限制在 people 表中的元组。在 SQL3 中，这种限制是强制的，它使引用的行为与外键类似。

当初始化一个引用属性时，需要得到被引用元组的标志符。可以通过查询来得到一个元组的标志符的值：

```
INSERT INTO classes
VALUE('00514班',null);
UPDATE classes
SET monitor= (SELECT REF(p)
              FROM people as p
              WHERE name='张三')
WHERE name='00514班';
```

在 SQL3 中，被引用的表必须有一个属性来存储元组的标志符，它在任何时刻都能唯一标志元组。它只是一个简单的标志，与该元组的物理值无关。在表中插入元组时，对象标识符 oid 属性的值由 DBMS 自动生成。

【例 6.9】 有三种使用元组标志符的方法。

(1) 自引用属性。

```
CREATE TABLE people OF person;
REF IS oid SYSTEM GENERATED;
```

REF IS 子句声明这个自引用属性。上面的子查询将会用 SELECT p. oid 来代替 SELECT REF(p)。自引用属性的类型必须是被引用的表的类型中的一部分。

(2) 用户生成的标志符。

```
CREATE TYPE person
    (id_no INT,
     name VARCHAR(20))
     REF using VARCHAR(20);
CREATE TABLE people OF person
REF IS oid USER GENERATED;
```

当向 people 插入元组时，必须提供标志符的值：

```
INSERT INTO people
VALUES('0123456','200031500755','John');
```

这里'0123456'是用户生成的标志符。people 的父表或子表中均不可能出现具有同样标志符的元组。这样可直接用该标志符向 classes 中插入一个元组：

```
INSERT INTO classes
VALUES('00514班','0123456');
```

(3) 用主键的值做标志符。

在类型定义中使用 REF FROM 子句：

```
CREATE TYPE person
   (id_no INT PRIMARY KEY,
    name VARCHAR(20))
REF FROM(id_no);
```

```
CREATE TABLE people OF person
    REF IS oid DERIVED;
```

注意表定义必须指明引用来源，而且必须指定一个属性名。这样，就可以在 classes 中插入元组：

```
INSERT INTO classes
VALUES('00514班','200031500755');
```

【例 6.10】　类型继承与引用例。类型继承与引用可一起使用，如图 6-25 所示，教工类型与院系类型具有相互引用的联系。描述其类层次及联系的 SQL 定义如下：

```
CREATE TYPE person
    (id_no INT,
     name VARCHAR(20));
CREATE TYPE studs
    (degree VARCHAR(20),
     dept VARCHAR(20))
     under person;
CREATE TYPE staff
    (salary VARCHAR(20),
     dept VARCHAR(20))
   under person;
CREATE TYPE depart
    (id INT,
     manager REF(staff)
     addr VARCHAR(20));
ALTER TYPE staff
ADD ATTRIBUTE deptno REF(depart);
```

图 6-25　继承与引用

说明：其中 manager 引用了 staff 的对象标识符(oid)。

6.3.6　数据的查询

1. 复杂数据的查询

SQL3 提供了与 SQL2 同样的查询和更新表中数据的功能，并在 SQL2 的基础上提供了查询和操作对象的扩展。

在数据类型扩展的同时，对复杂类型的查询也要做一些变化。

【例 6.11】　找出例 6.5 文档中销售报告的年份。设计如下：

```
SELECT title,date.year
FROM doc
WHERE title='销售报告';
```

ORDBMS 显著特点是用扩展的关系查询语言来定义、获取以及操作对象类数据。

【例 6.12】　设有一个表 emp(emp_id,name,address,emp_photo)

```
CREATE TABLE emp
    (emp_id INT NOT NULL,
     name VARCHAR(20),
     address VARCHAR(20),
     emp_photo IMAGE);
```

说明：设 IMAGE 是一个类，emp_photo 是该类的对象，可用其方法操作对象。

ORDBMS 允许用户查询数据库以选择所有满足查询条件的对象的能力，即对复杂对象的内容选择能力。SQL3 扩展了复杂数据类型的内容选择。

【例 6.13】　按一照片查 emp 表，看是否有一个职员照片与给定的照片相同，然后显示满足条件的职员数据。设有一张本地照片图像，名为 my_photo：

```
SELECT *
FROM emp
WHERE emp_photo LIKE my_photo;
```

内容选择是个强有力的特点，它允许用户搜索与多媒体对象匹配的信息，如图像、音频或视频片段等。

2. 路径表达式

在 SQL3 中对引用的内容可以用-＞符号。如对例 6.8 中的 classes 表，找出每个班级的班长名字：

```
SELECT monitor->name
FROM classes;
```

像 monitor-＞name 这样的表达式被称为路径表达式。

由于 monitor 是对 people 表中的元组的引用，上述查询就是对 people 表中元组的 name 属性进行查询。

3. 以集合为值的属性

虽然数组是 SQL3 支持的唯一的一种集合类型，但是对于以关系为值的属性也使用同样的语法。

假定知道例 6.5 中的文档有两个作者，可以这样查询：

```
SELECT authors[1],authors[2]
FROM doc;
```

如果想找出关键字中包含"盈利"的文档，可以使用以下查询：

```
SELECT title
FROM doc
```

```
WHERE '盈利' in(UNNEST(keywords));
```

请注意使用 UNNEST(keywords)的位置,在无嵌套关系的 SQL 中,这个位置要求是一个 SELECT-FROM-WHERE 的子表达式。

4. SQL 的层次表查询

用 SQL 对有继承层次的表查询或更新时,对某个表的查询是对该表和其所有子表中对象集合的查询。

【例 6.14】　查 people 表上 1980 年以前出生的人。

```
SELECT id_no,name,birth
FROM people
WHERE birth <1980;
```

结果包括了所有表上符合条件的人。

5. 嵌套与解除嵌套

将一个嵌套关系转换成具有更少(或无)以关系为属性值的过程称为解除嵌套。

【例 6.15】　doc 关系中有 authors 和 keywords 两个是集合属性(数组),同时还有两个 title 和 date 不是集合属性。如果想将该关系转换成简单一点的关系,使其包含嵌套关系或结构类型的属性变少。可以使用以下的查询:

```
SELECT title,sno,A as author,date,K as keyword
FROM doc as B,UNNEST(B.authors)as A,
UNNEST(B.keywords)as K;
```

FROM 子句中的变量 B 被声明为以 doc 为取值范围,变量 A 被声明为以文档 B 的 authors 中的作者为取值范围,同时变量 K 被声明为以文档 B 的 keywords 中关键字为取值范围。表 6-2 中的表 new_doc 是上述查询结果形成的规范化关系。

表 6-2　解除一部分嵌套关系的 new_doc 表

title	sno	author	date	keyword
销售报告	S20090710	Jackie	(10,7,2009)	盈利
销售报告	S20090710	Jackie	(10,7,2009)	销售报告
销售报告	S20090710	Smith	(10,7,2009)	盈利
销售报告	S20090710	Smith	(10,7,2009)	销售报告
进货报告	B20090711	Jones	(11,7,2009)	缺货
进货报告	B20090711	Jones	(11,7,2009)	进货报告
进货报告	B20090711	Andrew	(11,7,2009)	缺货
进货报告	B20090711	Andrew	(11,7,2009)	进货报告

将一个规范化关系转换成嵌套关系的逆向过程称为嵌套(nesting)。嵌套可以用 SQL 分组的一个扩展来完成。在 SQL 分组的常规使用中,要对每个组(逻辑上)创建一个临时的多重集合关系,然后在这个临时关系上应用一个聚集函数。可以通过返回多重

集合而不应用聚集函数的方式创建一个嵌套关系。加上嵌套关系的表如表 6-3 所示。

```
SELECT title,sno,author,date,ARRAY(keyword) keywords
FROM new_doc
GROUP BY author;
```

表 6-3　加上嵌套关系的表

title	sno	author	date	keywords
销售报告	S20090710	Jackie	(10,7,2009)	(盈利,销售报告)
销售报告	S20090710	Smith	(10,7,2009)	(盈利,销售报告)
进货报告	B20090711	Jones	(11,7,2009)	(缺货,进货报告)
进货报告	B20090711	Andrew	(11,7,2009)	(缺货,进货报告)

6.3.7　自定义函数与过程

SQL3 允许用户自定义函数、过程。定义的方法是通过 SQL3 的有关语句,或者通过外部的程序设计语言,例如 Java,C 或 C++ 等来实现。有些数据库支持表值函数,即返回关系作为结果。

1. 自定义 SQL 函数、过程

（1）自定义函数。

【例 6.16】 设有一个学生选课表,定义一个函数,返回给定学生选课数。

```
CREATE TYPE gty(course VARCHAR,grade INT,date mydate);
CREATE TYPE stud1(
       name VARCHAR,
       cg gty ARRAY[20]);
CREATE TABLE scg OF TYPE stud1;
CREATE FUNCTION course_count(name VARCHAR(20))
    RETURN INTEGER AS
    SELECT count(cg)
    FROM scg
    WHERE scg.name= name;
```

下面这个语句查询选课数比 jackie 选课数还多的学生的名字:

```
SELECT name
    FROM scg
    WHERE course_count(scg.name)>course_count('Jackie');
```

（2）定义过程。

【例 6.17】 设表 authors（title，author），统计指定书名的作者人数。

```
CREATE PROCEDURE acount(title VARCHAR(20),a_count INT)
BEGIN SELECT COUNT(author)into a_count
```

```
    FROM authors
    WHERE authors.title=title;
END
```

过程用 call 从 SQL 或嵌入式 SQL 调用,例如从 SQL 调用如下:

```
DECLARE a-count INT;
CALL acount('Database',a-count);
```

(3) 创建方法。

SQL 方法可视为与类型相关联的函数,具有隐含的参数 self,方法中可用 self 引用类型对象的属性值。

【例 6.18】　定义结构类型时创建方法。定义如下:

```
CREATE TYPE employee
   (name VARCHAR(20),
    salary INT)
   METHOD give_raise(percent INT))
```

单独定义方法体:

```
CREATE METHOD give_raise(percent INT) FOR employee
BEGIN
    SET self.salary=self.salary+(self.salary * percent)/100;
END
```

使用时,通过对象调用方法来实现操作。

2. 抽象数据类型与函数

SQL3 中的复合对象主要来自两种形式:行类型与抽象数据类型。

行类型的对象基本上对应关系中的元组。行类型可以被引用作为另一行类型的分量;可通过具有引用类型的属性,直接引用行对象。而抽象数据类型可以作为元组分量的一般对象。

(1) 抽象数据类型——ADT。SQL3 中的 ADT 定义格式如下:

```
CREATE TYPE(类型名)(属性及其类型的列表
EQUALS <实现相等函数的名字>|LESS THAN <实现小于函数的名字>
    //该类型的相等和小于函数的可选说明
该类型的函数(方法)的说明);
```

如果定义了相等和小于函数,那么在 WHERE 子句中就可以比较 ADT 的值。

可以把由街道和城市分量组成的地址定义为行类型或 ADT。下面是地址的 ADT 定义:

```
CREATE TYPE addradt(
street CHAR(50),city CHAR(20),
EQUALS addreq,LESS THAN addrlt);        //addreq 和 addrlt 为 ADT 函数名
```

（2）ADT 函数的定义。

ADT 函数的定义在 ADT 的属性表之后，可以增加任何函数说明的列表。

函数说明的格式如下：

FUNCTION<名字>(<自变量>)RETURNS<类型>;

【例 6.19】 设计一个构造函数和三个内部函数以及一个外部函数。可以把这些函数和上面有关地址的 ADT 定义合在一起作为一个完整的示例。

```
FUNCTION addradt(:s CHAR(50),:c CHAR(20))              //形如":x"的符号为语言变量
RETURNS addradt
:a addradt;
BEGIN
:a:=addradt();
:a.street :=:s;
:a.city :=:c;
RETURN :a;
END;
FUNCTION addreq(:a1 addradt,:a2 addradt)
RETURNS BOOLEAN;
RETURN(:a1.street=:a2.street AND :a1.city=:a2.city);
FUNCTION addrlt(:a1 addradt,:a2 addradt)
RETURNS BOOLEAN;
RETURN(:a1.city <:a2.city OR
:a1.city=:a2.city AND :a1.street<:a2.street);
FUNCTION fulladdr(:a addradt)
RETURN CHAR(82);
:z CHAR(10);
BEGIN
:z:=findzip(:a.street,a:city);                         //findzip 为外部函数
RETURN(:a.street‖''‖:a.city‖''‖:z);
END;
```

外部函数 findzip 的说明如下：

```
DECLARE EXTERNAL findzip
CHAR(50)CHAR(20)
RETURNS CHAR(10)
LANGUAGE C++;
```

用程序设计语言定义函数的执行效率要比 SQL 定义函数的效率高，而且有些无法在 SQL 中执行的计算可以由这些函数定义。如需在一个元组的数据上执行复杂的数学计算，可通过外部过程来实现。用外部程序设计语言编写效率高，但需用 SQL3 说明何语言、路径等。

6.3.8　对象关系数据库应用

1. 对象关系数据库查询技术

随着计算机工业的发展和数据库技术的普及,数据库技术被越来越多的领域所关注和采用,一些以前认为不必或不适合于用数据库技术实现的领域纷纷探讨采用数据库技术的问题。于是,存储简单数据,在其上进行复杂查询的关系数据库系统,以及存储复杂数据,而不易进行查询的面向对象数据库系统,都不再能够满足应用的进一步的需要。

一个典型的例子是加州水资源管理局需要对全州的各种水道进行管理。该局的资料库中保存了 50 万张幻灯片,每天需要对它们进行多次存取查询操作,一般需要按照内容进行查询。如查找低水位时的圣巴巴拉水库的幻灯片;查找美洲河岸边一种濒危水禽的图片等。而按照内容对幻灯片或图片进行查找是很困难的。解决方案之一是按照预先定义的概念集建立索引,但是这样做价格昂贵,而且,客户所关心的概念随时间不断发生变化,新的关心焦点可能根本就不在建立索引所依据的概念集中,也就无从查找了。另一个解决方案是按照关键词对幻灯片的标题进行查找,但是实践证明此方法并非有效,因为许多感兴趣的概念并不出现在标题中。于是,人们计划将全部的幻灯片扫描成数据形式,建立数据库加以管理。这就需要数据库系统能够支持对幻灯片的分类,支持对图像数据的存储和理解,支持客户的即席查询等功能。首先就是对查询语言提出了更高的要求,至少需要允许用户自定义数据类型,并自定义这些数据类型上的函数和操作。首先具有这样的能力的正是 SQL3。

由于输入和输出都有可能是用户自定义类型的数据(例如地图,坐标,图像等),因此,原有的工具在新的应用面前显得有些无能为力了。这样的应用强烈要求可视化系统与 DBMS 集成在一起,为用户提供更灵活的界面、更好的性能。要提高系统的运行效率,需要如下的优化策略:

(1) 执行次序的优化。在查询语句的 WHERE 子句中有定义在复杂数据类型上的函数或过程时,应将其放在所有并列的 WHERE 子句的最后执行。

(2) 预计算。当很多查询都应用到某一个定义于复杂数据类型上的函数或过程时,可以在系统空闲时预先对这些函数或过程进行计算,并存储计算结果,以备查询时直接取用。

(3) 空间存取方法。对于空间数据的存取,需要采用栅格文件、R-树等形式来存储数据。DBMS 要处理这类查询,也需要有特定于对象的存取方法。

对象关系数据库正是满足这类应用需求的数据库技术。它是关系世界的 SQL 和对象世界模型基元的结合。它具有面向对象的特性,支持用户定义自己的抽象数据类型,以及由基类组合成复杂的组合类型的能力。它对复杂的 SQL3 查询进行了基于上述几种策略的查询优化,从而支持复杂查询。

2. 对象关系数据库产品

对象关系数据库管理系统在应用中常被称之为对象关系数据库产品。一个有代表性的产品是 Oracle 公司发布于 1997 年的 Oracle8，它是 Oracle 引入面向对象技术的第一个版本，它还支持诸如分布式处理、支持网络计算等许多功能，不仅允许用户以处理关系数据的同样方式来处理对象数据，而且为处理对象数据专门设计了新功能，也可同样用来处理关系数据。这种数据的无缝操作体现了对象技术的精髓渗透到数据库服务器之中，而不是包裹在现有的关系数据库外部薄薄的外壳。

对象关系数据库是一个能存储数据、数据间的关系以及数据行为的数据库。Oracle8 的基础是关系数据库，但它又引入了面向对象的技术。Oracle8 被设计成能够像处理关系型数据那样存储和查询对象数据，同时提供了一致性事务控制、安全备份和恢复、优秀的查询性能，以及可缩放性等的优点。将对象和关系型模型合二为一可以同时拥有关系型数据库的强大功能和可靠性以及对象的灵活性和可扩展的功能。关系数据库方法是在一个低级的层次上，用一系列的表列和行处理数据。面向对象的方法是在更高的层次上处理数据的，它处理包含数据的对象。

对象关系数据库产品面向对象的特点是：

（1）定义新类型与继承。通过用户定义类型的方法来扩展传统的关系数据类型；在创建表时，用户可使用原有的数据类型，也可使用嵌套表等新的特性并定义继承。

（2）定义方法。除了创建对象类型外，用户还可以通过使用过程化的 SQL，定义与这些新的对象类型相联系的方法，并把对象和方法二者封装在一起。

（3）对象引用。对象引用是指向同一个数据库中的其他对象的指针，它可取代常用的外部键的参照完整性方法。在对象引用中，由于使用了对象标识，故不必使用主键。

（4）对象视图。对象视图是在关系型结构的基础上定义的虚拟对象，这样，就能把通常的关系模型信息映射到基于对象结构的格式中。这项技术使用户可以尝试使用面向对象数据模型，而不影响原来的结构，也可以独立地访问对象视图底层的关系结构。

3. 对象关系数据库应用

由于两个方面应用的需求对象关系数据库产品将快速发展。

一方面的应用需求是新的多媒体应用的计算机化。应用的发展正以惊人的速度将复杂数据计算机化。人们正在以难以置信的速度将信息放入互联网，即利用互联网作为传输机制发布信息内容，提供即席查询，其信息内容一般是多媒体对象。每个互联网节点都有一个信息的管理和存取问题。对象关系数据库产品为此提供了很好的手段，数字胶片就是一个例子。有人估计，在今后 10 年中，传统的胶片作为数据的存储媒体可能会消失。像 X 光系统、超声波系统、家庭照相等均采用数字相机进行照相。把产生的数字图像存入计算机中，提供浏览、查询等功能，这些应用具有数以千万计的潜在用户，也为对象关系数据库产品带来广阔的市场。

另一方面的应用需求是：传统的商务数据处理应用深入发展，基于复杂数据的决策支持查询日益增长，对象关系数据库产品为这些应用提供了很好的解决方案。如在一家保险公司里，对机动车险有客户数据库和理赔数据库，作为商务数据处理应用，需要复杂数据的决策支持查询。要支持这样的应用，显然对象关系数据库产品具有极大的优势。类似这种传统应用的深入扩展，大大促进了数据库市场重点向对象关系数据库产品转移。

4. 面向对象数据库与对象关系数据库比较

基于对象的数据库主要包括两类：面向对象数据库与对象关系数据库，其比较如下：

一种是建立在持久化程序设计语言上的面向对象数据库系统，目标是把数据库技术和面向对象技术集成在同一个系统中，能处理复杂数据类型，以满足一些新的应用需求。

另一种是扩展关系模型而构建的具有面向对象特性的对象关系数据库系统，其目标在于通过使用复杂、嵌套的数据类型来使数据建模和查询更加容易。典型的应用包括复杂数据（如多媒体数据）的存储和查询等，满足特殊需求。

这两种类型的数据库系统在市场上都存在并面向不同的市场，不同的应用可以选择不同的系统。

对象关系数据库系统的目标在于通过使用复杂数据类型来使数据建模和查询更加容易。SQL 语言的说明性和能力为防止因程序设计错误对数据造成破坏提供了很好的保护，同时使一些高级优化（例如减少 I/O）相对简单。典型的应用包括空间、地理复杂数据的存储和查询等。

面向对象数据库系统定位于那些由高性能要求的应用。因为持久化程序设计语言提供了对持久数据的低开销存取，并且消除了数据转换的要求。但是，它们由于程序错误而更容易引起数据破坏，并且通常不具有强大的查询能力。典型的应用包括 CAD 数据库。面向对象数据库与对象关系数据库比较如表 6-4 所示。

表 6-4　面向对象数据库与对象关系数据库比较

面向对象数据库	对象关系数据库
从 C++ 出发，引入持久数据	从 SQL 出发，引入复杂类型
导航式查询	结构化的对象查询
符合面向对象语言	符合第四代语言
继承、引用联系	继承、引用、表联系
唯一的对象标识符	对象标识符及主键标识
能表示对象及其联系	能表示对象、表及其联系

6.4　本章小结

因为传统关系数据库系统不适合诸如计算机辅助设计、空间与地理信息系统等数据库应用领域，为处理这些新的领域的应用，基于对象的数据库技术得以提出并迅速发展。

基于对象的数据库系统主要包括两类：一种是建立在持久化程序设计语言的面向对象数据库系统，另一种是对关系模型做了扩展和具有面向对象特性的对象关系数据库系统。

面向对象数据模型是用面向对象的方法构建起来的、可扩充的数据模型。UML 是一种定义良好、易于表达、功能强大且普遍适用的面向对象的建模语言，支持从需求分析开始的软件开发的全过程。UML 是进行系统分析和设计的重要工具。数据库系统设计中,常应用 UML 表示中的类图来进行信息建模。UML 已成为数据库系统设计的一种新方法。

对象关系数据模型是面向对象模型与关系模型结合的产物。对象关系数据库管理系统结合了复杂类型和面向对象的诸如对象标识符和继承等概念与技术,扩展了关系数据库查询语言 SQL 以表示和处理复杂的数据类型,并支持对象的数据操作。

习 题 6

1. 面向对象数据模型的基本思想和主要特点是什么?
2. 面向对象数据模型中对象标识符和关系模型中的键有什么不同?
3. 面向对象数据模型中对象概念和实体-联系模型中的实体概念有什么区别?
4. 对象关系数据库有哪些特点和功能? 如何定义嵌套的表?
5. 举例说明怎样使用引用表示外键联系。
6. 统一建模语言 UML 有哪些特点和作用?
7. UML 的表示主要由哪几类图组成? 与 E-R 图相比,它有哪些优势?
8. 学校中有若干院系,每个院系有若干班级和教研室;每个教研室有若干教员,其中有的教授和副教授每人各带若干研究生;每个班若干学生,每个学生选修若干课程,每门课可由若干学生选修。自行设计各实体的若干属性,用 UML 图表示此学校的信息模型。
9. 设一个海军基地要建立一个舰队数据库系统,包括如下两个方面的信息:

舰队方面:

舰队:舰队名称,基地地点,舰艇数量。

舰艇:编号,舰艇名称,舰队名称。

舰艇方面:

舰艇:舰艇编号,舰艇名,武器名称。

武器:武器名称,武器生产时间,舰艇编号。

官兵:官兵证件,姓名,舰艇编号。

其中:一个舰队拥有多艘舰艇,一艘舰艇属于一个舰队;一艘舰艇安装多种武器,一种武器可以安装于多艘舰艇上;一艘舰艇有多名官兵,一官兵只属于一艘舰艇。

请完成如下设计:

(1) 用 E-R 图表示此学校的信息模型。

(2) 用 UML 图表示此学校的信息模型。

第 3 部分

应　用　篇

第7章

chapter 7

数据库访问技术

本章将介绍几种典型的数据库访问技术,描述数据库应用体系结构,讨论数据库应用系统的开发步骤、数据库产品以及开发工具的选择。

7.1 数据库访问概述

在设计数据库应用程序时,不可避免地会碰到如何访问数据库? 如何使用不同数据库里的数据等问题? 因此本章介绍数据库访问技术。

非过程化 SQL 语言作为一种独立的命令式语言,是联机终端用户在交互环境下使用的,称为交互式 SQL;SQL 的过程化扩展,编程能力有限,主要用于设计服务器上的存储过程,称为 SQL 模块。SQL 语言另外一种使用方式是作为一种数据子语言嵌入到某些高级语言中,通过高级语言程序访问数据库,即嵌入式 SQL(Embedded SQL,ESQL)。此外,应用程序常通过一组调用函数访问不同的数据库,即数据库应用接口方式。

应用程序与 SQL 数据库联系的基本方式有:

(1) 嵌入式 SQL/动态 SQL:将 SQL 语言嵌入到某些高级语言中,借助高级语言的功能实现过程化控制、复杂计算以及操作数据库。

(2) 数据库应用接口:通过应用程序编程接口(API)函数中的参数——SQL 语句,来访问数据库。该方式提供了一种应用程序调用接口,利用它可屏蔽不同系统之间的差异,提供应用系统的可移植性和可扩展性。

(3) SQL 模块:利用 SQL 扩展过程包的功能编程,调用程序模块,来操作数据库。SQL 模块是对 SQL 语句的过程化扩展,常用于数据库服务器存储过程的编程。

本章仅介绍前两种方式,第三种将在第 8 章和第 9 章介绍。

7.2 数据库访问技术之一——嵌入式 SQL

7.2.1 嵌入式 SQL 概述

1. 嵌入式 SQL 的引入

SQL 是一种强有力的非过程性查询语言,实现相同的查询比用通用编程语言要简单得多，那么为什么还要用高级语言访问数据库呢？这是因为：

（1）有些复杂事务性处理单纯使用 SQL 难以完成。存在着不少应用是高度过程化的，还伴随着复杂的计算。虽然 SQL 在逐渐增强自己的表达能力，但一方面扩充的非过程化与计算能力有限，另一方面，太多的扩展会导致优化能力及执行效率的降低。

（2）还有许多应用不仅需要查出数据，还必须对数据进行随机处理。实际的应用系统是非常复杂的，数据库操作只是其中一个部分。有些功能如与用户交互、图形化显示、复杂数据的处理等需借助于其他语言或软件实现。

为了解决这些问题，将 SQL 作为一种数据子语言嵌入到高级语言中，利用高级语言的过程性结构与强大的功能来弥补 SQL 语言实现复杂应用的不足。接受 SQL 嵌入的高级语言，称为主语言（或宿主语言）。标准 SQL 语言可以嵌入到 C/C++、Java、C♯、FORTRAN、Ada、PASCAL、COBOL 等主语言中使用。

2. 嵌入式 SQL 的实现方式

对于主语言中的嵌入式 SQL 语句，通常采用两种方式处理：

（1）预编译方式。

（2）扩充主语言使之能够处理 SQL 的方式。

目前主要采用第一种方式。其主要过程为：先由 DBMS 的预处理程序对源程序进行扫描，识别出 SQL 语句，然后将它们转换为主语言的调用语句，使主语言能够识别它们，最后由主语言编译程序将整个源程序编译成可执行的目标代码。

嵌入式 SQL 语句根据其作用的不同，可分为：可执行语句（数据定义、数据控制、数据操纵）；说明性语句。

说明：在主语言程序中：任何允许出现可执行高级语言语句的地方，都可以写可执行 SQL 语句；任何允许出现说明性高级语言语句的地方，都可以写说明性 SQL 语句。

7.2.2　嵌入式 SQL 方法

使用嵌入式 SQL 需要面对下面三个主要问题：

（1）程序中既有主语言的语句又有 SQL 的语句，如何识别这两种不同的语句。

（2）程序中既有主语言变量又有 SQL 列变量，如何区分这两种不同的变量。

（3）主语言变量一般为标量，而 SQL 中的列变量一般均为集合量，如何实现由集合量到标量的转换。

讨论处理这些问题的技术手段之前先引入一些术语。

1. 嵌入式 SQL 与主语言的接口

1）状态变量 SQLSTATE

SQLSTATE 是 5 个字符的变量，其作用是存储描述系统当前状态和运行情况的数据。状态代码由数字和 A 到 Z 之间的大写字母构成。前两个数字或字母表示：类（一般类别),后面的三个数字或字母表示:子类(特殊类,如果有的话),状态变量的格式如图 7-1 所示。在此,只介绍最重要的类别特征:

说明:00 类表明所有的事情都正常;01 类表明警示;02 类表明无数据;所有的其他类型表明 SQL 语句或执行有错误。

图 7-1 状态变量的格式

在每一个语句执行之后,DBMS 将描述当前工作状态和运行环境的一个状态值放入 SQLSTATE 中,应用程序根据 SQLSTATE 中的信息决定下一步要执行的语句。如果 SQLSTATE 含有任 00、01、02 之外的信息,就必须进行一些纠错操作或者甚至放弃工作。

2) 主变量(Host Variable)

嵌入式 SQL 语句中可以使用主语言的程序变量来输入或输出数据。把这种 SQL 语句中使用的主语言程序变量简称为主变量。主变量根据其作用的不同,分为输入主变量和输出主变量。

(1) 输入主变量。由应用程序对其赋值,SQL 语句引用。利用输入主变量,作为传递参数,可指定向数据库中插入的数据、指定修改数据的值,可以指定执行的操作、指定 WHERE 子句或 HAVING 子句中的条件等。

(2) 输出主变量。由 SQL 语句对其赋值或设置状态信息,返回给应用程序。利用输出主变量,可以得到 SQL 语句的结果数据和状态。

说明:一个主变量可既是输入主变量又是输出主变量。

3) 游标(Cursor)

SQL 语言与主语言具有不同的数据处理方式。SQL 语言是面向集合的,一条 SQL 语句可以产生或处理多条记录。而主语言是面向记录的,一组主变量一次只能存放一条记录。所以仅用主变量难以满足 SQL 语句向应用程序输出数据的要求,为此嵌入式 SQL 引入了游标的概念,用游标来协调这两种不同的处理方式。

游标是系统为用户开设的一个数据缓冲区,存放 SQL 语句的执行结果。每个游标区都有一个名字。游标的作用是用户可以通过游标指针及相关语句逐一获取记录,并赋给主变量,交主语言处理,从而把对集合的操作转换为对单个记录的处理。游标工作示意图如图 7-2 所示。

图 7-2 游标工作示意图

2. 嵌入式 SQL 需解决的问题

使用嵌入式 SQL 必须解决前面提到的三个主要问题:

（1）程序中如何区分主语言语句与 SQL 语句？

SQL 语句在嵌入主语言程序时要加标识。一般前缀标识为：EXEC SQL，结束标识为：END-EXEC（或用分号）。确切格式依赖于主语言。

例如：嵌入到 C 程序中用

```
EXEC SQL <嵌入的 SQL 语句> ;
```

在 Java 中嵌入式 SQL 的格式为：

```
#SQL{<嵌入的 SQL 语句>};
```

（2）程序中如何区分主语言变量与 SQL 的列变量？

SQL 语句中使用的主语言程序变量即主变量是主语言程序与 SQL 语句的共享变量。程序中区分主语言变量与 SQL 的列变量的方法是在主变量前加冒号。如：

```
: name。
```

（3）主语言变量与 SQL 的列变量如何交互、转换？

由于 SQL 的列变量是集合量，这就需要有一种机制：能将 SQL 变量中的集合量逐个取出送入主变量内，供主程序使用。方法是在嵌入式 SQL 中引入游标机制。

3. 嵌入式 SQL 的工作过程

将 SQL 嵌入到高级语言中混合编程，SQL 语句负责操纵数据库，高级语言语句负责控制程序流程。这时程序中会含有两种不同计算模型的语句，一种是描述性的面向集合的 SQL 语句，一种是过程性的记录式高级语言，它们之间应该如何通信呢？

数据库工作单元与源程序工作单元之间的通信主要包括以下几个步骤：

（1）主语言通过主变量向 SQL 语句提供查询等执行参数。

（2）系统通过状态变量 SQLSTATE 向主语言传递 SQL 语句的执行情况及结果状态，使主语言程序能据此控制程序流程。

（3）系统通过游标和主变量将 SQL 语句查询数据库的结果转换并交给主语言处理。

总之，SQL 语句与高级语言语句之间是通过主变量与游标等进行通信，嵌入式 SQL 的工作过程如图 7-3 所示。

图 7-3 嵌入式 SQL 的工作过程

7.2.3 嵌入式 SQL 程序

每一个内嵌 SQL 语句的 C 程序包括两大部分：应用程序首部和应用程序体。嵌入

C 程序中的 SQL 语句前须加前缀 EXEC SQL,以便与主语言的语句相区别。下面通过一个例子说明嵌入式 SQL 的程序组成。

【例 7.1】　在数据库 emp_db 中建立一个表：emp(eno,ename,sal,deptno),建表后可进行相关的操作。

```
#include <stdio.h>
EXEC SQL BEGIN DECLARE SECTION                    //主变量说明
CHAR SQLSTATE[6];
…      //其他要用到的主变量
EXEC SQL END DECLARE SECTION;
void main()
{EXEC SQL CONNECT TO emp_db USER <用户名>;
if(<SQLSTATE 类码不为"00"和"01">)
printf("Connection failed. SQLSTATE=%s.\n",SQLSTATE);
EXEC SQL CREATE TABLE emp
    (eno INT,
     ename CHAR(8) NOT NULL,
     sal FLOAT,
     deptno INT,
PRIMARY KEY(eno));
    if (<SQLSTATE 类码不为"00"和"01">)
      printf("Fail to create table. SQLSTATE=%s.\n",SQLSTATE);
    else
{printf("Table emp created");
…      //其他相关的操作 }
    EXEC SQL COMMIT WORK RELEASE;
    EXEC SQL DISCONNECT CURRENT;
exit(0);
}
```

1. 程序的构成

程序的主要构成部分说明如下：

(1) DECLARE 说明段。用于定义主变量(又称共享变量),主变量既可在 C 语句中使用,也可在 SQL 语句中使用,应用程序可以通过主变量与数据库相互传递数据。该说明段用下列语句作为开始和结束：

```
EXEC SQL BEGIN DECLARE SECTION;
…      //主变量说明
EXEC SQL END DECLARE SECTION;
```

所有主变量必须用 SQL 说明性语句进行说明。说明之后它们可以在 SQL 语句中任何一个能够使用表达式的地方出现,而在 SQL 语句之外,主变量可以直接引用,不必加冒号。

为了在主语言中检测可执行 SQL 语句的执行结果状态,SQL 规定应用程序必须使用一个特殊的主变量——共享状态变量 SQLSTATE,它应在 DECLARE 说明段中定义。

(2) CONNECT 语句。一般形式为:

```
EXEC SQL CONNECT TO <SQL 服务器或数据库名(含路径)>USER <用户名>
```

为执行 SQL 语句,操纵 SQL 建立的数据库。DBMS 要通过 CONNECT 语句建立 SQL 连接,这样就可以在用户环境下访问一个服务器上的 SQL 数据库。若不显式建立 SQL 连接,则 DBMS 执行默认的 SQL 连接。

(3) 应用程序体。包含若干可执行 SQL 语句及主语言语句。当对数据库的操作完成后,应该提交和退出数据库,可使用简单的命令: COMMIT WORK RELEASE 实现。

2. 一般步骤

一个含有嵌入式 SQL 语句的 C 语言程序的一般实施步骤为:

(1) 编写含有 SQL 语句的 C 程序;

(2) 使用预编译器,产生预编译输出文件;

(3) 使用 C 编译器对预编译输出文件进行编译,产生目标程序;

(4) 连接目标程序,产生可执行程序;

(5) 运行程序。

7.2.4 动态 SQL 方法

1. 问题的提出

在嵌入式 SQL 语句中,主变量的个数与数据类型在预编译时都是确定的,只有主变量的值在程序运行过程中可动态输入。这类嵌入式 SQL 语句称为静态 SQL 语句。

在许多情况之下,静态 SQL 语句提供的编程灵活性显得不足。例如需要查询选修了某些课程的选课学生的学号及其成绩;需要查询某类学生选修的课程情况等。这里的问题表现为查询条件或查询的属性列都是不确定的,仅用静态 SQL 语句就难以实现。

如果在嵌入使用 SQL 的过程中,SQL 语句不预先确定,而根据需要在程序运行中动态指定,这就是动态 SQL。

2. 动态 SQL 的语句类型

动态 SQL 的实质是允许在程序运行过程中临时"组装"语句。这些临时组装的 SQL 语句主要有三种基本类型。

(1) 具有条件可变的 SQL 语句。指 SQL 语句中的条件子句具有一定的可变性。例如对于查询语句来说,SELECT 子句是确定的,即语句的输出是确定的,其他子句如 WHERE 子句和 HAVING 具有一定的可变性。

(2) 数据库对象、条件均可变的 SQL 语句。例如对于查询语句,SELECT 子句中属性列名,FROM 子句中的基表名或视图名,WHERE 子句和 HAVING 短语中的条件均可由用户临时构造,即语句的输入和输出可能都是不确定的。

(3) 具有结构可变的 SQL 语句。在程序运行时临时输入完整的 SQL 语句。

3. 动态 SQL 方法

在目前实现中,动态 SQL 分为直接执行、带动态参数和动态查询三种类型。

(1) 直接执行。直接执行的具体做法是由实际应用定义一个字符串主变量,用它存放要执行的 SQL 语句。在 SQL 语句中分固定部分和可变部分,其中固定部分由应用程序直接赋值,可变部分则由应用程序提示,在程序执行时用户输入。此后即用 EXCE SQL EXECUTE IMMEDIATE 语句执行字符串主变量中的 SQL 语句。

(2) 带动态参数。在此类 SQL 语句中含有未定义的变量,这些变量仅起占位符的作用。在此类语句执行前,应用程序提示输入相应参数以取代这些变量。

(3) 动态查询。动态查询 SQL 语句是一类针对查询结果为集合且需返回查询结果,但往往不能在编程时予以确定的 SQL 语句。此类查询方法是预先由应用定义一个字符串主变量,用它存放动态的 SQL 语句。应用程序在执行时提示输入相应的 SQL 语句。此类 SQL 查询一般需要用游标。

动态 SQL 语句不是直接嵌入在主语言中的,而是在程序中设置一个字符串变量,程序运行时交互式地输入或从某个文件读取动态 SQL 语句,接收并存入到该字符串变量中去。

嵌入式/动态 SQL 方法有较高的运行效率,适用于嵌入式数据库等应用,但不够灵活、编程复杂。在网络广泛使用的客户端和服务器环境下,常使用数据库应用接口方式。

7.3　数据库访问技术之二——数据库应用接口

数据库应用接口是指为支持数据库应用开发而提供的各种标准应用程序编程接口。数据库应用接口标准涉及的技术内容非常广泛,几种典型的数据库应用接口如下:

(1) ODBC(Open Data Base Connectivity,开放式数据库互联)提供了一组对数据库访问的标准应用程序编程接口,使用户通过 SQL 可访问不同的关系数据库,适合数据库底层开发。

(2) OLE DB(Object Linking and Embedding Data Base,对象连接与嵌入数据库)建立于 ODBC 之上,并将此技术扩展为提供更高级数据访问接口的组件结构。它包含一组读写数据的方法,有较好的健壮性、灵活性和很强的错误处理能力,能够同非关系数据源进行通信。

(3) SQL/CLI(Call Level Interface,SQL 调用级接口)是 SQL 的应用编程接口,它等于核心 ODBC API。它定义了一套公共函数,从一个主语言应用程序可以调用这些函数,连接到数据库,并利用 SQL 语句存取和更新数据。

（4）JDBC(Java Data Base Connectivity，Java 数据库连接)是基于 Java 语言的数据访问接口,具有平台无关性。它由一组类和接口组成,可统一访问多种关系数据库。JDBC 应用程序使用简便、灵活,更适合于 Internet 上异构环境的数据库应用。

（5）ADO.NET 是在微软.NET 编程环境中优先使用的数据访问接口。它是一组用于和数据源进行交互的面向对象类库,提供了平台互用性和可伸缩的数据访问,功能强、易用、高效。

（6）OTL 是 Oracle, Odbc and DB2-CLI Template Library 的缩写,是一个 C++ 编译中操控关系数据库的模板库。具有跨平台、运行效率高、使用简洁、部署容易等优点。

7.3.1　开放式接口——ODBC

ODBC 是微软推出的一种工业标准,一种开放的独立于厂商的应用程序接口,可以跨平台访问各种个人计算机、小型机以及主机系统,方便异构数据库之间进行数据共享。ODBC 作为一个工业标准,绝大多数数据库厂商、大多数应用软件和工具软件厂商都为自己的产品提供了 ODBC 接口或提供了 ODBC 支持。

1. ODBC 框架结构

ODBC 是依靠分层结构来实现的,这样可以保证其标准性,开放性。ODBC 的体系结构可以分为 4 层:数据库应用程序、驱动程序管理器、数据库驱动程序和数据源,ODBC 的体系结构如图 7-4 所示。

图 7-4　ODBC 的体系结构

（1）数据库应用程序主要处理业务逻辑,是 ODBC 的使用者。它调用 ODBC 函数,递交 SQL 语句给 DBMS,从而实现与数据库的交互,并对数据库的数据进行处理。它可以用 Object Pascal、C++ 、VB、Java 等高级语言编写。

（2）驱动程序管理器是一个名为 ODBC.DLL 的动态链接库。它为不同的数据库驱动程序(如 Oracle、DB2、SQL Server 等驱动程序)提供统一的函数调用接口,并管理这些不同的驱动程序,实现各种驱动程序的正确调度。

（3）数据库驱动程序也是一个动态链接库，由各个数据库厂商提供。它提供对具体数据库操作接口，因此它是应用程序对各种数据源发出操作的实际执行者。

（4）数据源（Data Source Name，DSN）是驱动程序与数据库连接的桥梁，用于表示一个特殊连接的命名。典型情况下，DSN 包含数据库配置、用户安全性和定位信息。

有了 ODBC，当应用程序要访问数据库时，就可以使用 ODBC 的驱动程序管理器的操作接口，而不用直接存取数据库。驱动程序管理器将操作请求提交给具体的 DBMS 驱动程序，由具体的驱动程序实现对数据源的各种操作，数据库的操作结果也通过驱动程序管理器返回给应用程序。

ODBC 的基本特性是独立于特定数据库。使用相同源代码的应用程序通过动态加载不同的驱动程序，可以访问不同的数据库。支持在应用程序中同时建立多个数据库连接，以同时访问多个异构的数据库。

2. 使用 ODBC

在 Windows XP 操作平台下，最常见的数据库访问方法是通过 ODBC 访问数据库。可以在"ODBC 数据源管理器"中建立与各种数据库连接的数据源，以后各种编程语言就可以通过这个数据源访问数据库。

数据库驱动程序使用数据源名（Data Source Name，DSN）定位和标识特定的 ODBC 兼容数据库，将信息从应用程序传递给数据库。数据源名的含意是"应用程序用以请求一个连到 ODBC 数据源的连接的名字"，它隐藏了诸如数据库文件名、所在目录、数据库驱动程序、用户标识、密码等细节。因此，当建立一个连接时，用户不用去考虑数据库文件名、它在哪儿等，只要给出它在 ODBC 中的数据源名即可。通过 ODBC，可以选择创建数据源名的类型，其类型解释如下：

（1）用户 DSN：这是为特定用户建立的数据源名。只有建立该数据源名的用户才能看到并使用它。

（2）系统 DSN：这种数据源名可以被任何登录到系统中的用户使用。

（3）文件 DSN：指定到文件中作为文件数据源而定义的，任何已经正确地安装了驱动程序的用户皆可以使用这种数据源。

以 Access 数据库为例，建立数据源步骤如下：

① 单击"开始"|"控制面板"，在"控制面板"界面，双击"管理工具"，再双击"数据源（ODBC）"，就进入了"ODBC 数据源管理器"界面，选择"系统 DSN"。

② 单击"添加"，弹出"创建新数据源"对话框，选择 Microsoft Access Driver（＊.mdb）。

③ 单击"完成"，弹出"ODBC Microsoft Access 安装"对话框，单击"创建"，开始创建数据库，弹出"新建数据库"对话框，添加数据库名称，如：ywm_db 和选择数据库存放目录，单击"确定"，显示创建成功，单击"确定"，然后在当前界面添加数据源名：ywm_db，再单击"确定"。

④ 在系统数据源中就有了刚添加的数据源，如图 7-5 所示。

⑤ 单击"确定"，完成数据源的创建。

图 7-5　添加的数据源

ODBC 是一种使用 SQL 的程序设计接口。使用 ODBC 让应用程序的编写者避免了与数据源相联的复杂性。这项技术目前已经得到了大多数 DBMS 厂商们的广泛支持。对用户的应用程序来说,只要安装有驱动程序,就能注册很多不同的数据库。登录数据库的具体操作参见有关 ODBC 的联机帮助。

ODBC 技术为应用程序提供了一组接口函数和运行支持环境。用这样一组接口建立的应用程序,对数据库的操作不依赖于任何 DBMS,它支持在应用程序中同时建立多个数据库连接,容易同时访问多个异构的数据库。ODBC 的最大优点是能以统一的方式处理所有的关系数据库。

7.3.2　调用级接口——JDBC

JDBC(Java Data Base Connectivity,Java 数据库连接)是由 Sun 公司开发的,属 Java 语言的一部分。JDBC 是一个为数据库管理提供的 API,它提供了调用级接口,以便从一个 Java 语言程序中执行 SQL 语句。它同动态 SQL 一样,可以运行时构造 SQL 语句,并将其作为字符串变量的值。与之相反,另外一种接口 SQLJ 是一个面向 Java 的语句级接口,类似于嵌入式 SQL 的静态方式。SQLJ 是由一个公司联盟开发的,且已成为一个单独的 ANSI 标准。

JDBC 只提供给 Java 一个动态嵌入式 SQL 接口,而 SQLJ 提供了一个静态嵌入式 SQL 接口。这样,在 Java 和 SQL 之间有了两种不同的程序接口:JDBC 和 SQLJ。

JDBC 和 SQLJ 都能够通过因特网访问数据库,且比嵌入式和动态 SQL 的多种实现移植性更好。现在,JDBC 和 SQLJ 都被包含在 SQL/2003 标准中,这里仅介绍 JDBC。

1. JDBC 基础

在前面介绍的动态和静态 SQL 中,编译时必须已知目标 DBMS,因为 SQL 语句必须使用目标 DBMS 的专业语言。在使用动态 SQL 中,编译时不需要知道模式信息,而在 JDBC 中,编译时既不需要知道 DBMS 也不需要知道模式信息。应用可以使用所有 JDBC 驱动必须支持的核心 SQL 专用语言,而且,同使用动态 SQL 一样,JDBC 提供的功能允许应用在运行时向 DBMS 请求模式信息。

如图 7-6 所示,应用通过 JDBC 连接到数据库。应用通过一个被称为驱动管理器的 JDBC 模块与 DBMS 通信。JDBC 为最常使用的 DBMS 保留一个单独的驱动。当将要执行一个 SQL 语句时,应用程序将语句的一个字符串表达式发送给合适的驱动,由它执行任何必要的格式化,然后将语句发送给 DBMS,进行准备和执行。

图 7-6 应用通过 JDBC 连接到数据库

2. JDBC 的特性与编程要点

JDBC 保持了 ODBC 的基本特性,除此之外,更具有对硬件平台、操作系统异构性的支持。这主要是因为 JDBC 使用的是 Java 语言。利用 Java 的平台无关性,JDBC 应用程序可以自然地实现跨平台特性,因而更适合于 Internet 上异构环境的数据库应用。还有,JDBC 驱动程序管理器是内置的,驱动程序本身也可通过 Web 浏览器自动下载,无须安装、配置;而 ODBC 驱动程序管理器和 ODBC 驱动程序必须在每台客户机上分别安装、配置。

JDBC 完成的主要工作是:建立与数据库的连接;发送 SQL 语句;返回数据结果给用户。JDBC 提供了一些其他的特性,如可更新的结果集。它可以通过在数据库关系上的选择或(和)投影查询建立一个可更新的结果集。对于结果集中元组的一次更新会导致数据库关系中相应元组的更新。JDBC 也提供一个 API 来检查数据库模式和查找结果集中属性的类型。

JDBC 编程要点如下:

以 Java 应用为例,使用数据库进行 JDBC 编程时,Java 程序中通常应包含下述几部分内容:

(1) 在程序的首部用 import 语句将 java. sql 包引入程序。

(2) 使用 Class. forName()方法加载相应数据库的 JDBC 驱动程序。

(3) 定义 JDBC 连接目标 DBMS 的连接对象,并连接到数据库。

(4) 创建操作语句对象。

(5) 使用 SQL 语句对数据库进行操作。

(6) 使用 close()方法解除 Java 与数据库的连接并关闭数据库。

3. JDBC 程序的一般结构

JDBC 的软件体系结构由一组预定义的对象类组成,例如 DriverManager 和 Statement。这些对象类的方法向数据库提供调用级的接口。JDBC 程序必须首先装入这些预定义的对象类。然后创建对象类的合适实例,从而可以使用合适的方法访问数据库。Java 程序中的 JDBC 调用的一般结构如下:

(1)

```
import java.sql.*;                                  //为方便解释,对应程序语句前加了编号
...
String ur1,userId,password;
Connection con1;
...
Try {                                              //为用户数据库使用正确的驱动
```

(2)

```
Class. forName ("sun. jdbc. odbc. JdbcOdbcDriver");    //装入驱动
```

(3)

```
conl=DriverManager. getConnection(url,userId,password);
  } catch(ClassNotFoundException e)
{System. err. Println("Cannot load driver\n");
System. exit(1);                                   //装入驱动异常处理
} catch(SQLException e)
{System. err. println("Cannot connect\n");
System. exit(1);                                   //连接异常处理
}
```

(4)

```
Statement statl=conl. createStatement();           //创建一个语句对象
String myQuery=……                                 //若干 SELECT 语句
```

(5)

```
ResultSet res1=statl. executeQuery(myQuery);
...                                                //处理结果
```

(6)

```
statl. close();                                    //释放语句对象
conl. close();                                     //断开连接
```

程序的语句解释如下:

(1) 引入 java. sql 包中的所有类,使 JDBC API 在 Java 程序中可用。

(2) Class. forName()装入指定的数据库驱动并用驱动管理器注册它。

(3) 使用类 DriverManager 的方法 getConnection()来连接到给定地址的 DBMS。该方法检查每个已装入的数据库驱动,从而可知是否有该 DBMS 连接的驱动。如果有,它用指定的用户标识和密码建立连接,然后创建一个 Connection 对象,并将它赋给之前声明的变量 conl。

参数 url 包含从数据库管理员处获得的目标 DBMS 的统一资源定位器(URL)。其一般形式为:jdbc:odbc:http://server. xyz. edu/sturegDB:8000。

前缀 jdbc 指定连接到数据库的主要协议 JDBC。第二个成分 odbc 指定了次协议(这是厂商和驱动专有的)。后面跟着的是数据库服务器的地址,以及在该服务器上监听的通信端口号。

(4) 调用 Connection 对象 conl 的 createStatement()方法,创建一个 Statement 对象,并将它赋给 Statement 变量 statl。

(5) 调用 Statement 对象 statl,准备并执行作为参数提供的 SELECT 语句。SQL 语句可以没有输入参数,且它返回的结果集存储在 ResultSet 对象 resl 中,它是通过 executeQuery()方法创建的。

(6) statl. close()和 conl. close():分别卸载 Statement 对象以及关闭连接(即卸载 Connection 对象)。在已经执行一个语句之后,支持它的 Statement 对象不必被关闭,而是可重新用于支持其他语句。

4. 通过 JDBC 访问数据库

在 SQL 中查询是通过 SELECT 语句来完成的,在 JDBC 中要执行 SQL 的查询语句,可以通过执行一般查询、参数查询和存储过程三种方式。数据库的更新包括:记录的修改,插入和删除,表的创建和删除,增加和删除表中的列等操作。

1) 数据库的一般查询

一般查询指的是没有参数的查询,这类查询一般使用 Statement 对象实现。一般查询的执行过程如下:

(1) 创建 Statement 对象。执行 SQL 查询的第一步便是准备好一个 Statement 对象,这样可以使用 Connection 接口的 CreateStatement 方法。

(2) 选项设置。SetMaxFieldSize()设置列值可能的最大值。SetMaxRows()设置结果集的最大行数。SetEscapeProcessing()设置是否由驱动程序处理转义字符,默认情况下,由驱动程序在 SQL 语句传递到数据库前进行转义字符替换。SetQueryTimeout()设置执行一个查询语句可等待的时间。SetCursorName()设置游标名称。

(3) 执行查询语句。执行 SQL 查询语句可以使用 Statement 的 executeQuery 方法,该方法的参数是一个 String 对象,该对象是一个需要执行的 SELECT 语句字符串。如:

```
ResultSet rs=st.executeQuery("SELECT * FROM emp")
```

该方法执行后将返回所查询表中的所有行,返回结果存放在 ResultSet 对象 rs 中。

(4) 关闭 Statement 对象。对象被关闭后,用该对象创建的结果集也会被自动关闭。

【例 7.2】　Statement 对象的使用例。

设已建有员工表:emp(ename,eage,eaddr,eemail)

```
import java.sql.*;
class test1
    {public static void main(String argv[])
        {String url="jdbc:odbc:testDSN";
```

```
        try
        {Class.forName("sun.jdbc.odbc.JdbcOdbcDriver");
        Connection con=DriverManager.getConnection(url,"sa","");
        Statement te=con.createStatement();
        te.setMaxRows(100);
        ResultSet rs=te.executeQuery("SELECT * FROM emp");
        System.out.println("ResultSet MaxRows: "+te.getMaxRows());
        te.close();
        } catch(Exception ex)                    //异常处理
        {System.out.println(ex.getMessage());ex.printStackTrace();}
        }
    }
```

2) 数据库的参数查询

在使用 Statement 对象时,因为每次执行查询时都需要将 SQL 语句传递给数据库,当多次执行同一查询语句时,将会影响其效率。在需要多次执行相同查询语句时,用 PreparedStatement 对象,该对象的特点是可以接收查询参数,在准备好的 SQL 语句中,指出需要的参数,再将该语句传递给数据库进行预编译,以后执行相同的 SQL 语句时,可以直接执行预编译好的语句,这样可提高查询速度。

JDBC 中的 SQL 查询参数设置是通过在创建对象时使用的 SQL 语句中使用"?"来标明参数。输入参数必须在 SQL 语句执行前进行赋值。

【例 7.3】 带输入参数的 SQL 查询。

```
import java.sql.*;
class test2
{public static void main(String argv[])
{String url="jdbc:odbc:testDSN";
String name,age,addr,email;java.sql.ResultSet rs;
try
    {Class.forName("sun.jdbc.odbc.JdbcOdbcDriver");
     Connection con=DriverManager.getConnection(url,"sa","");
     String sqlstr="SELECT * FROM emp WHERE eage >?";
     PreparedStatement ps=con.prepareStatement(sqlstr);
     ps.setInt(1,30);rs=ps.executeQuery();
System.out.println("查询结果 ");
     while(rs.next())
     {name=rs.getString("ename");
     age=rs.getString("eage");
     addr=rs.getString("eaddr");
     email=rs.getString("eemail");
     System.out.println(name+" "+age+" "+addr+" "+email);}
     con.close();
    } catch(Exception ex)
{System.out.println(ex.getMessage());ex.printStackTrace();}
```

```
    }
}
```

3）数据库更新操作

数据库的更新操作涉及到的 SQL 语句有：CREATE，DELETE，DROP，INSERT，UPDATE 等。在 Statement 对象上能够完成数据库更新操作，执行 SQL 更新语句可使用 executeUpdate 方法。该方法的参数是一个字符串对象，该字符串代表需要执行的 SQL 语句，其返回值是一个整数，该整数代表 DELETE、INSERT 和 UPDATE 操作所影响的记录的条数，对于其他不返回结果的 SQL 语句，该方法返回值为零。

【例 7.4】　数据库更新操作例。

（1）创建表。如：创建一个名为 customer 的表。

```
st.executeUpdate("CREATE TABLE customer(name VARCHAR(10),age SMALLINT,address
VARCHAR(20)");
```

（2）增加表中的列。如：向表中添加名为 email 的列。

```
st.executeUpdate("ALTER TABLE customer ADD COLUMN email VARCHAR(20)");
```

（3）插入记录。如：

```
st.executeUpdate("INSERT INTO customer(name,age,address,email)values('Wang',
25,'Wuhan Hongshan Street','wang2011@126.net');
```

（4）修改记录。如：

```
st.executeUpdate("UPDATE customer SET age=26 WHERE name='Wang'");
```

总之，JDBC 可实现应用程序和数据库的通信连接，JDBC 可通过 4 种驱动程序访问数据库，每种驱动程序各有其特点和适用场合。JDBC API 中提供了许多的类和接口以访问数据库，对数据库的访问步骤一般包括加载驱动程序、连接数据库、数据库的增、删、改和查询、数据库关闭等，这期间可能要访问数据库原数据并作出错处理。

7.3.3　通用级接口——ADO.NET

1. ADO. NET 简介

ADO. NET 是在微软 . NET 编程环境中优先使用的数据访问接口。它是一组用于和数据源进行交互的面向对象类库，ADO. NET 类库中的类提供了众多对象，分别完成与数据库的连接、查询、插、删和更新记录等操作。提供了平台互用性和可伸缩的数据访问，功能强、易用、高效。

ADO. NET 允许和不同类型的数据源以及数据库进行交互，增强了对非连接编程模式的支持，任何能够读取 XML 格式的应用程序都可以进行数据处理。ADO. NET 提供与数据源进行交互的相关的公共方法，但是对于不同的数据源采用不同的类库，并且通常是以与之交互的协议和数据源的类型来命名的，称之为数据提供者（Data Providers）。

数据提供者是负责把.NET 应用程序连接到数据源,有关于 SQL Server、Oracle 等不同的.NET 数据提供者。每种数据提供者在各自命名空间中得到维护。如:其中 SQL Server 的数据提供者包含在 System. Data. SqlClient 命名空间中,而 Oracle 的数据提供者包含在 System. Data. OraeleClient 命名空间中。数据提供者虽然针对的数据源不一样,但是其对象的架构都一样,只要针对数据源种类来选择即可,如:使用 SQL Server 的数据提供者的组件对象只需加前缀 Sql。

2. ADO. NET 对象模型

ADO. NET 对象模型如图 7-7 所示。这些组件中负责建立联机和数据操作的部分称之为数据提供者,由 Connection 对象、Command 对象、DataAdapter 对象以及 DataReader 对象组成。数据提供者最主要是充当 DataSet 对象以及数据源之间的桥梁,负责将数据源中的数据取出后植入 DataSet 对象中,以及将数据存回数据源的工作。

图 7-7　ADO. NET 对象模型

(1) ADO. NET 的数据提供者。它包含 4 个主要组件:

① Connection 对象。主要用于开启程序和数据库之间的连接。无利用连接对象将数据库打开,是无法从数据库中取得数据的。这个对象在 ADO. NET 的最底层,用户可以自己创建这个对象,或由其他的对象自动创建。

② Command 对象。主要可以用来对数据库发出一些指令,例如可以对数据库下达查询、新增、修改、删除数据等指令,以及呼叫存在于数据库中的预存程序等。Command 对象是通过连接到数据源的 Connection 对象来下命令的,所以连接到哪个数据库,Command 对象的命令就下到哪里。

③ DataAdapter 对象。主要是在数据源及 DataSet 之间进行数据传输的工作,它可以通过 Command 对象下达命令,并将取得的数据放入 DataSet 对象中。这个对象是架构在 Command 对象上的,并提供了许多配合 DataSet 使用的功能。

④ DataReader 对象。当只需要顺序地读取数据而不需要进行其他操作时,可以使用 DataReader 对象。因为 DataReader 在读取数据的时候限制了每次只读取一笔,而且只能读取,所以使用起来不但节省资源而且效率很高。此外,因为不用把数据全部传回,

故可以降低网络的负载。

（2）DataSet 对象。它可以把从数据库中查询到的数据保留起来，甚至可以将整个数据库显示出来。DataSet 的能力不只是可以存储多个表，还可以通过 DataAdapter 对象取得一些例如主键等的数据表结构，并可以记录数据表间的关联。可将 DataAdapter 对象当做 DataSet 对象与数据源之间传输数据的桥梁。正是由于 DataSet 的存在，才使得程序员在编程时可以屏蔽数据库之间的差异，从而获得一致的编程模型。

3. ADO. NET 访问基本步骤

ADO. NET 提供了两种读取数据库的方式：

（1）通过 DataReader 对象读取数据。这种方式只能读取数据库，如果只是想查询记录的话，这种方式的效率更高些。

（2）通过数据集 DataSet 和 DataAdapter 对象访问和操作数据。这种方式更灵活，可以对数据库进行各种操作。

ADO. NET 的最重要的概念之一是 DataSet 对象，它是不依赖于数据库的独立数据集合，即使断开数据链路或者关闭数据库，DataSet 依然是可用的。

以使用对象访问和操作数据方式（2）为例，ADO. NET 访问数据库的步骤如下：

① 使用 Connection 对象创建一个数据库链路。

② 使用 Command 和 DataAdapter 对象请求一个记录集合。

③ 把记录集合暂存到 DataSet 中。

④ 如果需要，返回第②步（DataSet 可以容纳多个数据集合）。

⑤ 关闭数据库链路。

⑥ 在 DataSet 上进行所需要的操作。

4. 通过 ADO. NET 访问数据库

首先需要准备数据。设创建数据库：mydb；在创建的数据库中，创建 usr 表（no，name，pass）；再插入若干数据。下面以 SQL Server 数据库为例来讲解。假定数据库的用户名为 sa，密码为 123456。

（1）通过 DataReader 对象读取数据。

DataReader 对象只能实现对数据的读取，不能完成其他的操作。查询出来的数据形成一个只读只进的数据流存储在客户端。DataReader 对象的 read 方法可以前进到下一条记录。在默认情况下，每执行一次 read 方法只会在内存中存储一条记录，系统的开销非常少。

要使用 ADO. NET，必须要先加载 System. Data 这个命名空间，因为该名称空间中包括大部分组成 ADO. NET 架构的基础对象类别，如 Dataset 对象、数据表、字段、关联等。

【例 7.5】 下面的程序完成的功能是访问数据。它从数据库中读取记录，并将查询结果通过控制台输出。程序如下：

```
using System;
```

```
using System.Collections.Generic;
using System.Linq;
using System.Text;
using System.Data;                              //载入 ADO.NET 的命名空间
using System.Data.SqlClient;                    //使用 SQL Server 的数据提供者
namespace adoconsole.ado
{ class test3
{ static void main(string[]args)
{ Console.WriteLine("ADO 测试");
    string myconn="Data Source=localhost;Integrated Security=SSPI;Initial
    Catalog=mydb;User ID=sa;Password=123456";
    string mysql="SELECT no,name,pass FROM usr";          //需执行的 SQL 命令
    SqlConnection myconnect=new SqlConnection(myconn);    //创建数据连接
    myconnect.Open();                                     //打开数据库连接
    SqlCommand mycomm=new SqlCommand(mysql, myconnect);
                                                //创建 SQL 命令对象并初始化
    SqlDataReader myread=mycomm.ExecuteReader();
                                                //构造阅读器,同时执行 SQL 命令
    while(myread.Read())                        //读出每行数据并显示
{ Console.WriteLine(myread.GetInt32(0)+","+myread.GetString(1)+"," +myread.
GetString(2));}
    myread.Close();                             //关闭阅读器
    myconnect.Close();                          // 关闭连接
}
}
}
```

这种方法仅适用于读取少量数据,特点是速度快。要读取大量数据并操作时,需用下面的方法。

（2）通过数据集 DataSet 和 DataAdapter 对象访问和操作数据。

【例 7.6】 下面的程序完成的功能是访问数据并操作。示例程序如下：

```
using System;
using System.Collections.Generic;
using System.Linq;
using System.Text;
using System.Data;                              //载入 ADO.NET 的命名空间
using System.Data.SqlClient;                    //使用 SQL 数据提供者
namespace adoconsole.ado
{ class test4
  { static void main(string[]args)
    { Console.WriteLine("ADO 测试类");
      SqlConnection sqlconn= new SqlConnection ("Data Source=localhost;Integrated
      Security=SSPI;Initial Catalog=mydb;User ID=sa;Password=123456");
```

```
                                        //创建数据连接
SqlCommand selectcomm = new SqlCommand ("SELECT no, name, pass FROM usr",
sqlconn);                               //创建并初始化 SqlCommand 对象
SqlDataAdapter sqldata=new SqlDataAdapter();
sqldata.SelectCommand=selectcomm;       //创建对象并查询数据
sqlconn.Open();                         //打开数据库连接
DataSet data=new DataSet();             //用 SqlDataAdapter 的 Fill 方法填充 DataSet
sqldata.Fill(data,"usr");
Console.WriteLine(data.Tables[0].Rows[0]["no"]+" "+data.Tables[0].Rows
[0]["name"]+" "+data.Tables[0].Rows[0]["pass"]);      //取一行数并显示
sqlconn.Close ();                       //关闭数据库连接
SqlCommandBuilder sqlbuilder=new SqlCommandBuilder(sqldata);
                                //以 sqldata 为参数来初始化对象 sqlbuilder
data.Tables["usr"].Rows[0].Delete();    //删除 DataSet 中的第一行数据
sqldata.Update(data,"usr");
data.Tables["usr"].AcceptChanges();
                                //调用 Update 方法,以 DataSet 中的数据更新表
Console.WriteLine(data.Tables[0].Rows[0]["no"]+" "+data.Tables[0].Rows[0]
["name"]+" "+data.Tables[0].Rows[0]["pass"]);         //取一行数据并显示
   }
 }
}
```

总之,ADO. NET 是与数据源交互的应用接口技术。其数据提供者允许应用程序与不同的数据源交流。其中数据提供者组件的主要功能如下:

① SqlConnection 对象管理与数据源的连接。

② SqlCommand 对象允许与数据源交流并发送命令。

③ 使用 SqlDataReader 进行快速的向前读取数据。

④ 用 DataSet 对象以及用 SqlDataAdapter 实现读取或者操作数据。

7.4 数据库应用知识

7.4.1 数据库应用体系结构

数据库应用系统涉及到数据库应用体系结构的选择与设计。从最终用户角度来看,数据库应用系统可按体系结构分为单用户式、主从式、分布式、客户/服务器式和并行结构的数据库系统。设计时需根据应用情况进行选择与设计。常见的数据库应用体系结构如下。

1. 单用户式结构

单用户式数据库系统运行于单台计算机上。整个数据库系统,包括应用程序、

DBMS、数据,都装在一台计算机上,某时间段仅为一个用户所独占,且不同机器之间不能直接共享数据,如图 7-8 所示。

2. 主从式结构

主从式结构的数据库系统指一个主机带多个终端的多用户数据库系统,如图 7-9 所示。在这种结构中,数据库系统,包括应用程序、DBMS、数据,都集中存放在主机上,所有处理任务都由主机来完成,各个用户通过主机的终端并发地存取、使用数据库,共享数据资源。主从式数据库系统中的主机是一个通用计算机,既执行 DBMS 功能又执行应用程序。

图 7-8　单用户数据库系统

图 7-9　主从式结构数据库系统

主从式结构数据库系统的优点是数据易于管理与维护。其缺点是主机的任务可能会过于繁重,成为瓶颈,从而使系统性能大幅度下降;当主机出现故障时,整个系统瘫痪,因此系统的可靠性不高。

3. 客户/服务器结构

随着工作站功能的增强和广泛使用,人们开始把 DBMS 功能和应用分开,网络中某些节点上的计算机专门用于存放数据库和执行 DBMS 功能,称为数据库服务器,简称服务器;其他节点上的计算机安装 DBMS 的外围应用开发工具,支持用户的交互与应用,称为客户机,这就是客户/服务器结构的数据库系统,如图 7-10 所示。

图 7-10　客户/服务器结构
数据库系统

在客户/服务器结构中,客户端的用户请求被传送到数据库服务器,数据库服务器进行处理后,只将结果数据返回给用户。

客户/服务器结构数据库系统的优点是显著提高了系统的性能、吞吐量和负载能力。该结构的数据库往往更加开放,有多种不同的硬件和软件平台及更灵活的数据库应用开发工具,应用程序具有更强的可移植性,同时也可以减少软件维护开销。其缺点是要求服务器主机高性能,远程应用依赖于网络通信效率。

4. 分布式结构

分布式结构的数据库系统指数据库中的数据在逻辑上是一个整体,但物理地分布在计算机网络的不同节点上,如图 7-11 所示。网络中的每个节点都可以独立处理本地数据库中的数据,执行局部应用;同时也可以存取和处理多个异地数据库中的数据,执行全局应用。分布式结构的数据库系统是计算机网络发展的必然产物,它适应了地理上分散的公司、团体和组织对于数据库应用、远程共享的需求。

图 7-11 分布式结构数据库系统

分布式结构数据库系统是以网络为平台的数据库系统,数据分布对用户是透明的,用户面对的仍是一个逻辑上完整的数据库。故该类系统优点是能充分共享、高效地使用远程资源,各节点又能独立自治。其缺点是数据的分布存放给数据的处理、管理与维护带来困难;当用户需要经常访问多处远程数据时,系统效率会明显地受到网络交通的制约。

5. 并行结构

并行结构的数据库系统是在并行机上运行的具有并行处理能力的数据库系统。它用高速网络连接各个数据处理节点,整个网络中的所有节点构成逻辑上统一的整体,用户可以对各个节点上的数据进行透明存取。图 7-12 是一种并行数据库系统结构示意图,它建立在并行计算机系统上,采用多 CPU 和多硬盘的并行工作方式,极大地提高了系统的处理速度和 I/O 速度。

并行数据库系统将数据库技术与并行技术相结合,发挥多处理机结构的优势,采用先进的并行查询技术和并行数据管理技术,实行任务分布,利用各节点协同作用,并行地完成数据库任务,提高数据库系统的整体性能。它的目标是提供一个高性能、高可用性、高扩展性的 DBMS,而在性能价格比方面,较相应大型机上的 DBMS 高得多。其缺点是实现技术较复杂。

图 7-12　一种并行结构的数据库系统

7.4.2　信息系统的结构模式

信息系统的结构模式是指信息系统的架构,它反映组成信息系统的基本元素、元素的功能及其之间的相互联系。随着信息系统规模不断扩大、复杂程度日益提高,结构模式对信息系统性能的影响越来越大,不同功能的信息系统对结构模式有不同的要求,各种结构模式的信息系统在开发和应用过程中也有很大的区别。所以,选择和设计合理的结构模式对整个信息系统的实现是十分重要的。

这里介绍客户/服务器结构的几种主要模式。从用户需求的角度出发,描述现有的几种主要信息系统结构模式,涉及用户关心的软硬件要求、开发投入、维护与功能扩展、可操作性、安全与稳定等方面的性能。

1. 信息系统的结构模式

主要的信息系统结构模式如下:

(1) C/S(Client/Server)模式,即客户机和服务器结构模式。这种模式是以数据库服务器为中心、以客户机为网络基础、在系统软件支持下的两层结构模型。这种模式中,用户操作模块布置在客户机上,数据存储在服务器上的数据库中。客户机依靠服务器获得所需要的网络资源,而服务器为客户机提供网络必须的资源。

(2) B/S(Browser/Server)模式,即浏览器服务器结构模式。它是随着 Internet 技术的兴起,对 C/S 结构的一种变化或者改进的结构。在这种结构下,用户工作界面通过浏览器来实现,极少部分事务逻辑在前端(Browser)实现,主要事务逻辑在应用服务器端(Server)实现,加上 DB 服务器形成所谓三层结构。这样就大大简化了客户端电脑载荷,减轻了系统维护与升级的成本和工作量,降低了用户的总体成本。

(3) P2P(Peer to Peer)模式,即对等网络结构模式。P2P 模式取消了服务器的中心地位,各个系统内计算机可以通过交换直接共享计算机资源和服务。在这种结构中,计算机可对其他计算机的要求进行响应,请求响应范围和方式都根据具体应用程序不同而有不同的选择。目前对等网络模式有纯 P2P 模式、集中模式及混合模式,是迅速发展的一种新型网络结构模式。

2. 信息系统结构模式的比较

下面对 C/S 模式、B/S 模式和 P2P 模式进行比较。

（1）软硬件要求。C/S 模式根据系统规模需要相应的硬件配置，一般建立在小范围网络环境上，局域网之间再通过专门服务器提供连接和数据交换服务。C/S 程序可以更加注重流程，可以对权限多层次校验，对系统运行速度可以较少考虑。B/S 结构由于用户界面主要事务逻辑完全在服务器端通过浏览器实现，客户端一般的硬件配置均能满足要求，网络也不必是专门的网络硬件环境，但应用服务器运行数据负荷较重，需要更加优化的系统结构和相应硬件配置。P2P 结构要求用户使用专门的客户端软件，不同的信息系统和客户端软件对硬件配置的要求有很大的区别。

（2）系统开发的投入。P2P 模式不需要建立成本高昂的服务器平台，特别是立足现有网络建立起的 P2P 模式信息系统几乎没有成本。B/S 模式系统开发的投入与用户的多少无关，部署代价比较小，尤其适合开发客户较多，使用频繁的信息系统。C/S 模式系统部署代价与信息点的多少成正比，可用于开发小型局域信息系统。

（3）维护与功能扩展。B/S 模式只需维护服务器，所有的客户端只是浏览器，不需要任何维护和管理，而且只需将服务器连接专网，即可实现远程维护、升级和共享。C/S 模式维护复杂，处理出现的问题以及系统升级困难，系统扩展性不好。P2P 模式系统内计算机配置和使用各不相同，维护和扩展工作较为复杂。

（4）安全与稳定。C/S 一般面向相对固定的用户群，对信息安全的控制能力很强，一般高度机密的信息系统采用 C/S 结构适宜。B/S 建立在广域网之上，面向不可知的用户群，对安全的控制能力相对弱。P2P 网络内大多数计算机由不同用户控制，网络相对混乱，系统整体效果存在问题不可预见，系统安全与稳定方面存在很大的风险，但由于信息分布在不同的计算机上，不会因为一台计算机的故障导致整个系统的瘫痪。

3. 信息系统结构模式的选择

在结构模式选择过程中，根据系统功能需求，尽量立足于现有网络，在满足安全与稳定要求的同时，使管理维护操作简单，减少开发投入。

C/S 模式过于庞大，管理维护复杂；B/S 模式使用户能够在简单、易用、单一、统一的可视化界面下，轻松、方便地访问到各种类型的数据；P2P 模式功能强大，用于需要即时通信和不间断的数据更新场合。

目前 B/S 模式和 C/S 模式是信息系统开发中应用最广泛的两种方式，各有优势。P2P 是新兴起来的一种结构模式，但是代表着信息系统发展的方向。

每种系统结构模式都有自己的优缺点，但是出于软硬件要求、开发投入、维护与功能扩展、操作性、安全与稳定等各方面的考虑，用户需要根据自身的需求，来选择使用最适合自己的方式。

7.4.3　数据库应用开发步骤

1. 数据库应用系统分析

参照数据库设计需求分析阶段的方法以及结合使用软件工程的需求分析方法与工具进行。应主要完成以下内容：

1）应用系统的业务流程分析

通过调查、了解并描述待开发的数据库应用系统中的各项业务以及诸业务间的相互关联，并形成分析文档以供开展下一步工作之需。

2）应用系统的数据流程分析

应清晰地描述出数据库应用系统中的所有数据在各个业务环节中的处理方式、处理结果及其在诸业务间的数据流程。

3）应用系统的功能分析

通过归纳、整理各业务环节与各项数据间的相互关系，总结出系统功能、归并或解析数据集合、确定数据和功能间的处理关系。

2. 数据库应用系统设计

数据应用系统开发的第二步工作，是在系统分析的基础上进行系统设计。在这一工作过程中，应主要完成以下内容：

1）应用系统的数据库设计

应根据系统分析阶段形成的相关文档，参考计算机数据库技术发展的现状，采用数据库的成熟技术和先进的建模与设计工具，设计并描述出本应用系统的数据库结构及其内容组成。在数据库设计过程中，应该严格遵循数据库的规范化设计要求。

2）应用系统的功能设计

应根据系统分析过程中获得的功能分析结果，结合数据库设计的初步模型，设计完成应用系统中的各功能模块，包括各功能模块的调用关系、功能组成等内容。在系统功能设计过程中，应该考虑系统功能的规范化设计要求。

3）应用系统的输入与输出设计

应考虑数据库应用系统中各功能模块的界面设计。对于输入/输出模块，应该考虑的问题包括：它以什么样的形式呈现在操作者的面前，操作员应以何种方式在界面上完成各种操作，怎样容忍操作员的操作错误，如何减少操作员可能的错误操作，等等。

3. 数据库应用系统实现

数据库应用系统开发的第三步工作，是在应用系统设计的基础上实现系统的各项设计。在这一工作过程中，应主要完成以下内容：

1）应用系统开发工具的选择

信息系统应该基于数据库技术实现，这已成为共识。当今，数据库产品及其信息系统开发工具种类很多，可选的余地很大。一般，开发工具的选择应依据应用系统本身的特性而定。现有不少非常优秀的 DBMS,同时带有功能非常强大的数据库应用集成开发环境。

2) 应用系统数据库的实现

使用所选择的开发工具,逐步地在计算机上建立数据库文件及其所包含的各个数据表,建立数据关联,创建数据库应用系统中各个数据与功能对象实例。

3) 应用系统功能的实现

应完成应用系统中各对象对于相关事件的处理能力的设定,即安排各个对象在其遇到相关事件时的处理方法,即针对事件编程。

4. 数据库应用系统测试

数据库应用系统的各项功能都已实现,还必须经过严格的系统测试工作,才能够真正将开发的应用系统投入运行。应认识到系统测试是应用系统开发的必不可少的工作,它常被称为信息系统成败之关键所在,其主要工作是尽可能多地查出并改正数据库应用系统中存在的错误。

7.4.4 数据库产品及开发工具

本部分首先就目前应用领域中的数据库产品(即 DBMS)的情况进行说明,然后介绍选择关系数据库产品要考虑的几个主要因素,以帮助选择出符合自己实际情况的产品,最后介绍几种主要的数据库应用开发工具,为开发工具的选择提供参考。

1. 关系数据库的主要产品

近年来,数据库市场主要的关系数据库产品有:IBM 公司的 DB2、Oracle 公司的 Oracle 以及 Microsoft 公司的 SQL Server、Visual FoxPro、Sybase 公司的 Sybase 等。但以销售值作为评价的参数,可以发现目前的主流关系数据库产品在不断减少。在高端市场占主要位置的是 DB2 和 Oracle,而 SQL Server 主要是在桌面机市场中占据了主流地位,Sybase 这位"IT 灰姑娘"在新兴的移动数据库市场上占有率很高。

除了这些主流的关系数据库产品外,随着开放源代码软件的使用越来越广泛,开放源代码数据库的出现也成为必然。以 MySQL、PostgreSQL 为代表的开放源代码的数据库,推动了开源软件事业的发展。这些开源数据库的最大的特点是许多可免费使用、应用开发费用低。目前的开源数据库产品在功能和处理能力方面比不上商业级产品,但有其适用的大众化环境。在嵌入式数据库领域,开源数据库优势更加明显。

可以将关系数据库产品分为以下几个层次:

在多种机型上运行的大型数据库产品,如 DB2、Oracle 和 Sybase 等;

在微机上运行的中小型数据库产品,如 SQL Server、FoxPro、Access 等;

开放源代码的小型数据库产品,如 MySQL、Firebird、mSQL 等。

2. 影响关系数据库产品选择的因素

选择关系数据库产品时可以考虑如下几个因素:

（1）数据库应用的规模、类型和用户的数量。首先要分析自己有什么样的应用需求、应用的规模、应用的类型，了解使用数据库的用户数量，如果是一个很简单的应用环境，数据量不多（如记录少于 10 万条），并发的用户很少，只要选取诸如 FoxPro、Access 这样的中、小型关系数据库产品即可。

当将数据库应用于稍大规模的应用环境时，可以选取 DB2、Oracle 和 SQL Server 这样的主流产品，它们是经过商业市场检验的产品，对于超千万级的数据应用规模都可以进行很好的支持、管理。

（2）速度指标。就可信度高的机构测试数据库速度的结果而言，目前 SQL Server 的速度最快，依次是 DB2 和 Oracle。其实用过这些产品的人都会有一种直觉：同样是创建一个新数据库，Access 最快，其次是 SQL Server，再依次是 DB2 和 Oracle，这种直觉得到的结论和测试评估机构的结论极为相似并非偶然。尽管如此，速度并不是仅仅用来选择数据库的唯一指标，应该综合一系列因素来进行选择。

（3）软件、硬件平台性能与价格比。DB2 和 Oracle 这一类的关系数据库产品在大规模数据库应用方面具有很强的优势，这是因为这些数据库可以运行在大型机上。考虑到成本和性能的比价，能用更便宜的硬件平台来实现相同的各性能指标正是不少人渴望的，所以建立在微型机、小型机基础上的数据库市场在进一步扩大。

再来看相应的软件平台。目前数据库运行的平台的操作系统主要分为两大类：Windows 系列和 UNIX 系列（包括 Linux）。Windows 系列的产品由于其界面良好，使得数据库安装管理维护都相对容易，因而用户广泛。所以基于 Windows 系列操作系统的市场也成为各厂商争夺的领域，目前各数据库厂商都推出了自己的基于 Windows 操作系统的产品。

软件、硬件平台的选择与价格有关，这里要考虑的价格因素应该包括产品的购买价格、产品的维护、个人许可、额外工具、开发成本及技术支持等价格。

（4）开发者的经验和习惯。考虑开发者的经验和习惯，需注意两点：

开发者的经验是基于什么操作系统的。由于 Windows 和 UNIX 两类操作系统存在较大差异，所以基于两种不同的操作系统的设计、开发和维护工作，对于开发者的习惯来说都很大的不同，需尽量避免这种差异带来的不适应感。

有哪些关系数据库的开发经验。因为每个关系数据库产品都是在标准 SQL 的基础上进行了功能及表示扩展，这使得面对复杂的应用时，可以大大地简化工作。如果开发者了解这些扩展，就可以少走许多弯路。对一种产品的熟悉和了解，也可以避免一些因为对数据库特性不了解而遇到的性能瓶颈。同时有利于解除在开发期限面前缺乏开发经验而产生的压力。

（5）安全性。由于数据库的网络应用是一个发展趋势，故关系数据库产品的安全性能是不容忽视的，好在现在的大型主流关系数据库产品均提供了多级防范措施，其安全性能比较令人放心。相对而言基于 UNIX 操作系统的关系数据库产品的安全性能更胜一筹。

常用的几种典型的数据库产品，见表 7-1。

表 7-1 常用的数据库产品

产品名称	开发公司	常用的数据库产品简介
MS-SQL Server	Microsoft	是 Windows 平台上最为流行的中型关系型 DBMS,采用客户/服务器体系结构,图形化用户界面,支持 Web 技术,支持多种数据库文件的导入。是一个可扩展的、高性能的 DBMS。以其内置的数据复制功能、强大的管理工具、与 Internet 的紧密集成和开放的系统结构,提供了一个出众的数据库平台。近期版本为 SQL Server 2008 版
Oracle	Oracle	Oracle 是商业界领先的 RDBMS。它可以在多种操作系统及硬件平台上运行。它可升级(扩充)且结构可靠,这便是许多用户选择此平台的原因。是世界上使用最广泛的大型关系型 DBMS。近期版本为 Oracle 11G
DB2	IBM	DB2 UDB(通用数据库)是为 UNIX、OS/2、Windows NT 提供的关系型数据库解决方案,能够在各种系统中运用,近期版本为 DB2 9.0
MySQL	MySQLAB	MySQL 是很流行的开放源码 DBMS,以性能卓越而著称。它可以在多种操作系统上运行,包括大多数 Linux 版本。为了提升性能,它的功能较大多数 DBMS 精简。近期版本为 MySQL 5.5
PostgreSQL	加州大学伯克利分校	PostgreSQL 是功能最多的开放源码数据库平台。以最佳 ANSI 标准支持、扎实的事务处理功能及丰富的数据类型及数据库对象支持来取胜。它除了具有完整的功能之外,还可以在多种操作系统及硬件平台上运行。近期版本为 PostgreSQL 9.0 版
Sybase	Sybase	是一个以"客户/服务器数据库体系结构"为开发目标的面向联机事务处理的大型关系型 DBMS。近期版本为 Sybase ASE 15.5
Access	Microsoft	基于 Windows 平台的桌面式的小型关系型 DBMS,单文件型数据库,是 Office 软件包的一个组成部分,有可视化开发环境。目前比较流行的开发工具都支持 Access 数据库。近期版本为 Access 2007
Visual FoxPro	Microsoft	基于 Windows 平台的兼备应用程序开发和数据库管理功能的小型关系型 DBMS,其数据库可以升迁为 Oracle 和 MS-SQL Server,可以开发桌面、客户/服务器体系结构和 Web 的数据库应用程序,新版支持.NET 框架。近期版本为 VFP 9.0

3. 数据库开发工具的选择

随着计算机网络与数据库技术的不断进步,基于客户机/服务器的数据库应用已日臻成熟。现代大型主流的高级关系数据库产品均自带有完善的集成开发环境,有很好的客户端(前台)与服务器端(后台)数据库设计、应用开发工具。但在采用一些中低端数据库产品进行系统设计开发,或在进行特殊与复杂应用开发时,需借助于专门的数据库前台开发工具。

数据库前台开发工具必须具有对后台关系型数据库的访问能力,目前在计算机市场上已推出了许多优秀的数据库前台开发工具产品。下面介绍几种典型的开发工具。

(1) Visual Basic(简称 VB)。VB 是初学者开发应用程序的首选；容易入门和使用、开发效率高，但有应用的局限性。

(2) PowerBuilder(简称 PB)。PB 适于开发大型管理信息系统及各类跨平台的数据库应用；数据库前端工具甚至超过了一些数据库的开发系列专门的工具，但多媒体和网络功能稍弱。

(3) C++ Builder 与 Delphi。它们均是基于可视组件库的可视化开发工具，在对数据库、组件技术的支持、系统底层开发与网络开发的支持等方面都表现较好，充分体现了所见即所得的可视化开发优势，不足之处就是其帮助系统较弱。

(4) Visual C++。它是基于微软基础类库的可视化的开发工具，它功能强大，在网络开发和多媒体开发中都具有较好的表现，帮助系统也较完善，其主要的问题是不易使用。

(5) Java 编程工具。在网络开发中表现突出，而且面向对象特性好，支持的组件技术多，跨平台的特性等使得它在开发中占据越来越重要的地位。要求较专业的设计。

(6).NET 类开发工具。.NET 开发环境具有 Web 服务支持、跨语言的能力，是一个适用于所有语言的集成工具集。随着微软的.NET 技术的推广，不少开发工具将在未来软件开发中逐步进入.NET 环境，如：VB.NET，Visual C++.NET、Visual C♯.NET 、Visual J♯.NET 等。

7.5 本 章 小 结

SQL 用户可以是终端用户，也可以是应用程序。嵌入式 SQL 是将 SQL 作为一种数据子语言嵌入到高级语言中，利用高级语言和其他专门软件来弥补 SQL 实现复杂应用的不足。动态 SQL 允许在执行一个应用程序中，根据不同的情况动态地定义和执行某些 SQL 语句，可实现应用中的灵活性。

ODBC 是一种开放的独立于厂商的应用程序接口，可以跨平台访问各种数据库，方便异构数据库之间进行数据共享。JDBC 提供了一个公共的、网络透明的、与具体数据库无关的应用程序接口。它类同动态 SQL 方式，可以运行时构造 SQL 语句。JDBC 能够通过因特网访问数据库，且比嵌入式和动态 SQL 的实现移植性更好。

数据库应用系统开发主要有：数据库应用系统分析、数据库应用系统设计、数据库应用系统实现以及数据库应用系统测试 4 大步骤。

选择关系数据库产品时考虑的因素有：数据库应用的规模、类型和用户的数量；速度指标；软件、硬件平台性能与价格比；开发者的经验以及安全性。

习 题 7

1. 为什么引入嵌入式 SQL？其工作过程是什么？
2. 动态 SQL 的意义是什么？如何实现动态 SQL？

3. 设计一段嵌入式 SQL 的程序,实现根据给定主变量的值,查某学生的档案情况及其选课情况。

4. ODBC 驱动程序的体系结构由哪些部分组成? ODBC 驱动程序使用的数据源名的类型与含义是什么?

5. 描述嵌入式 SQL、ODBC、JDBC 之间的一些主要区别。

6. ADO. NET 的数据提供者包含哪些主要组件? 其数据提供者组件的主要功能有哪些?

7. 主要的数据库应用体系结构有哪些? 它们各有何特点?

8. 主要的信息系统的结构模式有哪些? 它们有何不同?

9. 试讨论数据库应用系统的开发步骤、数据库产品与开发工具的选择问题。

第8章

SQL Server 数据库应用

本章将介绍 SQL Server 2005 的组成、工具以及存储过程、数据库触发器的设计，讨论数据库系统设计过程中的一些技术问题，并通过应用需求和具体设计，讲解数据库设计与开发过程。

8.1 SQL Server 2005 系统概述

SQL Server 2005 是微软公司开发的关系型 DBMS，是目前在 Windows 平台上安装数量最多的数据库产品。它是一个全面的数据管理平台，为企业提供企业级数据管理与集成的商业智能工具。其数据库引擎为关系型数据和 XML 数据提供了更安全可靠的存储功能，使得用户可以构建和管理用于业务的高可用和高性能的数据应用程序。

8.1.1 SQL Server 2005 的组成

SQL Server 2005 的组成如图 8-1 所示，按功能划分如下：

（1）数据库引擎。它是用于存储、处理和保护数据的核心服务。利用数据库引擎可控制访问权限并快速处理事务，从而满足企业内要求极高而且需要处理大量数据的应用需要。

（2）分析服务。它为商业智能应用程序提供了联机分析处理和数据挖掘功能。

（3）集成服务。它是一种企业数据转换和数据集成解决方案，可以使用它从不同的源提取、转换以及合并数据，并将其移至单个或多个目标。

（4）复制。它是在数据库之间对数据和数据库对象进行复制和分发，然后在数据库之间进行同步以保持一致性的一组技术。使用复制可以将数据通过局域网、广域网、拨号连接、无线连接和 Internet 分发到不同位置以及分发给远程用户或移动用户。

（5）报表服务。它是一种基于服务器的新型报表平台，可用于创建和管理包含来自关系数据源和多维数据源数据的各种报表。可以通过基于 Web 的连接来查

图 8-1 SQL Server 2005 的组成

看和管理用户创建的报表。

（6）通知服务。它用于开发和部署可生成并发送通知的应用程序,可生成并向大量订阅方及时发送个性化的消息,还可向各种设备传递消息。

（7）服务代理。它是一种用于生成可靠、可伸缩且安全的数据库应用程序的技术,提供了一个基于消息的通信平台,可用于将不同的应用程序组件链接成一个操作整体,可显著减少应用程序开发时间。

（8）全文搜索。它包含对 SQL Server 表中基于纯字符的数据进行全文查询所需的功能。全文查询可以包括单词和短语,或者一个单词或短语的多种形式。

其中,集成服务被看作是各大部件之间的胶合剂,同时也是 SQL Server 2005 作为商务智能平台的重要组成部分。

8.1.2 SQL Server 2005 的组件

SQL Server 2005 组件分为服务器组件、客户端组件和连接组件三大类。在使用 SQL Server 2005 以前,首先要进行系统安装。安装过程是先将其安装光盘放入光驱中,光盘自动运行,然后按照安装提示进行选择,这里不再详述。系统组件分布图如图 8-2 所示。

图 8-2 SQL Server 系统组件分布图

查看 SQL Server 服务器组件:选择"开始"|"控制面板"|"管理工具"|"组件服务"命令,在出现的对话框中选择"服务(本地)"选项,可看到这些服务器组件,服务器组件图如图 8-3 所示。

图 8-3 SQL Server 服务器组件

其中，SQL Server 服务器组件主要有：

(1) SQL Server(MSSQLSERVER)(数据库引擎)。

(2) SQL Server Analysis Services(分析服务工具)。

(3) SQL Server Reporting Services(报表服务工具)。

(4) SQL Server Notification Services(通知服务工具)。

(5) SQL Server Integration Services(集成服务工具)。

(6) SQL Server Agent(监视工具)。

(7) SQL Server Browser(连接工具)。

(8) SQL Server FullText Search(全文搜索工具)。

(9) SQL Server VSS Writer(VSS 接口工具)。

(10) SQL Server Active Directory(活动目录)。

8.1.3　SQL Server 2005 的工具

SQL Server 2005 提供了一整套管理工具和实用程序，使用这些工具和程序，可以设置和管理 SQL Server 进行数据库管理和备份，并保证数据库的安全和一致。

在“开始”|“所有程序”菜单上，将鼠标移到 Microsoft SQL Server 2005，即可看到其工具和实用程序，如图 8-4 所示。下面介绍几种典型工具。

图 8-4　工具和实用程序

1. SQL Server Management Studio（SQL Server 管理控制器）

SQL Server 管理控制器是为数据库的管理员和开发人员提供的图形化、集成了丰富开发环境的管理工具，也是 SQL Server 2005 中最重要的管理工具。它是一个集成的管理平台，包括了 SQL Server 2000 企业管理器、分析管理器和查询分析器的所有功能。下面介绍它的启动及主要的窗口功能。

(1) 启动 SQL Server 管理控制器。操作步骤如下：

① 在 Windows 中选择“开始”|“所有程序”|Microsoft SQL Server 2005|SQL Server Management Studio 命令，出现“连接到服务器”对话框，如图 8-5 所示。

② 系统提示建立与服务器的连接，这里使用本地服务器，服务器名称为 LCB-PC，并使用“混合模式(Windows 身份验证和 SQL Server 身份模式)”，因此，在服务器名称组合框中选择“LCB-PC”选项，在身份验证组合框中选择“SQL Server 身份验证”选项，登录名自动选择“sa”，在密码文本框中输入在安装时设置的密码，单击“连接”按钮进入 SQL Server 管理控制器界面，说明启动成功。管理控制器界面如图 8-6 所示。

图 8-5　"连接到服务器"对话框

图 8-6　管理控制器界面

（2）窗口部件。在默认的情况下，SQL Server 管理控制器有三个窗口，即"已注册的服务器"、"对象资源管理器"和"文档"窗口。

① "已注册的服务器"窗口。该窗口主要显示数据库服务器的列表，用户可以根据需要从列表中增加或删除数据库服务器，如图 8-6 所示管理控制器界面中自动注册了本地服务器 LCB-PC。已注册服务器主要有数据库引擎、分析服务、报表服务和集成服务等类型，单击"已注册的服务器"窗口工具栏中的各按钮可以切换不同类型的服务。

② "对象资源管理器"窗口。该窗口以树型形式显示数据库服务器的直接子对象。

③ "文档"窗口。该窗口包括了查询编辑器和浏览窗口。在默认情况下，"文档"窗口显示当前连接到的数据库实例的"摘要"页。

2. Business Intelligence Development Studio（商业智能开发平台）

商业智能开发平台是一个集成的环境，用于开发商业智能构造（如多维数据集、数据源、报告和集成服务软件包）。

在 Windows 中选择"开始"|"所有程序"|Microsoft SQL Server 2005|SQL Server Business Intelligence Development Studio 命令,打开其窗口。再单击菜单"文件"|"新建"|"项目"命令,打开"新建项目"窗口。在"项目类型"列表中选择"商业智能项目"选项,在右侧的"模板"列表框内选择任意一种已安装的模板,单击"确定"按钮,即可创建相应的项目。

SQL Server 管理控制器可用于开发和管理数据库对象,以及用于管理和配置现有分析服务对象,而商业智能开发平台则用于开发商业智能应用程序。

3. SQL Server Profiler(SQL Server 分析器)

SQL Server 分析器是一个图形化的管理工具,用于监督、记录和检查 SQL Server 数据库的使用情况。可通过多种方法启动它,以支持在各种情况下收集跟踪输出。对系统管理员来说,它是一个连续实时地捕获用户活动情况的间谍。

SQL Server 分析器是用于从服务器捕获事件的工具。事件保存在一个跟踪文件中,可在以后对该文件进行分析,也可在诊断某个问题时,用它来重现某一系列的步骤。它还支持对执行的操作进行审核,记录与安全相关的操作,供安全管理员以后复查。

在 Windows 中选择"开始"|"所有程序"|Microsoft SQL Server 2005|"性能工具"|SQL Server Profiler 命令,打开其窗口。分析器窗口如图 8-7 所示。再单击"文件"菜单中的"新建跟踪"命令,用"常规"卡,可设置跟踪名称,跟踪提供程序名称、类型、使用的模板、保存的位置、是否启用跟踪停止时间及时间设置。用"事件选择"卡,可设置要跟踪的事件和事件列。

图 8-7 分析器窗口

4. Database Engine Tuning Advisor(数据库引擎优化顾问)

数据库引擎优化顾问是一个性能优化工具,所有的优化操作都可由它来完成。在用户指定了要优化的数据库后,该顾问对数据库访问情况进行评估,并给出优化性能的建议。

在 Windows 中选择"开始"|"所有程序"|Microsoft SQL Server 2005|"性能工具"|Database Engine Tuning Advisor 命令,打开其窗口。在该窗口中设置会话名称、工作负荷所用的文件或表、选择要优化的数据库和表,然后单击"开始优化"按钮即可进行优化。

5. SQL Server Configuration Manager(SQL Server 配置管理器)

SQL Server 配置管理器是一种工具,用于管理与 SQL Server 相关联的服务、配置使用的网络协议,以及从 SQL Server 客户端管理网络连接配置。它集成了服务器网络实用工具、客户端网络实用工具和服务管理器的功能。

在 Windows 中选择"开始" | "所有程序" | Microsoft SQL Server 2005 | "配置工具" | SQL Server Configuration Manager 命令,打开配置管理器窗口,如图 8-8 所示。

图 8-8　配置管理器窗口

此外,SQL Server 2005 还提供了大量的联机帮助文档,它具有索引和全文搜索能力,可根据关键词来快速查找用户所需信息,可以帮助了解 SQL Server 技术和开始项目。

8.2　数据库创建与程序设计

8.2.1　数据库的创建

在 SQL Server 2005 中,常使用 SQL Server 管理控制器建立数据库。数据库是存放数据的容器,设计一个应用程序时,必须先建好数据库。

【例 8.1】　使用 SQL Server 管理控制器创建一个名称为 school 的数据库。

其操作步骤如下:

(1)选择"开始" | "所有程序" | Microsoft SQL Server2005 | SQL Server Management Studio 命令,即可启动 SQL Server 管理控制器,出现"连接到服务器"对话框,如图 8-9 所示。

图 8-9　"连接到服务器"对话框

(2) 在"连接到服务器"对话框中,选择"服务器类型"为"数据库引擎","服务器名称"为 LCB-PC,"身份验证"为"SQL Server 身份验证",并输入正确的登录名(sa)和密码,单击"连接"按钮,即连接到指定的服务器,如图 8-10 所示。

图 8-10　连接到 LCB-PC 服务器

(3) 在左边的"对象资源管理器"窗口中选中"数据库"节点,单击鼠标右键,在出现的快捷菜单中选择"新建数据库"命令,如图 8-11 所示。

图 8-11　选择"新建数据库"命令

(4) 进入"新建数据库"窗口,选择页包含三个选项,它们的功能如下:

①"常规":它首先出现,用于设置新建数据库的名称及所有者。在"数据库名称"文本框中输入新建数据库的名称 school,数据库名称设置完成后,系统自动在"数据库文件"列表中产生一个主数据文件(名称为 school.mdf,初始大小为 3MB)和一个日志文件(名称为 school_log.ldf,初始大小为 1MB),同时显示文件组、自动增长和路径等默认设置。用户可根据需要修改这些默认设置。在这里将主数据文件和日志文件的存放路径改为"H:\SQL Server"文件夹,其他保持默认值。

单击"所有者"的浏览按钮,在弹出的列表框中选择数据库的所有者。数据库所有者是对数据库具有完全操作权限的用户,这里选择"默认值"选项,表示数据库所有者为用户登录 Windows 操作系统使用的管理员账户,如 sa。该"常规"选项设置对话框如图 8-12 所示。

图 8-12　"常规"选项设置对话框

②"选项":设置数据库的排序规则及恢复模式等选项。这里均采用默认设置。

③"文件组":显示文件组的统计信息。这里均采用默认设置。

(5) 设置完成后单击"确定"按钮,数据库 school 创建完成。此时在"H:\SQL Server"文件夹中增加了 school.mdf 和 school_log.ldf 两个文件。

8.2.2　表的创建

1. 数据库中的表

设要在 school 数据库中建立如下 4 个表:

(1) student 表。该表用于存放所有学生记录,对应的关系模式如下:

student(<u>sno</u>,sname,ssex,sbirthday,sclass)

表示含义为:学生(学号,姓名,性别,出生日期,班号)

(2) teacher 表。该表用于存放所有教师记录,对应的关系模式如下:

teacher(<u>tno</u>,tname,tsex,tbirthday,prof,depart)

表示含义为:教师(编号,姓名,性别,出生日期,职称,部门)

(3) course 表。该表用于存放所有课程记录,对应的关系模式如下:

course(<u>cno</u>,cname,tno)

表示含义为:课程(课程号,课程名,上课教师编号)

(4) score 表。该表用于存放所有学生成绩记录,对应的关系模式如下:

score(<u>sno,cno</u>,grade)

表示含义为:成绩(学号,课程号,成绩)

2. 创建数据库表

SQL Server 2005 提供了两种创建数据库表的方法,一种是利用 SQL Server 管理控制器;另一种是利用 T-SQL 语句中的 CREATE TABLE 命令。这里只介绍第一种建表方法。

【**例 8.2**】 使用管理控制器在 school 数据库中建立 student 表、teacher 表、course 表、score 表。其操作步骤如下：

（1）启动 SQL Server 管理控制器。

（2）在"对象资源管理器"中展开 LCB-PC 服务器节点。

（3）展开"数据库"|school 节点。

（4）选中"表"，单击鼠标右键，在出现的快捷菜单中选择"新建表"命令，如图 8-13 所示。

（5）此时打开表设计器窗口，在"列名"栏中依次输入表的字段名（即属性名），并设置每个字段的数据类型、长度等，输入结果如图 8-14 所示。

图 8-13　选择"新建表"命令

图 8-14　设置表的字段

（6）在 sno 行上右击鼠标，在出现的快捷菜单中选择"设置主键"命令，如图 8-15 所示，从而将 sno 字段设置为该表的主键，此时，该字段前面会出现一个钥匙图标。如果要

图 8-15　选择"设置主键"命令

将多个字段设置为主键,可按住 Ctrl 键,单击每个字段前面的按钮来选择多个字段,然后再依照上述方法设置主键。

(7) 单击工具栏中的保存 按钮,出现如图 8-16 所示的对话框,输入表的名称 student,单击"确定"按钮。此时便建好了 student 表(表中没有数据)。

图 8-16　设置表的名称

(8) 依照上述步骤,再创建其他三个表,其中 teacher 表的结构如图 8-17 所示。

(9) 添加各表之间的关系,例如将 course 表的 sno 设置为 student 表的 sno 的外键。右击 sno 行,在出现的菜单项中选择"关系"命令,如图 8-18 所示。在弹出的窗口中,单击"添加"按钮,添加一个关系,然后在右侧展开"表与列规范",单击右侧"..."按钮,如图 8-19 所示。在弹出的窗口中填上对应的关系名,如图 8-20 所示。

图 8-17　teacher 表的结构

图 8-18　添加关系

图 8-19　添加外键

图 8-20　填上对应的关系名 FK_tno

3. 表中记录的添加

记录的添加和修改可以通过 SQL Server 管理控制器来进行。

【例 8.3】　输入 school 数据库中 student 等 4 个表的相关记录。

其操作步骤如下：

（1）启动 SQL Server 管理控制器。

（2）在"对象资源管理器"中展开 LCB-PC 服务器节点。

（3）展开"数据库"|school|"表"|dbo. student 节点，单击鼠标右键，在出现的快捷菜单中选择"打开表"命令，如图 8-21 所示。

（4）此时出现 student 数据表编辑对话框，用户可以在其中各字段中直接输入或编辑相应的数据，这里输入 6 个学生记录，如图 8-22 所示。

图 8-21　选择"打开表"命令

表 - dbo.student

sno	sname	ssex	sbirthday	sclass
101	李军	男	1976-2-20 0:00:00	95033
103	陆君	男	1974-6-3 0:00:00	95031
105	匡明	男	1975-10-2 0:00:00	95031
107	王丽	女	1976-1-23 0:00:00	95033
108	曾华	男	1976-9-1 0:00:00	95033
109	王芳	女	1975-2-10 0:00:00	95031
*	NULL	NULL	NULL	NULL

图 8-22　student 表的记录

（5）采用同样的方法输入 teacher、course 和 score 表中数据记录。

8.2.3　T-SQL 程序基础

SQL 是关系型 DBMS 的标准语言，它利用一些简单的句子构成基本的语法，来存取数据库的内容。T-SQL(是 Transact-SQL 的简写)译为事务 SQL,是 Microsoft SQL Server 在标准 SQL 基础上添加了流程控制后的扩展,是标准 SQL 的超集。

1. 常规标识符与数据类型

在 SQL Server 中,标识符就是指用来定义服务器、数据库、数据库对象和变量等的名称。可以分为常规标识符和分隔标识符。T-SQL 中不区分大小写字母。

常规标识符就是不需要使用分隔标识符进行分隔的标识符。在 SQL Server 2005 中,常规标识符的格式规则取决于数据库的兼容级别,兼容级别可以用存储过程 sp_dbcmptlevel 来设置。当兼容级别为 80 时,规则如下:

(1) 第一个字符必须是 Unicode 2.0 标准所定义的字母、下划线(_)、at 符号(@)和数字符号(♯)。

(2) 后续字符可以是 Unicode 2.0 所定义的字母、来自基本拉丁字母或其他国家/地区脚本的十进制数字、at 符号(@)、美元符号($)、数字符号(♯)或下划线(_)。

(3) 标识符不能是 T-SQL 的保留字。SQL Server 保留其保留字的大写和小写形式。

(4) 不允许嵌入空格或其他特殊字符。

(5) 常规标识符和分隔标识符包含的字符数必须在 1~128 之间。对于本地临时表,标识符最多可以有 116 个字符。

数据类型包括系统数据类型和用户自定义数据类型。

系统数据类型分为精确数值类型、近似数字类型、日期和时间类型、字符数据类型、Unicode 字符数据类型、二进制字符数据类型和其他数据类型。

用户定义的数据类型总是根据基本数据类型进行定义的。它们提供了一种机制,可以将一个名称用于一个数据类型,这个名称更能清楚地说明该对象中保存的值的类型。可通过 SQL Server 管理控制器或系统存储过程 sp_addtype 来创建用户定义数据类型。

2. 变量

在 SQL Server 中,变量分为局部变量和全局变量。

全局变量记录了 SQL Server 的各种状态信息。全局变量的名称前面为"@@",由系统定义和维护。

局部变量前面有一个 at 符号(@),由用户定义和使用,一般格式如下:

```
DECLARE {@变量名 数据类型 }
```

在 SQL Server 中,一次可以定义多个变量。例如:

```
DECLARE @f float,@cn char(8)
```

如果要给变量赋值,可以使用 SET 和 SELECT 语句。其基本语法格式如下:

```
SET @local_variable=expr              --直接赋值
SELECT {@local_variable=expr}[,…n]    --在查询语句中为变量赋值
```

其中，@local_variable 为定义的局部变量名称，expr 为相应类型的表达式。

3. 控制流语句

T-SQL 提供称为控制流的特殊关键字，用于控制 T-SQL 语句、语句块和存储过程的执行流。这些关键字可用于 T-SQL 语句、批处理和存储过程中。

控制流语句就是用来控制程序执行流程的语句，使用控制流语句可以在程序中组织语句的执行流程，提高编程语言的处理能力。SQL Server 提供的控制流语句如表 8-1 所示。

表 8-1　控制流语句

控制流语句	说　　明
BEGIN…END	定义语句块
IF…ELSE	条件处理语句
CASE	分支语句
WHILE	循环语句
GOTO	无条件跳转语句
WAITFOR	延迟语句
BREAK	跳出循环语句
CONTINUE	重新开始循环语句

4. 执行 T-SQL 语句

在 SQL Server 管理控制器（SQL Server Management Studio）中，用户可在全文窗口中输入 T-SQL 语句，执行语句并在结果窗口中查看结果。可以使用 SQL Server 管理控制器交互式地执行 T-SQL 语句。

在 SQL Server 管理控制器执行 T-SQL 语句的操作步骤如下：

（1）启动 SQL Server 管理控制器。

（2）在左边的"对象资源管理器"窗口中拉开"数据库"列表，单击 school 数据库，再单击左上方工具栏中"新建查询"按钮，右边出现一个查询命令编辑窗口，在其中输入 T-SQL 语句，如 select * from student，然后单击工具栏中的 ！ 执行(X)按钮或按 F5 键即在下方的输出窗口中显示执行结果。语句编辑与结果输出窗口如图 8-23 所示。

图 8-23　查询语句编辑与结果输出窗口

5. 批处理

批处理是包含一个或多个 T-SQL 语句的组,从应用程序一次性地发送到 SQL Server 执行。SQL Server 将批处理语句编译成一个可执行单元,此单元称为执行计划。执行计划中的语句每次执行一条。GO 语句是一个批处理的结束语句。

用户定义的局部变量的作用域限制在一个批处理中,所以变量不能在 GO 语句后引用。如果在一个批处理中存在语法错误,则该批处理的全部语句都不执行,执行从下一个批处理开始。

8.2.4　函数和游标

1. 函数的使用

函数是能够完成特定功能并返回处理结果的一组 T-SQL 语句,而游标用于处理结果集中的每一条记录,它们是 SQL Server 基本程序设计方法。

函数是由一个或多个 T-SQL 语句组成的子程序,可用于封装代码以便重新使用。任何代码若必须执行函数所包含的功能,都可以调用该函数,而不必重复编写。SQL Server 2005 支持两种函数类型:内置函数和用户定义函数。

(1) 内置函数。SQL Server 2005 提供了丰富的具有执行某些运算功能的内置函数,可分为 12 类,如表 8-2 所示。其中除了聚合函数和行集函数外,其余均属标量函数。所谓标量函数,是指它们接受一个或多个参数后进行处理和计算,并返回一个单一的值,它们可以应用于任何有效的表达式中。

表 8-2　SQL Server 2005 提供的内置函数

函 数 分 类	说　　明
聚合函数	执行的操作是将多个值合并为一个值,例如 COUNT、SUM、MIN 和 MAX
行集函数	返回行集,这些行集可用在 T-SQL 语句中引用表所在的位置
配置函数	返回当前配置信息
游标函数	返回有关游标状态的信息
日期和时间函数	操作 datetime 和 smalldatetime 值
数学函数	执行三角、几何和其他数字运算
元数据函数	返回数据库和数据库对象的特性信息
安全性函数	返回有关用户和角色的信息
字符串函数	操作 char、varchar、nchar、nvarchar、binary 和 varbinary 值
系统函数	对系统级别的各种选项和对象进行操作或报告
系统统计函数	返回有关 SQL Server 性能的信息
文本和图像函数	操作 text 和 image 值

此外还有常用的几种标量函数:字符串函数、日期和时间函数、数学函数、系统函数等,读者可以自行参阅 SQL Server 的联机帮助。

(2) 用户定义函数。SQL Server 2005 并不将用户限制在定义为 T-SQL 语言一部分的内置函数上,而是允许用户创建自己的用户定义函数。

可使用 CREATE FUNCTION 语句创建,使用 ALTER FUNCTION 语句修改,以及使用 DROP FUNCTION 语句除去用户定义函数。每个完全合法的用户定义函数名必须唯一。

当用户创建一个自定义函数被存储到 SQL Server 2005 系统中后,每个自定义函数对应 sysobjects 系统表中一条记录,该表中 name 列包含自定义函数的名称,type 列指出存储对象的类型('FN'值表示是标量函数,'IF'值表示是内联表函数,'TF'值表示是表函数)。用户可以通过查找该表中的记录判断某自定义函数是否被创建。

用户定义函数接受零个或多个的输入参数,并返回单个值或单个表值,用户定义函数最多可以有 1024 个输入参数。

建立用户定义函数的操作是:选择服务器|"数据库"|要建立用户定义函数的数据库名称|"可编程性",右击"函数",选择"新建"命令,在出现的快捷菜单中选择相应的函数类型。创建用户自定义函数界面如图 8-24 所示。在选择了函数类型后,T-SQL 语句编辑窗口显示相应类型的函数模板。

图 8-24　创建用户自定义函数界面

SQL Server 2005 支持三种用户定义函数:

(1) 标量值函数:只有一个系统数据类型或用户自定义类型的返回值。

(2) 内联表值函数:返回值不是单一的变量,而是由一个表代表的记录集。

(3) 多语句表值函数:返回值是一个表,需指定表结构。

这里仅介绍返回一个表变量的多语句表值函数。创建该函数的一般格式如下:

```
CREATE FUNTION 自定义函数名称
([{@函数的参数 [AS]参数类型 [=参数的默认值]} [,…n]])
RETURNS @表变量名 TABLE 表类型定义(包含列定义和约束)
[WITH 函数选项[,…n]]
[AS]
BEGIN
    函数体                        ——一系列定义函数值的 T-SQL 语句
    RETURN
END
```

【例 8.4】 多语句表值函数例。

```
USE school
GO
CREATE FUNCTION student2(@xh char(5))    ——建立函数 student2
  RETURNS @st TABLE                      ——返回表@st
  (avgs float)                           ——定义表结构,这是多语句表值函数的特征
  AS
  BEGIN
    INSERT @st                           ——向@st 中插入满足条件的记录
      SELECT AVG(score.grade)
      FROM score
      WHERE score.sno=@xh
    RETURN
  END
GO
SELECT * FROM student2('108')
GO
```

在上述定义的函数 student2 中,返回的本地变量名是@st。函数中的语句在@st 变量中插入行,以生成由该函数返回的 table 结果。外部语句唤醒调用该函数以引用由该函数返回的 table。最后的 T-SQL 语句使用该函数查询学号为 108 的平均分。

2. 游标的使用

关系数据库中的操作会对整个行集产生影响。由 SELECT 语句返回的行集包括所有满足该语句 WHERE 子句中条件的行。由语句所返回的这一完整的行集称为结果集。应用程序,特别是交互式联机应用程序,并不总能将整个结果集作为一个单元来有效地处理。这些应用程序需要一种机制,以便每次处理一行或一部分行。游标就是用来提供这种机制的结果集扩展。

游标的基本操作包括声明游标、打开游标、提取数据、关闭游标和释放游标。

(1)声明游标。声明游标使用 DECLARE CURSOR 语句,其语法格式如下:

```
DECLARE 游标名称[INSENSITIVE][SCROLL]
[STATIC|KEYSET|DYNAMIC|FAST_FORWORD]CURSOR
```

FOR 标准 SELECT 语句

[FOR {READ ONLY|UPDATE[OF 列名[,…n]]}]

其中,各参数含义如下:

① INSENSITIVE 定义一个游标,以创建将由该游标使用的数据的临时副本。对游标的所有请求都从 tempdb 中的该临时表中得到应答,因此,在对该游标进行提取操作时返回的数据中不反映对基表所做的修改,并且该游标不允许修改。

② SCROLL 指定所有的提取选项。该选项具有以下提取数据功能:

FIRST:提取第一行;LAST:提取最后一行;PRIOR:提取前一行;NEXT:提取后一行(默认值);RELATIVE:按相对位置提取数据;ABSOLUTE:按相对位置提取数据。

③ READ ONLY 该游标只能读,不能修改。

④ UPDATE[OF 列名[,…n]]定义游标内可更新的列。如果指定"OF 列名[,…n]"参数,则只允许修改所列出的列。否则可以更新所有列。

(2)打开游标。打开游标使用语句格式如下:

OPEN 游标名称

当打开游标时,服务器执行声明时使用的 SELECT 语句。

(3)从游标中提取行。打开游标以后,游标位置位于第一行。可以使用提取语句从游标结果集中提取数据。其语法格式如下:

FETCH[[NEXT|PRIOR|FIRST|LAST
    |ABSOLUTE {n|@nvar}
    |RELATIVE {n|@nvar}]
    FROM]游标名称[INTO @变量名[,…n]]

其中,各参数的含义为:

① NEXT:返回紧跟当前行之后的结果行,并且当前行递增为结果行。NEXT 为默认的游标提取选项。

② PRIOR:返回紧临当前行前面的结果行,并且当前行递减为结果行。

③ FIRST:返回游标中的第一行并将其作为当前行。

④ LAST:返回游标中的最后一行并将其作为当前行。

⑤ ABSOLUTE {n|@nvar}:如果 n 或@nvar 为正数,返回从游标头开始的第 n 行并将返回的行变成新的当前行。若为负数,返回游标尾之前的第 n 行并将返回的行变成新的当前行。若为 0,则没有行返回。

⑥ RELATIVE {n!@nvar}:如果 n 或@nvar 为正数,返回当前行之后的第 n 行并将返回的行变成新的当前行。若为负数,返回当前行之前的第 n 行并将返回的行变成新的当前行。若为 0,返回当前行。

⑦ 游标名称:要从中提取数据的游标名。若存在同名称的全局和局部游标存在,则游标名称前指定 GLOBAL 表示操作的是全局游标,否则表示操作的是局部游标。

⑧ INTO @variable_name[,…n]:允许将提取操作的列数据放到局部变量中。列表中的各个变量从左到右与游标结果集中的相应列类型相容、数目一致。

⑨ 全局变量@@FETCH_STATUS（）函数报告上一个 FETCH 语句的状态，取值为：0、−1、−2，其含义分别代表成功、失败、行不存在。另外一个用来提供游标活动信息的全局变量为@@ROWCOUNT，它返回受上一语句影响的行数。若为 0 表示没有行更新。

（4）关闭游标。关闭游标语句格式如下：

```
CLOSE 游标名称
```

关闭游标后可以再次打开。在一个批处理中，可以多次打开和关闭游标。

（5）释放游标。释放游标将释放所有分配给此游标的资源。释放游标语句格式为：

```
DEALLOCATE 游标名称
```

关闭游标并不改变游标的定义，可以再次打开该游标。但是，释放游标就释放了与该游标有关的一切资源，也包括游标的声明，就不能再次使用该游标了。

【例 8.5】　编写程序：使用游标打印一个简单的学生信息表。

```
USE school
GO
SET NOCOUNT ON
DECLARE @s_no int,@s_name char(8),@s_sclass char(5),@s_avg float    --声明变量
DECLARE st_cursor CURSOR                                            --声明游标
    FOR SELECT student.sno,student.sname,student.sclass,AVG(score.grade)
      FROM student,score
      WHERE student.sno=score.sno AND score.grade>0
      GROUP BY student.sno,student.sname,student.sclass
      ORDER BY student.sclass,student.sno
OPEN st_cursor                                                      --打开游标
FETCH NEXT
FROM st_cursor INTO @s_no,@s_name,@s_sclass,@s_avg                  --取第一行值
PRINT '学号    姓名    班号    平均分'                                  --输出表标题
PRINT '------------------------------------'
WHILE @@FETCH_STATUS =0
BEGIN
    PRINT CAST(@s_no AS char(8))+@s_name+@s_sclass+' '+
        CAST(@s_avg AS char(5))                                    --打印一行数据
    FETCH NEXT
FROM st_cursor INTO @s_no,@s_name,@s_sclass,@s_avg                  --取下一行
END
CLOSE st_cursor                                                     --关闭游标
DEALLOCATE st_cursor                                                --释放游标
GO
```

【例 8.6】　编写一个程序，使用自定义函数和游标实现功能：求指定课程（"3-105"）的各班平均分，并对平均分情况进行评价。

设计多表值函数 st_avg 返回一个表对象，包含指定课程的各班平均分，设计一个游

标 st_cur 对该函数返回的"3-105"课程的结果集中各班的平均分进行评价。程序如下：

```
USE school
GO
IF EXISTS(SELECT * FROM sysobjects              --如果存在这样的函数则删除之
        WHERE name='st_avg' AND type='TF')
    DROP FUNCTION st_avg
GO
CREATE FUNCTION st_avg(@no char(6))             --创建 st_avg 函数
    RETURNS @fs TABLE
    (Sclass char(6),avgs int)
AS
    BEGIN
        INSERT @fs(sclass,avgs)
            SELECT sclass,AVG(grade)
            FROM student s,score sc
            WHERE s.sno=sc.sno AND sc.cno=@no
            GROUP BY sclass
            ORDER BY sclass
        RETURN
    END
GO
DECLARE @bh char(6),@fs int,@dj char(10)
DECLARE st_cur CURSOR                           --声明游标 st_cur
    FOR SELECT sclass,avgs FROM st_avg('3-105')
OPEN st_cur                                     --打开游标
FETCH NEXT FROM st_cur INTO @bh,@fs             --提取第一行值
PRINT '班号    平均分    考试情况'
PRINT '---------------------------'
WHILE @@FETCH_STATUS=0
BEGIN
    SET @dj=CASE
        WHEN @fs>=90 THEN '优秀'
        WHEN @fs>=80 THEN '良好'
        WHEN @fs>=70 THEN '一般'
        WHEN @fs>=60 THEN '及格'
        ELSE '不及格！'
    END
    PRINT @bh+' '+CAST(@fs AS char(10))+@dj      --提取下一行
    FETCH NEXT FROM st_cur INTO @bh,@fs
END
CLOSE st_cur                                     --关闭游标
DEALLOCATE st_cur                                --释放游标
GO
```

8.2.5　存储过程

存储过程是在数据库服务器端执行的一组 T-SQL 语句的集合,经编译后存放在数据库服务器端。存储过程作为一个单元进行处理并以一个名称来标识。它能够向用户返回数据、向数据库表中写入或修改数据,还可以执行系统函数和管理操作,用户在编程中只需要给出存储过程的名称和必需的参数,就可以方便地调用它们。本章介绍存储过程的创建、执行、修改和删除等操作。

存储过程不仅可以提高应用程序的处理能力,降低编写数据库应用程序的难度,同时还可以提高应用程序的效率。

1. 存储过程的分类

SQL Server 2005 提供了多种存储过程,分为:

(1) 用户存储过程。用户编定的可以重复使用的 T-SQL 语句功能模块,并且在数据库中有唯一的名称,可以附带参数。后面主要介绍用户存储过程。

(2) 系统存储过程。通常使用"sp_"为前缀,主要用于管理 SQL Server 和显示有关数据库及用户的信息。系统存储过程在 master 数据库中创建并保存,可以从任何数据库中执行这些存储过程。

(3) 扩展存储过程。允许用户使用编程语言(例如 C)创建自己的外部例程。

要使用存储过程,首先要创建一个存储过程。可以使用 SQL Server 管理控制器和 T-SQL 语言的 CREATE PROCEDURE 语句才创建存储过程。

2. 使用管理控制器创建存储过程

下面通过一个简例,说明使用 SQL Server 管理控制器创建存储过程的操作步骤。

【例 8.7】　使用 SQL Server 管理控制器创建存储过程,用于输出所有学生的最高分。其操作步骤如下:

(1) 启动 SQL Server 管理控制器。

(2) 在"对象资源管理器"中展开 LCB-PC 服务器节点。

(3) 展开"数据库"|school|"存储过程"节点,单击鼠标右键,在出现的快捷菜单中选择"新建存储过程"命令,如图 8-25 所示。

(4) 出现存储过程模板,用户可以参照模板在其中填入存储过程名、T-SQL 语句等,如下语句黑体部分为填入部分,T-SQL 语句功能为从 score 表中查询最高分:

SET ANSI_NULLS ON

图 8-25　选择"新建存储过程"命令

```
SET QUOTED_IDENTIFIER ON
GO
CREATE PROCEDURE maxdegree
AS
BEGIN
    SET NOCOUNT ON
    SELECT MAX(grade)AS '最高分'
    FROM score
    WHERE NOT grade IS NULL
END
GO
```

从中看到,上述存储过程主要包含一个 SECECT 语句,对于复杂的存储过程,可以包含多个 SECECT 语句。

(5)单击工具栏中的"保存"按钮,将其保存在数据库中。此时选中"存储过程"节点,单击鼠标右键,在出现的快捷菜单中选择"刷新"命令,会看到"存储过程"的下方出现了 maxgrade 存储过程,如图 8-26 所示。

当用户创建的存储过程被存储到 SQL Server 2005 系统中后,每个存储过程对应 sysobjects 系统表中一条记录,该表中 name 列包

图 8-26 创建 maxdegree 存储过程

含存储过程的名称,type 列指出存储对象的类型,当它为'P'时表示是一个存储过程,用户判断某存储过程是否被创建。

3. 使用 CREATE 语句创建存储过程

创建存储过程语句的一般格式如下:

```
CREATE PROCEDURE 存储过程名[;可选的整数]
    [{@参数 参数类型}
    [VARYING][=参数的默认值][OUTPUT]
    ][,…n]
    [WITH
        {RECOMPILE|ENCRYPTION|RECOMPILE,ENCRYPTION}]
    [FOR REPLICATION]
    AS T-SQL 语句
```

其中,一些参数含义如下:

(1)可选的整数用来对同名的过程分组,以便用一条语句将同组的过程一起删除去。

(2)若指定参数的数据类型为 CURSOR,必须同时指定 VARYING 和 OUTPUT 关键字。参数的默认值必须是常量或 NULL。使用 OUTPUT 参数可将信息返回给调用过程。

（3）RECOMPILE 表明该过程将在运行时重新编译；ENCRYPTION 表示 SQL Server 加密 syscomments 表中包含 CREATE PROCEDURE 语句文本的条目。

（4）FOR REPLICATION 指定不能在订阅服务器上执行为复制创建的存储过程。

【例 8.8】 编写一个程序，创建一个简单的存储过程 stud_grade，用于查询所有学生的成绩记录。

在 T-SQL 编辑窗口中直接输入如下程序：

```
USE school
GO
IF EXISTS(SELECT * FROM sysobjects WHERE name='stud_grade' AND type='P')
    DROP PROCEDURE stud_grade          --若存在存储过程 stud_grade,则删除之
GO    --注意,CREATE PROCEDURE 必须是一个批处理的第一个语句,故此 GO 不能缺
CREATE PROCEDURE stud_grade            --创建存储过程 stud_grade
AS
    SELECT student.sno,student.sname,course.cname,score.grade
    FROM student,course,score
    WHERE student.sno=score.sno AND course.cno=score.cno
    ORDER BY student.sno
GO
```

选择工具栏中的"!"按钮执行该程序 v，看到"命令已成功完成。"的消息，表示执行成功，该存储过程自动存储到 school 数据库中。如果有错误的消息，用户应修改程序，直到正确为止。

4. 执行存储过程

可以使用 EXECUTE 或 EXEC 语句来执行存储在服务器上的存储过程。

【例 8.9】 执行例 8.7 中创建的存储过程 maxdegree。

执行该存储过程的 T-SQL 语句如下：

```
USE school
GO
EXEC maxdegree
GO
```

【例 8.10】 执行例 8.8 中创建的存储过程 stud_grade 并查看输出的结果。

执行 stud_grade 存储过程的 T-SQL 语句如下：

```
USE school
GO
IF EXISTS(SELECT name
FROM sysobjects
WHERE name='stud_grade' AND type='P')
EXEC stud_grade                        --判断若存在 stud_grade 则执行它
GO
```

其执行结果如图 8-27 所示。从中看到,调用 stud_grade 存储过程输出了所有学生的学号、姓名、课程编号和分数。

	sno	sname	cname	degree
1	101	李军	计算机导论	64
2	101	李军	数字电路	85
3	103	陆君	计算机导论	92
4	103	陆君	操作系统	86
5	105	匡明	计算机导论	88
6	105	匡明	操作系统	75
7	107	王丽	计算机导论	91
8	107	王丽	数字电路	79
9	108	曾华	计算机导论	78
10	108	曾华	数字电路	NULL
11	109	王芳	计算机导论	76
12	109	王芳	操作系统	68

图 8-27 例 8.10 程序执行结果

在创建和使用存储过程时,其参数是非常重要的。下面讨论存储过程的参数传递和返回。

5. 在存储过程中使用参数

在设计存储过程时可以带有参数,这样可增加存储过程的灵活性。存储过程通过参数来与调用它的程序通信。在程序调用存储过程时,可以通过输入参数将数据传给存储过程,存储过程可以通过输出参数和返回值将数据返回给调用它的程序。带参数的存储过程的一般格式如下:

```
CREATE PROCEDURE 存储过程名 (参数列表)
AS SQL 语句
```

执行带参数的存储过程时,SQL Server 提供了以下两种传递参数的方式:

(1) 按位置传递。在传递参数时,使传递的参数和定义时的参数顺序一致。其一般格式为:

```
EXEC 存储过程名 实参列表
```

(2) 通过参数名传递。采用"参数=值"的形式,此时,各个参数的顺序可以任意排列。其一般格式为:

```
EXEC 存储过程名 参数 1=值 1,参数 2=值 2,…
```

【例 8.11】 设计一个存储过程 maxno,以学号为参数,输出指定学号学生的所有课程中最高分和对应的课程名。

采用 CREATE PROCEDURE 语句设计该存储过程如下:

```
USE school
GO
CREATE PROCEDURE maxno(@no int)
AS
SELECT s.sno,s.sname,c.cname,sc.grade
FROM student s,course c,score sc
WHERE s.sno=@no AND s.sno=sc.sno AND c.cno=sc.cno AND sc.grade=
    (SELECT MAX(grade)FROM score WHERE sno=@no)
GO
```

采用第一种方式执行存储过程 maxno 的 T-SQL 语句如下:

```
USE school
GO
EXEC maxno 105
GO
```

采用第二种方式执行存储过程 maxno 的 T-SQL 语句如下：

```
USE school
GO
EXEC maxno @no='105'
GO
```

上述两种方式执行结果相同，如图 8-28 所示。

图 8-28　例 8.11 的程序执行结果

6. 在存储过程中使用默认参数

在设计存储过程时，可以为参数提供一个默认值，默认值必须为常量或者 NULL。其一般格式如下：

CREATE PROCEDURE 存储过程名 (参数 1=默认值 1, 参数 2=默认值 2, …)
AS SQL 语句

在调用存储过程时，如果不指定对应的实参值，则自动用对应的默认值代替。

【例 8.12】　修改例 8.11 中的存储过程，指定其默认学号为'101'。

修改 maxno 存储过程，重新命名为 maxno1，对应的程序如下：

```
USE school
GO
CREATE PROCEDURE maxno1(@no int='101')
AS
SELECT s.sno,s.sname,c.cname,sc.grade
FROM student s,course c,score sc
WHERE s.sno=@no AND s.sno=sc.sno AND c.cno=sc.cno AND sc.grade=
    (SELECT MAX(grade) FROM score WHERE sno=@no)
GO
```

当不指定实参调用 maxno1 存储过程时，其结果如图 8-29(a)所示。当指定实参为'108'调用 maxno1 存储过程时，其结果如图 8-29(b)所示。

从执行结果可看出，调用存储过程时，没有指定参数值就自动使用相应的默认值。

(a) 不带实参调用 maxno1

(b) 带实参调用 maxno1

图 8-29　结果

7. 在存储过程中使用返回参数

在创建存储过程时,可以定义返回参数。在执行存储过程时,可以将结果返回给返回参数。返回参数应用 OUTPUT 进行说明。

【例 8.13】 创建一个存储过程 average,它返回两个参数@st_name 和@st_avg,分别代表了姓名和平均分。并编写 T-SQL 语句执行该存储过程和查看输出的结果。

建立存储过程 average 如下:

```
USE school
GO
CREATE PROCEDURE average
(   @st_no int,
    @st_name char(8) OUTPUT,
    @st_avg float OUTPUT
)
AS
SELECT @st_name=student.sname,@st_avg=AVG(score.grade)
    FROM student,score
    WHERE student.sno=score.sno
    GROUP BY student.sno,student.sname
    HAVING student.sno=@st_no
GO
```

执行该存储过程,来查询学号为"108"的学生姓名和平均分:

```
DECLARE @st_name char(8)
DECLARE @st_avg float
EXEC average '108',@st_name OUTPUT,@st_avg OUTPUT
SELECT '姓名'=@st_name,'平均分'=@st_avg
GO
```

	姓名	平均分
1	曾华	78

图 8-30 例 8.13 的执行结果

本例执行结果如图 8-30 所示,说明学号为"108"的学生为曾华,其最高分为 78。

【例 8.14】 编写一个程序,创建的存储过程 stud1_grade 根据输入的学号和课程号来判断返回值。并执行该存储过程和查看学号为"101"、课程号为"3-105"的成绩等级。

对应的程序如下:

```
USE school
GO
CREATE PROCEDURE st_grade(@no1 char(5),@no2 char(6),@dj char(1) OUTPUT)
AS
BEGIN
  SELECT @dj=
  CASE
      WHEN grade>=90 THEN 'A'
      WHEN grade>=80 THEN 'B'
```

```
        WHEN grade>=70 THEN 'C'
        WHEN grade>=60 THEN 'D'
        WHEN grade<60 THEN 'E'
     END
     FROM score
     WHERE sno=@no1 AND cno=@no2
 END
 GO
 DECLARE @dj char(1)
 EXEC st_grade '101','3-105',@dj OUTPUT
 PRINT @dj
 GO
```

程序执行结果是输出等级：D。

8. 存储过程的返回值

存储过程在执行后都会返回一个整型值(称为"返回代码")，指示存储过程的执行状态。如果执行成功，返回 0；否则返回 $-1 \sim -99$ 之间的数值(如：-1 表示找不到对象，-2 表示数据类型错误，-5 表示语法错误等)。也可以使用 RETURN 语句来指定一个返回值。

8.2.6　数据库触发器

在开发数据库系统中，灵活使用触发器可以大大增强应用程序的健壮性、数据库的可恢复性和数据库的可管理性。同时可以帮助开发人员和数据库管理员实现一些复杂的功能，简化开发步骤，降低开发成本，增加开发效率，提高数据库的可靠性。

1. 触发器的种类

触发器是一种特殊的存储过程，由相应的事件触发后执行。SQL Server 2005 提供了两类触发器：DML 触发器和 DDL 触发器。

DML 触发器是在执行数据操作语言事件时被调用的触发器，其中数据操作语言事件包括：INSERT、UPDATE 和 DELETE 语句。触发器中可以包含复杂的 T-SQL 语句，触发器整体被看作一个事务，可以进行回滚。

DDL 触发器与 DML 不同的是，它相应的触发事件是由数据定义语言引起的事件，包括 CREATE、ALTER 和 DROP 语句。DDL 触发器用于执行数据库管理任务，如调节和审计数据库运转。DDL 触发器只能在触发事件发生后才会调用执行，即它只能是 AFTER 类型的。

在应用 DML 触发器之前必须创建它，可以使用 SQL Server 管理控制器或 T-SQL 语句创建触发器。

2. 使用管理控制器创建 DML 触发器

通过一个简单的例子说明使用 SQL Server 管理控制器创建触发器的操作步骤。

【例 8.15】　使用 SQL Server 管理控制器在 student 表上创建一个触发器 trigop，其功能是在用户插入、修改或删除该表中行时输出所有的行。

其操作步骤如下：

（1）启动 SQL Server 管理控制器。

（2）在"对象资源管理器"中展开 LCB-PC 服务器节点。

（3）展开"数据库"|school|"表"|student|"触发器"节点，单击鼠标右键，在出现的快捷菜单中选择"新建触发器"命令，如图 8-31 所示。

（4）出现触发器模板，用户可以参照模板在其中填入触发器名、表名、T-SQL 语句等，如下语句黑体部分为填入部分：

```
SET ANSI_NULLS ON
GO
SET QUOTED_IDENTIFIER ON
GO
CREATE TRIGGER trigop
    ON student
AFTER INSERT,DELETE,UPDATE
AS
BEGIN
    SET NOCOUNT ON
    SELECT * FROM student
END
GO
```

（5）单击工具栏中的"执行"按钮，将该触发器保存到相关的系统表中。这样就创建了触发器 trigop。

创建完触发器，当对 student 表进行插入、修改或删除操作时，系统会自动执行触发器 trigop。向 student 插入一行时，自动执行触发器 trigop 后输出所有行的情况如图 8-32 所示，此时，被插入的记录已经插入到 student 表中了。

图 8-31　选择"新建触发器"命令

图 8-32　插入行时自动执行触发器 trigop

3. 使用 T-SQL 语句创建 DML 触发器

创建 DML 触发器语句的一般格式如下：

```
CREATE TRIGGER 触发器名称
ON {表名|视图名}
[WITH ENCRYPTION]
{{FOR|AFTER|INSTEAD OF}{[DELETE][,]
    [INSERT][,][UPDATE]}
[WITH APPEND]
[NOT FOR REPLICATION]
  AS
  [{IF UPDATE(列名)
  [{AND|OR}UPDATE(列名)][…n]}]
    SQL 语句组
}
```

其中，各参数含义如下：

（1）WITH ENCRYPTION：加密 syscomments 表中包含 CREATE TRIGGER 语句文本的 text 列。使用它可防止将触发器作为 SQL Server 复制的一部分发布。

（2）AFTER：指定触发器只有在触发 SQL 语句中指定的所有操作都已成功执行后才激发。所有的引用级联操作和约束检查也必须成功完成后，才能执行此触发器。FOR 关键字和 AFTER 关键字是等价的。

（3）INSTEAD OF：指定执行触发器而不是执行触发 SQL 语句，从而替代触发语句的操作。在表或视图上，每个 INSERT、UPDATE 或 DELETE 语句最多可以定义一个 INSTEAD OF 触发器。然而，可以在每个具有 INSTEAD OF 触发器的视图上定义视图。

（4）{[DELETE][,][INSERT][,][UPDATE]}：指定在表或视图上执行哪些数据修改语句时将激活触发器的关键字。必须至少指定一个选项。

（5）WITH APPEND：指定应该添加现有类型的其他触发器。只有当兼容级别是 65 或更低时，才需要使用该可选子句。

（6）NOT FOR REPLICATION：表示当复制进程更改触发器所涉及的表时，不应执行该触发器。AS 指出触发器要执行的操作。

（7）IF UPDATE（列名）：测试在指定的列上进行的 INSERT 或 UPDATE 操作，不能用于 DELETE 操作。可以指定多列。在 INSERT 操作中，IF UPDATE 将返回 TRUE 值，因为这些列插入了显式值或隐性（NULL）值。

（8）SQL 语句：表明触发器的条件和操作。触发器条件指定准则，以确定 DELETE、INSERT 或 UPDATE 语句是否导致执行触发器操作。当条件满足时，T-SQL 语句中指定的触发器操作将生效。

【例 8.16】 在数据库 test 中建立一个表 table10，创建一个触发器 trig1，在 table10 表中插入、修改和删除记录时，自动显示表中的记录。并用相关数据进行测试。

创建表和触发器的语句如下：

```
USE test
GO
CREATE TABLE table10                    --创建表 table10
(c1 int,c2 char(30))
GO
CREATE TRIGGER trig1 ON table10         --创建触发器 trig1
AFTER INSERT,UPDATE,DELETE
AS
    SELECT * FROM table10
GO
```

在执行下面的语句时：

```
INSERT Table10 VALUES(1,'林冲')
GO
```

结果会显示出 table10 表中的行，插入行执行触发器的结果如图 8-33(a)所示。在执行下面的语句时：

```
UPDATE table10 SET c2='宋江' WHERE c1=1
GO
```

结果会显示出 table10 表中的记录行，更新行执行触发器的结果如图 8-33(b)所示。

(a) 插入行执行触发器的结果   (b) 更新行执行触发器的结果

图 8-33　结果

4. 使用 DML 触发器

常用的 DML 触发器有三种：INSERT、UPDATE 和 DELETE 触发器。

(1) 使用 INSERT 触发器。INSERT 触发器通常被用来更新时间标记属性，或者验证被触发器监控的数据是否满足要求，以确保数据的完整性。当向数据库中插入数据时，INSERT 触发器将被触发执行。被触发时，新的记录增加到触发器的对应表中，并且同时也添加到一个 inserted 表中，该 inserted 表是一个逻辑表，以确定该触发器的操作是否应该执行，以及如何去执行。

【例 8.17】　建立一个触发器 trigname，当向 student 表中插入数据时，如果出现姓名重复的情况，则回滚该事务。

创建触发器 trigname 的程序如下：

```
USE school
GO
CREATE TRIGGER trigname
ON student
```

```
AFTER INSERT
AS
BEGIN
  DECLARE @name char(10)
  SELECT @name=inserted.sname FROM inserted
  IF EXISTS(SELECT sname FROM student WHERE sname=@name)
  BEGIN
      RAISERROR('姓名重复,不能插入',16,1)
      ROLLBACK                       --回滚
  END
END
```

执行以下程序：

```
USE school
GO
INSERT INTO student(sno,sname,ssex)VALUES(102,'王丽','女')
GO
```

执行触发器 trigname 时提示的消息如图 8-34 所示,提示插入的记录出错。再打开 student 表,其结果如图 8-35 所示,从中看到,由于进行了事务回滚,所以不会真正向 student 表中插入新记录。

图 8-34　执行触发器 **trigname** 时提示的消息

sno	sname	ssex	sbirthday	sclass
101	李军	男	1976-2-20 0:00:00	95033
103	陆君	男	1974-6-3 0:00:00	95031
105	匡明	男	1975-10-2 0:00:00	95031
107	王丽	女	1976-1-23 0:00:00	95033
108	曾华	男	1976-9-1 0:00:00	95033
109	王芳	女	1975-2-10 0:00:00	95031
* NULL	NULL	NULL	NULL	NULL

图 8-35　执行 **trigname** 触发器后 **student** 表的结果

说明：RAISERROR 函数返回用户定义的错误消息,通常含三个参数：错误消息、错误消息的级别以及错误消息的状态。

(2)使用 UPDATE 触发器。修改触发器和插入触发器的工作过程基本上一致,修改一条记录等于插入了一个新的记录并且删除一个旧的记录。当在一个有 UPDATE 触发器的表中修改记录时,表中原来的记录被移动到 deleted 表中,修改过的记录插入到了插入表中,触发器可以参考 deleted 表和 inserted 表以及被修改的表,以确定如何完成数据库操作。

【例 8.18】 建立一个修改触发器 trigno,该触发器防止用户修改表 student 的学号。

创建触发器 trignno 的程序如下:

```
USE school
GO
CREATE TRIGGER trigno
ON student
AFTER UPDATE
AS
  IF UPDATE(sno)
  BEGIN
    RAISERROR('不能修改学号',16,2)
    ROLLBACK
  END
GO
```

当执行以下 T-SQL 语句时,出现如图 8-36 所示的消息,提示修改记录时出错。

```
USE school
GO
UPDATE student
SET sno='2'
WHERE sno='1'
GO
```

图 8-36　执行触发器 **trigno** 时提示的消息

（3）使用 DELETE 触发器。当执行 DELETE 触发器时,表中原来的记录被移动到 deleted 表中。DELETE 触发器通常用于为了防止删除一些不能删除的数据和实现数据表级联操作等情况。

【例 8.19】 建立一个删除触发器 trigclass,该触发器防止用户删除表 student 中所有 95031 班的学生记录。

创建触发器 trigclass 的程序如下:

```
USE school
GO
CREATE TRIGGER trigclass
ON student
AFTER DELETE
AS
  IF EXISTS(SELECT * FROM deleted WHERE sclass='95031')
  BEGIN
    RAISERROR('不能删除班的学生记录',16,2)
    ROLLBACK
  END
GO
```

当执行以下 T-SQL 语句时,出现如图 8-37 所示的消息,提示删除记录时出错。由于存在事务回滚,student 表中的数据保持不变。

```
USE school
GO
DELETE student
WHERE sclass='95031'
GO
```

5. DDL 触发器

与 DML 触发器不同的是,DDL 触发器不响应表或视图的 INSERT、UPDATE 或 DELETE 等记录操作语句,而响应数据定义语句(DDL)操作,这些语句以 CREATE、ALTER 和 DROP 开头的语句。DDL 触发器可用于管理任务,例如,审核和控制数据库操作。DDL 触发器一般用于以下目的:

(1) 防止对数据库结构进行某些更改。

(2) 希望数据库中发生某种情况以响应数据库结构中的更改。

(3) 要记录数据库结构中的更改或事件。

仅在运行触发 DDL 触发器的 DDL 语句后,DDL 触发器才会激发。并非所有的 DDL 事件都可用于 DDL 触发器中。例如,CREATE DATABASE 事件不能用于 DDL 触发器中。

【例 8.20】　在 school 数据库上创建一个 DDL 触发器 safe,用来防止该数据库中的任一表被修改或删除。

创建 DDL 触发器的程序如下:

```
USE school
GO
CREATE TRIGGER safe
ON DATABASE
AFTER DROP_TABLE,ALTER_TABLE
AS
BEGIN
    RAISERROR('不能修改表结构',16,2)
    ROLLBACK
END
GO
```

当执行以下程序时,出现如图 8-38 所示的消息,提示修改 student 表结构时出错,且保持该表结构不变。

图 8-37　执行触发器 trigclass 时提示的消息

图 8-38　执行触发器 safe 时提示的消息

```
USE school
GO
ALTER TABLE student ADD nation char(10)
GO
```

8.2.7 数据库安全性

对任何企业组织来说,数据的安全性最为重要。数据库的安全性是指保护数据库以防止不合法的使用所造成的数据泄露、更改或破坏。SQL Server 2005 提供了内置的安全性和数据保护机制,这种管理既有效又容易实现。

图 8-39 安全性控制

在登录 SQL Server 2005 后,展开"安全性",可以看到能够通过多种方式进行安全性控制,如图 8-39 所示。基本方式如下:

(1) 拒绝登录名。服务器登录账号分为两类:Windows 登录账号、SQL Server 登录账号。对于 Windows NT/2000 账号,账号名采用"域名\用户名"的格式。可以通过拒绝登录名的方式限制用户连接 SQL Server,但是只能拒绝 Windows 登录账号,对于 SQL Server 登录账号,如果想禁止它连接 SQL Server,只能删除登录名。

(2) 限制用户权限。在 SQL Server 中包括三种类型的许可权限:对象权限、语句权限和暗示性权限。

8.3 数据库应用系统设计

下面通过一个简化的学生成绩管理系统设计与实现的例子,说明 SQL Server 数据库应用系统设计的方法与过程。

8.3.1 系统需求与设计目标

1. 系统需求

由于在各个高校中,学生的选课成绩管理是教务单位必不可少的工作之一,这对于学生、教师的信息管理来说都是至关重要的,人们若使用传统的人工方法来管理这些信息,这将会是件耗时耗力的庞大工作。因此需要设计开发学生成绩管理系统,为用户提供方便快捷的数据管理功能。该系统主要面向各高校的教务管理人员,以及教师和学生。为便于理解,本节内容上做了精简,仅概要介绍。

通过实际调查,要求本系统至少具有以下特性或功能:

(1) 要求系统有良好的人机交互界面。

(2) 对不同的用户设置不同的权限,实现系统的安全性管理。

(3) 拥有方便的数据查询,修改,删除等功能。

(4) 实现管理系统的安全完整性控制。

(5) 尽量实现自动化的办公,方便操作人员的使用。

2. 设计目标

本系统属于小型的高校成绩管理系统，可以对学生选课成绩、各类课程信息等进行有效管理。系统力求实现以下目标：

(1) 界面友好美观，使用方便且人性化。

(2) 数据操作灵活，信息获取可靠。

(3) 实现多种查询，支持模糊查询。

(4) 检验关键数据，力保数据完整。

(5) 尽可能实现易维护性、安全性。

3. 设计实现方式

设计的系统采用客户机/服务器模式，在校园的局域网上运行。

服务器端的数据库设计，主要包括：收集用户数据，进行需求分析，确定数据字典；通过 E-R 图表示数据库各实体间的关系，得到数据库概念结构；将 E-R 图转换成具体的数据模型，得到逻辑结构，即数据库中的表；需要时进行物理结构的选择，再根据用户处理要求，进行必要的安全性、完整性考虑。完成了数据库的设计后，在 SQL Server 中创建该数据库，并设计相关的存储过程与触发器等。

客户机端的软件开发，主要包括：对用户需求做进一步分析，进行功能模块化设计，利用开发工具或编程语言对每个模块进行界面设计和具体功能实现。其中需要重点注意如何进行数据库连接，如何显示数据库中的内容，以及如何对数据库进行复杂查询、维护等。

4. 开发环境

系统服务器端的数据库实现采用 Microsoft SQL Server 2005。这是个全面的、集成的、端到端的数据解决方案，为用户提供了一个安全高效的平台用户数据管理。同时它也是目前实际数据库项目开发使用最多的平台之一。

系统客户机端的界面设计和功能实现采用 Visual C♯ 2008 平台。它拥有强大的对数据信息的访问、管理和表现的能力，使用户能够快捷地实现信息管理系统。编程语言 C♯(C Sharp)具有 C/C++ 的强大功能以及 Visual Basic 简单易用的特性。

运行环境为 Windows XP/Windows 2000/Windows Vista/Win 7。

8.3.2 系统功能模块设计

本系统包括三种用户类型：学生、教师与系统管理员，需要有用户登录、用户信息管理、学生个人信息管理、选课信息管理、课程信息管理等功能模块。用户根据各自的权限进行不同的功能调用。对软件系统进行功能划分与模块化设计后，得到系统总体功能框架图如图 8-40 所示。

本系统需对学生个人信息、学生选课信息、课程信息进行查询、更新等管理。用户登录后，能进行的操作根据用户类型有所差别，主要功能如下：

系统管理员权限：查询、更新(添加、删除、修改)用户表，更新学生个人信息与课程信息，系统安全性维护等。

图 8-40   系统总体功能框架图

教师权限：查询学生个人信息、查询课程信息、管理(添加、删除、计算平均分等)学生选课信息(仅限本人教授课程)。

学生权限：查询学生个人信息(限本人信息)、查询课程信息、查询学生选课信息(限本人信息)。

除了这三类用户可登录后直接访问系统,其他用户若想访问系统,需要先让系统管理员将他们添加入用户表中。而且修改密码只能由系统管理员完成。读者可在此基础上增加注册等其他功能模块,更方便用户的使用,使该系统更加完整。

8.3.3   数据库设计与表的创建

经过需求分析、概念结构设计得到学生、课程实体及其选课联系的 E-R 图如图 8-41(a)所示,教师实体的 E-R 图如图 8-41(b)所示,用户实体的 E-R 图如图 8-41(c)所示。在该E-R 图中,省略了教师和课程之间对应的授课关系。

根据所设计的 E-R 图,经过转换可以得到下面的 5 个基本表：

(1) 学生表：student(sno,sname,ssex,sbirthday,sclass)

(2) 教师表：teacher(tno,tname,tsex,tbirthday,prof,depart)

(3) 课程表：course(cno,cname,tno)

(4) 选课成绩表：score(sno,cno,grade)

(5) 用户表：userinfo(userid,password,type)

以上标有下划线的属性表示主键。

通过对系统需求分析,概念结构与逻辑结构设计,确定了系统要创建的数据库表以及各表之间的关系。就可以创建数据库及其表了,详见 8.2.1 小节中数据库的创建及8.2.2 小节中表的创建。

图 8-41   数据库实体、联系 E-R 图

之后在 Visual Studio 中，利用数据源配置工具与建好的数据库连接后，在"数据源"窗体中右击选择"使用设计器编辑数据集"，可查看创建的数据库各表之间的关系是否正确。

8.3.4   系统界面的制作与实现

1. 创建项目及窗体

编写代码之前，先根据每类用户的功能权限，设计好每个窗体界面实现哪几个功能。然后根据设计创建好每个窗体。整个项目包含的类和窗体文件，以及各个文件对应的模块见图 8-42 的项目文件组织表。

图 8-42   项目文件组织表

首先需要配置 C♯ 环境。打开 Visual Studio 后，选择"工具"|"导入和导出设置"，选中"重置所有环境"，并单击"下一步"，根据自己的需要选择是否保存当前设置，单击"下一步"，选择"Visual C♯ 开发设置"，如图 8-43 所示，单击"完成"。

然后建立项目。选择"文件"|"新建"|"项目"，在新建项目窗口中，展开 Visual C♯，选择 Windows，在窗口右侧选择"Windows 窗体应用程序"，如图 8-44 所示。将项目名命名为"学生成绩管理系统"，单击"确定"。

图 8-43　导入和导出设置向导界面

图 8-44　新建项目界面

接着，右键单击项目名，选择"添加"|"新建项"|"windows 窗体"，按照图 8-42 所示创建相应的 windows 窗体（图中"LinkDataBase.cs"是个代码文件，不是窗体文件）。

2. 基本窗体操作

工具箱界面如图 8-45 所示（若没有发现工具箱，可单击"视图"|"工具箱"，这样工具箱就会出现了），在工具箱中，可以看到所有常见的控件。

1）设置窗体属性

默认的窗体在运行时出现位置并不在屏幕中央，需要在窗体属性中修改。（若没有发现属性窗口，可单击"视图"|"属性窗口"）在 StartPosition 属性处选择 CenterScreen 即可。通过属性窗口还可以修改窗口的背景图案，标题名等属性，这里不一一赘述。

2）常用基本控件的使用

常用的基本控件有 [ab] Button（按钮），**A** **Label**（标签），[abl] TextBox（文本框）等。使用时，只需将点住控件拖曳到窗体上即可。放置好控件位置后，在（Name）属性处将控件名改为易记的名字。例如在用户登录窗口图 8-46 所示，将"登录"按钮命名为 btn_login。下图中的"用户名"和"密码"用的是 lable 控件，可在 Text 属性中修改显示的字符。

图 8-45　工具箱界面

图 8-46　用户登录窗口

完成界面设计后,若希望单击登录时触发相应的操作,可在窗体中双击"登录"按钮定位到代码中触发事件对应的方法中。

关于文本框控件的使用,在编写代码时若需要得到"用户名"文本框(控件名为 txt_ID)输入的数据,可用 txt_ID. Text. ToString(). Trim()方法,原始输入文本框的数据是 text 类型,需要转换成 string 类型。例如需要将输入的用户名与字符串变量 aa 比对,可写成 txt_ID. ToString(). Trim()＝＝aa。注意 C♯中区分大小写,函数名不要写错了。另外,由于登录时需要输入密码,将输入密码的文本框 txt_pw 的 PasswordChar 属性填成"∗",这样,在输入密码时,显示出来的将是一串"∗∗∗∗∗∗∗"。

此外还可以用 GroupBox 等容器控件来布局窗体上控件。使用容器控件的窗口如图 8-47 所示,其中标有查询,添加信息字样的方框就是 GroupBox 容器,使用它的好处是使界面上各部分的功能清晰,在移动容器时,可以将里面的控件一起移动,而不改变内部控件的布局。

3）数据绑定控件

与数据库有关的控件如图 8-48 所示。此项目中将用 DataGridView 来显示视图。将控件拖至窗体中即可,具体连接数据库等操作将在其后的程序设计部分具体阐述。

图 8-47　使用容器控件的窗口

图 8-48　数据控件

8.3.5　系统应用程序设计

下面就主要程序进行具体描述。

1. 数据库连接及基本操作

右击解决方案资源管理器中的"学生成绩管理系统",选择"新建项",在弹出的窗口中选择"类",命名为 LinkDataBase.cs。

C♯提供了与数据库连接的相关类和方法,如 SqlConnection,由于需要使用这些类,所以需要添加几个命名空间,代码如下:

```
using System.Data;
using System.Data.SqlClient;
```

具体实现数据库连接的类如下:

```
public class linkdatabase
{   string strcon=@"Server=LCB-PC;database=school;uid=sa;pwd=134567";
```

```
public bool updatedb(string sql)
//更新数据库,参数 sql 为进行更新操作的 SQL 语句
        { SqlConnection con=new SqlConnection(strcon);
//SqlConnnection 对象创建与目标数据库的连接
        con.Open();                                    //打开连接
            try{ //连接后可用 SqlCommand 对象对数据源执行查询、插删改等
                SqlCommand cmd=new SqlCommand(sql,con);
                cmd.ExecuteNonQuery();                 //执行操作
                con.Close();                           //关闭数据库连接
                return true;
            }catch{
            con.Close();
            return false;
}
    }

        public DataTable dsresult(string ordersql)        //查询数据返回表
        { SqlConnection conn=new SqlConnection(strcon);
        conn.Open();
        SqlDataAdapter adapter=new SqlDataAdapter(ordersql, conn);
        DataTable dataset=new DataTable();
        adapter.Fill(dataset);
        conn.Close();
        return dataset;
        }
    }
```

说明：在 string strcon＝@"Server＝LCB-PC；database＝school；uid＝sa；pwd＝134567" 这条与数据库连接语句中,Server 的值需要根据安装的 SQL Server 的服务器名设置,而登录名 uid 及密码 pwd 也根据连接服务器时使用的登录名及密码填入。

2. 登录模块

为了给系统增加安全性,设置了登录模块,验证使用该系统的用户的身份。这里将用最简单的登录模块来介绍对数据库进行查询的基本操作。图 8-49 所示为登录界面,图 8-50 所示为登录成功后进入的学生功能选择界面。

图 8-49　登录界面

图 8-50　学生功能选择界面

登录模块代码如下：

```
public partial class LoginFrm : Form
{   public static bool canlog=false;          //canlog 变量用来标识是否登录成功
        public string struser="";
        public int UType=0;
        private DataTable ds=new DataTable();
        private DataRow myrow;
        private string sendstrsql="SELECT * FROM userinfo ";
//查用户表语句
        public LoginFrm()                     //初始化窗体,从用户表中查询数据并保存
        { InitializeComponent();}
//当按下登录时,触发如下方法:
        private void btn_Login_Click(object sender,EventArgs e)
{ linkdatabase link=new linkdatabase();
        this.ds=link.dsresult(sendstrsql);
for (int i=0;i<ds.Rows.Count;i++)
{   this.myrow=ds.Rows[i];
                                    //以下将 textbox 中输入的信息和用户表中数据对比:
    if (myrow[0].ToString().Trim()==this.txt_ID.Text.ToString().Trim()
      && myrow[1].ToString().Trim()==this.txt_pw.Text.ToString().Trim())
                { canlog=true;
                  struser=myrow[0].ToString().Trim();
                  UType=Convert.ToInt32(myrow[2]);       //转为 int 类型
                  this.Close();
                  return;}
}
        MessageBox.Show("您输入的用户名或密码不正确!");
        return;
    }
        private void btn_Cancel_Click(object sender,EventArgs e)
                             //当按下"取消"时,触发该方法,取消登录
        { canlog=false; this.Close();}
}
```

3. 管理选课信息模块

在这个模块中,将进一步说明如何在数据库中增加、修改、删除数据,同时还设置了触发器对输入数据进行检查的约束。管理选课信息模块界面图如图 8-51 所示,上方的显示区用来显示查询信息得到的结果。左下方的显示区(阴影部分)用来显示计算单科平均成绩得到的结果。

其中,阴影部分是两个数据绑定控件 DataGridView。该控件提供一种强大而灵活的以表格形式显示数据的方式,可以使用它来显示少量数据的只读视图,也可以对其进行缩放以显示特大数据集的可编辑视图。该控件有很多的功能可以扩展,这里仅用它来显

示查询到的数据。设置该控件的 DataSource 属性即可在该控件中看到 DataSource 中对应的数据。在窗体中 DataGridView 的右上角也可直接选择数据源进行绑定，这种方法需要在项目中添加数据源，然后再绑定。此处并不采用这种方法，读者可以自行尝试。

图 8-51　管理选课信息模块界面图

（1）按学号和课号进行查询。代码如下：

```
private void selbtn_Click(object sender,EventArgs e)
{   sendstrsql=" SELECT score.sno 学号,student.sname 姓名,score.cno 课号,course.
    cname 课名,score.grade 成绩 FROM score,student,course WHERE score.sno=student.
    sno AND course.cno=score.cno AND score.sno LIKE '%"+ sel_Sno.Text+"%'AND
    score.cno LIKE '%"+sel_Cno.Text+"%'";
//用通配符实施模糊查询从表中选出满足条件的记录
    DataTable dt1=link.dsresult(sendstrsql);
    dataGridView1.DataSource=dt1.DefaultView;
//dataGridView1 指大显示区中的 DataGridView
}
```

（2）添加信息。代码如下：

```
private bool checkEmpty()                //判断三个 textbox 是否均有输入信息
    { bool result=true;
    if(txt_addsno.Text.Trim()==string.Empty)
        result=false;
    else if(txt_addcno.Text.Trim()==string.Empty)
        result=false;
    else if(txt_addgrade.Text.Trim()==string.Empty)
        result=false;
```

```
    return result;
    }
  private void btn_add_Click(object sender,EventArgs e)
  {  if(checkEmpty()==true)              //当三个 textbox 均输入时,才进行插入操作
    { try{                              //使增加的一条数据的值为三个 textbox 的值
      sendstrsql="INSERT INTO score VALUES('"+txt_addsno.Text+"','"+txt_
      addcno.Text+"','"+txt_addgrade.Text+"')";
      link.updatedb(sendstrsql);
      MessageBox.Show("成功插入数据"); }
      catch(System.Exception ex)     //处理异常事件
      { MessageBox.Show(ex.Message,"警告",MessageBoxButtons.OK,
      MessageBoxIcon.Warning); }
      }
    else MessageBox.Show("输入不能为空!","警告",MessageBoxButtons.OK,
    MessageBoxIcon.Warning);
    }
```

（3）删除信息。代码如下：

```
private void btn_delete_Click(object sender,EventArgs e)
{ try{ //删除当前选择的条目。dataGridView1[0,…]代表当前选中的行中的第 0 列,
  Convert.ToString()将该条信息每列的值转为 string 类型。
  sendstrsql="DELETE FROM score WHERE sno="+Convert.ToString(dataGridView1[0,
  dataGridView1.CurrentCell.RowIndex].Value).Trim()+" AND cno="+Convert.ToString
  (dataGridView1[2,dataGridView1.CurrentCell.RowIndex].Value).Trim()+"";
  link.updatedb(sendstrsql);
  MessageBox.Show("记录删除成功!","信息",MessageBoxButtons.OK,MessageBoxIcon.
  Information);
  }catch(System.Exception ex)
  { MessageBox.Show(ex.Message,"警告",MessageBoxButtons.OK,MessageBoxIcon.
    Warning);
  }
}
```

该程序功能如图 8-52 所示,选中一条信息,单击"删除"后,删除该条信息。再单击
"查询全部信息"即可看到删除后的结果。

图 8-52　删除信息界面

（4）返回用户选择功能主界面。代码如下：

```
private void button1_Click(object sender,EventArgs e)
    {  this.Close();                //关闭该窗体
       return;                      //回到 program.cs 中调用该文件的位置,继续向下执行
    }
```

（5）触发器。在添加选课信息操作中,设计了一个触发器,使得当教师在添加学生的选课信息时,计算该科平均成绩,若小于 65 分,则需分析原因,暂时不能添加数据。在 SQL Server 的查询分析器中实现如下代码。

```
CREATE TRIGGER trigger1
ON dbo.score
FOR INSERT AS
IF EXISTS(
SELECT cno FROM score GROUP BY cno HAVING AVG(grade)<65)
BEGIN
RAISERROR('该门课平均分小于 65,需分析原因,暂不能插入!',16,1)
ROLLBACK
RETURN
END
```

运行系统时,得到的触发器测试结果如图 8-53 所示,已有的两条成绩平均为 75,若加上现在将要添加的信息,平均成绩将为 47.5,小于 65,于是引发触发器。

图 8-53　触发器测试结果

另外一个触发器 trigcopy,将 student 表中所有被删除的数据保存到 student1 表中作为历史记录。创建触发器的程序如下：

```
USE school
GO
```

```
IF EXISTS(SELECT name FROM sysobjects
        WHERE name='student1' AND type='U')
    DROP TABLE student1                         --若存在 student1 表,删除之,否则创建之
CREATE TABLE student1                           --创建 student1 表
(   rq datetime,                                --修改时间
    sno char(5),                                --学号
    sname char(10),                             --姓名
    ssex char(2),                               --性别
    sbirthday datetime,                         --出生日期
    sclass char(10)                             --班号
)
GO
CREATE TRIGGER trigcopy                         --创建触发器 trigcopy
ON student
AFTER DELETE
AS
    --将当前日期和被删除的记录插入到 student1 表中
    INSERT INTO student1(rq,sno,sname,ssex,sbirthday,sclass)
            SELECT getdate(),deleted.sno,deleted.sname,
                deleted.ssex,deleted.sbirthday,deleted.sclass
            FROM student,deleted
            WHERE student.sno=deleted.sno
GO
DELETE student
WHERE sno='999'                                 --删除学号为 999 的学生记录
GO
```

执行上述程序,若 student 表中存在学号为'999'的学生,被删除后将其存放到 student1 表中。

(6) 存储过程。

设计一个函数 st_avg1,用于指定班的平均分,并设计存储过程 dispstud 用于对指定各课程的平均分进行评价。程序如下:

```
USE school
GO
IF EXISTS(SELECT * FROM sysobjects                --如果存在这样的函数则删除之
        WHERE name='st_avg1' AND type='TF')
    DROP FUNCTION st_avg1
GO
CREATE FUNCTION st_avg1(@bno char(6))            --创建 st_avg1 函数
    RETURNS @fs TABLE
    (   sclass char(6),cname char(10),avgs int)
AS
    BEGIN
```

```
                    INSERT @fs(sclass,cname,avgs)
                        SELECT s.sclass,c.cname,AVG(grade)
                        FROM student s,course c,score sc
                        WHERE s.sclass=@bno AND s.ano=sc.sno AND c.cno=sc.cno AND grade IS NULL
                        GROUP BY s.sclass,c.cname
                        ORDER BY s.sclass
                    RETURN
                END
        GO
        IF EXISTS(SELECT * FROM sysobjects WHERE name='dispstudent' AND type='P')
        DROP PROCEDURE dispstud
        GO
        CREATE PROCEDURE dispstud(@bno char(6))
        AS
        BEGIN
        DECLARE @bh char(6),@cm char(10),@fs int,@dj char(10)
        DECLARE st_cur CURSOR                        --声明游标 st_cur
            FOR SELECT sclass,cname,avgs FROM st_avg1(@bno)
        OPEN st_cur                                  --打开游标
        FETCH NEXT FROM st_cur INTO @bh,@cm,@fs       --提取第一行数据
        PRINT '班号    课程    平均分    考试情况'
        PRINT '-------------------------------------'
        WHILE @@FETCH_STATUS=0
        BEGIN
            SET @dj=CASE
                WHEN @fs>=90 THEN '优秀'
                WHEN @fs>=80 THEN '良好'
                WHEN @fs>=70 THEN '一般'
                WHEN @fs>=60 THEN '及格'
                ELSE '不及格!'
            END
            PRINT @bh+' '+@cm+' '+CAST(@fs AS char(10))+@dj   --提取下一行数据
            FETCH NEXT FROM st_cur INTO @bh,@cm,@fs
        END
        CLOSE st_cur                                 --关闭游标
        DEALLOCATE st_cur                            --释放游标
        END
```

在存储过程 dispstud 中采用了游标的方式对指定班每门课程的平均分进行评价。

4. 系统主程序文件

```
static class Program
{ public static int exit=0;
  static void Main()                              //应用程序的主入口点
```

```
    { Application.EnableVisualStyles();
      Application.SetCompatibleTextRenderingDefault(false);
      Application.Run(new LoginFrm());                      //登录模块
      if(LoginFrm.canlog==true && LoginFrm.UType==1)
//用户分别为教师、管理员和学生,用户类型表示为UType=1、2、0
      { exit=0;
        for(;;)
 { Application.Run(new TeacherBoard());                     //教师主界面
        if(exit==1) break;                                  //当按下退出按钮时,置exit=1
          switch(TeacherBoard.choice)
          { case 0: Application.Run(new Sel_Stu());break;   //学生个人信息查询
            case 1: Application.Run(new Sel_course());break;  //课程信息查询
            case 2: Application.Run(new Sel_s_c());break;   //选课信息管理
          }
        }
      }
        else if(LoginFrm.canlog==true && LoginFrm.UType==2)
        { … //与教师部分代码类似 }
        else if(LoginFrm.canlog==true && LoginFrm.UType==0)
        { … //与教师部分代码类似 }
    }
      }
```

说明：在安装 Visual Studio 时可选择安装 MSDN。MSDN 是微软为开发者提供的包括各种技术文档、联机帮助的程序,安装后可在"开始"|"所有程序"|Microsoft Developer Network 找到它;也可直接使用 SQL Server 中的"帮助"|"搜索",查找需要的信息。在使用 C♯ 编码的过程中,若遇到不懂的问题,也可在 MSDN 中搜索相关的技术文档和程序范例,帮助理解 C♯ 的使用。

8.4 本章小结

SQL Server 是广泛使用的数据库产品,常用于数据库应用系统后台的数据管理。前台可使用 C♯、VB. NET、VC. NET、J2EE、Delphi、PowerBuilder 等开发工具,前后台之间可通过 ADO. NET 等数据访问接口来联系。本章主要介绍 SQL Server 数据库应用的基础,涉及数据库创建与存储过程、触发器设计等。

本章示例主要针对设计开发一个数据库应用系统进行介绍。其中着重介绍数据库的连接及各种操作功能的实现方法,简要描述了系统的设计过程。数据库应用系统的开发过程主要包括：数据库的设计与建立、界面的设计与实现、连接操作数据库、实现设计的各项功能以及装入数据、测试及维护。在了解系统设计方法及过程后,读者可以进一步完善整个系统的设计。

习 题 8

1. SQL Server 2005 有哪些新特征？其服务代理指什么？

2. SQL Server 2005 组成部分有哪些？组件如何分类？

3. SQL Server 2005 有哪些工具和实用程序？它们的主要作用是什么？

4. 如何使用 SQL Server 2005 创建自己的数据库及表？

5. SQL Server 2005 的存储过程有哪些分类？如何创建存储过程？

6. 如何使用 SQL Server 管理控制器创建触发器？

7. SQL Server 的安全性控制主要有哪些方式？它们各有何特点？

8. 简述数据库应用系统的开发过程及主要步骤。

9. 用 SQL Server 设计并实现一个小型的数据库应用系统：

有一个公司需要对该公司的职员进行计算机人事管理，管理的具体内容包括：部门信息，员工信息，员工奖惩信息。

每个部门的信息包括：部门名称，部门编号、部门负责人编号、部门电话。

员工信息包括：员工姓名、员工编号、员工联系电话、员工地址、身份证编号、薪水、进公司的日期、员工所在部门编号。

员工奖惩信息包括：奖惩日期，内容，进行奖惩的部门。

要求：在日常使用中，能够对员工的信息和员工奖惩信息进行各种插、删、改，并能进行以下查询：

(1) 根据某个特定员工的姓名查询它的全部信息和奖惩信息。

(2) 查询某个部门的员工所有基本信息。

(3) 查询某一阶段员工奖惩情况。

要求用多种约束、存储过程等保证该数据库的安全性、完整性。

第9章

Oracle 数据库应用

本章首先介绍 Oracle 数据库的基本知识以及其过程化 SQL(PL/SQL)程序设计,然后通过一个示例,介绍以 Oracle 数据库 10g 为基础的数据库应用系统的设计与建立过程。

9.1 Oracle 产品及功能介绍

9.1.1 Oracle 产品及特点

1. 产品简介

Oracle 的中文译名是"甲骨文",在英语里是"神谕"的意思。Oracle 是世界领先的信息管理软件开发商,因其优秀的关系数据库产品而闻名于世。如今,许多大型应用程序的开发都选用了 Oracle 来提供数据库支持。Oracle 是一个面向 Internet 计算环境的数据库,是目前世界上流行的大型 DBMS 之一。该系统可移植性好、使用方便、功能强大,适用于各类大、中、小、微机环境,是一种具有高吞吐量、高效率、可靠性好的数据库产品。

Oracle 产品的主要特点有:

(1) 支持大量多媒体数据,如二进制图形、声音、动画以及多维数据结构等。

(2) 提供角色保密与对称复制的技术,具有良好的安全性、完整性及数据管理功能。

(3) 提供嵌入及过程化 SQL、优秀的开发工具,具有良好的移植性和可扩展性。

(4) 提供了新的分布式数据库能力。支持远程存取及多用户、大事务量的事务处理。

主要产品简介:

(1) Oracle 电子商务套件。这是行业中第一个集成的基于互联网的商务应用套件,它将前台与后台运营中的关键业务流程自动化。Oracle 电子商务套件涵盖了营销、服务、合同、产品设计、供应链、制造、财务、人力资源等领域的业务。

(2) Oracle10g。它是现代电子商务平台,包括 Oracle 数据库 10g、Oracle 应用服务器 10g 和 Oracle 开发工具套件 10g 的完整集成。

2. 数据库的基本概念

Oracle 数据库的基本概念如下:

模式是与每个 Oracle 数据库用户相关的一组数据库对象的集合。模式所有者拥有该模式下所有对象(如表、视图、索引、过程、包等)的全部权限,还可以直接或间接地将其操作权限授予其他用户。

表是数据库中基本存储的逻辑单位,由多行和多属性(列)组成。表中属性的数据类型可以是 Oracle 内置的数据类型或用户自定义的数据类型,也可是嵌套表类型。建表索引时,系统自动建立索引段;对表更新操作时,系统自动维护索引段。

视图可从表(或其他视图)中派生出来。若视图是从多张表中派生,或在派生时引用了聚集函数,则对该类视图只能查询,而不能进行更新操作。

包是存储过程和函数的封装,由一组相关的存储过程和函数组成。

触发器是完成特定功能的程序单元,由一组 SQL 和过程化 SQL 语句组成。触发器在满足触发条件时自动执行,不需要显式地调用,不能接受输入输出参数。

数据块是 Oracle 服务器所能分配、读取或写入的最小存储单位。Oracle 服务器以数据块为单位管理数据文件的存储空间。

区是数据库存储空间分配的逻辑单位,一个区由许多连续的数据块组成。一个区只能存在于一个数据文件中。

段是构成表空间的逻辑存储结构,段由一组区组成。当段中的所有空间已用完时,系统自动为该段分配一个新区。按照段所存储数据的特征,将段分为 4 种类型,即数据段、索引段、回退段和临时段。

表空间是数据库中最大的逻辑单位。数据库在逻辑上是由许多表空间构成,一个 Oracle 数据库至少包含一个表空间,就是名为 SYSTEM 的系统表空间。

序列生成器可产生一组唯一的序列号。由于 Oracle 能够自动保证序列值的唯一性,故常用序列号作为表的唯一主键。序列号存储在数据库 SYSTEM 表空间中的数据字典内。

数据库链路是指在分布式数据库应用环境中,一个数据库与另一个数据库之间的通信路径。建立了数据库链路之后,方能访问远程数据库中的模式对象。

快照是对远程数据库上表的复制,自动按时间间隔定时刷新表的数据。快照使用程序生成一张表,用来存放通过快照定义的查询条件获得的行。表的复制是异步完成的,并且不受网络失败的影响。

9.1.2　Oracle 数据库与安全性

1. 数据库的体系

Oracle 数据库体系包括 Oracle 数据库服务器和客户端。

Oracle 数据库服务器是一个对象关系数据库管理服务者,它提供开放、全面和集成的信息管理方法。每个服务器由一个 Oracle DB 和一个 Oracle Server 实例组成,具有场地自治性和数据存储透明性。Oracle 数据库服务器启动后,一般至少有几个用户:

(1) Sys,它是一个 DBA 用户名,具有最大的数据库操作权限。

(2) System,它也是一个 DBA 用户名,权限仅次于 Sys 用户。

（3）Internal，系统 DBA 优先级用户用来完成数据库管理任务，如启动和关闭数据库。

客户端由应用、工具、SQL ＊ NET 组成，用户操作数据库时，必须连接到服务器，该数据库称为本地数据库。在网络环境下其他服务器上的数据库称为远程数据库。用户要存取远程数据库时，必须建立数据库链路。

2. Oracle 数据库的结构

Oracle 数据库的结构包括逻辑结构和物理结构。由于它们是相分离的，所以在管理数据的物理结构时并不会影响对逻辑结构的存取。

逻辑结构是用户所涉及的数据库结构。数据库在逻辑上是由许多表空间构成。当准备做较大的 Oracle 应用系统时，应该创建它所独占的表空间，同时定义物理文件的存放路径和所占硬盘的大小。一个 Oracle 数据库的逻辑结构由下列因素决定：

（1）一个或多个表空间（数据库存储的逻辑单位）。

（2）数据库模式对象（即表、视图、索引、聚集、序列、存储过程）。

物理结构是由构成数据库的操作系统文件所决定。数据库在物理上是存储于硬盘的各种文件。每一个 Oracle 数据库是由三种类型的文件组成：数据文件、日志文件和控制文件。数据库的文件为数据库信息提供真正的物理存储。

每一个 Oracle 数据库有一个或多个物理的数据文件。数据库的数据文件包含全部数据库的数据。逻辑数据库结构（如表、索引）的数据物理地存储在数据库的数据文件中。数据文件有下列特征：

（1）一个表空间由一个或多个数据文件组成。

（2）一个数据文件只能与一个表空间相关联。

（3）表空间的大小等于构成该表空间的所有数据文件大小之和。

3. 数据库的安全性

Oracle 数据库的安全可分为两类：系统安全性和数据安全性。

系统安全性是指在系统级控制数据库的存取和使用的机制，包含：

（1）有效的用户名/口令的组合。

（2）一个用户是否授权可连接数据库。

（3）用户对象可用的磁盘空间的数量。

（4）用户的资源限制。

（5）数据库审计是否有效。

（6）用户可执行哪些系统操作。

数据安全性是指在对象级控制数据库的存取和使用的机制，包含哪些用户可存取一指定的模式对象及在对象上允许做哪些操作类型。

在 Oracle 服务器上提供了一种任意存取控制，是一种基于特权限制信息存取的方法。用户要存取一对象必须有相应的特权授给该用户。已授权的用户可任意地可将它授权给其他用户。Oracle 管理数据库安全性主要利用：数据库用户和模式、特权和角色、存储设置和空间份额、资源限制及审计技术来实现。

4. 数据库的完整性

Oracle 系统保证数据库的完整性主要有三种方法：定义完整性约束、设计数据库触发器以及实现存储过程。

Oracle 允许建立 5 种不同类型的完整性约束：

(1) NOT NULL：指定某属性不能含 NULL 值。这种约束在单属性上定义。

(2) UNIQUE：保证属性或其组合没有重复的值。

(3) PRIMARY KEY：定义属性为表的主键，即 NOT NUL 与 UNIQUE 约束的组合。

(4) FOREIGN KEY：通过使用公共属性在表之间建立外键关系。

(5) CHECK：指定表中的每一行必须满足的一个条件。

5. 数据库的并发控制

Oracle 支持自治事务，这是在其他一些事务之内产生的独立事务。当 Oracle 调用一个自治事务时，在一个隔离的环境中产生一个新事务。在控制回到调用它的事务之前，该新事务要么提交，要么回滚。Oracle 支持自治事务的多级嵌套。

只读查询被赋予一个读一致的快照。快照是某个特定时刻数据库的视图，包含所有在此时刻之前已经提交的更新。这样，就避免使用读锁。Oracle 同时支持语句级和事务级的读一致性。

在 Oracle 的并发模型中，读操作与写操作互不妨碍，该特性允许了更高的并发度，允许运行长时间查询。Oracle 支持"读提交"和"可串行化"。

Oracle 的并发模型被用做闪回查询(Flashback Query)机制的基础。这种机制允许用户在其会话中设置某个 SCN 或者是真实时间，然后做在此时刻数据上的查询。通常在一个数据库中，如果一个修改操作一旦提交，那么就无法回到数据的原来状态，除非从备份中执行时间点恢复。然而恢复一个大数据库的开销极大。闪回查询在处理用户错误时，提供了一个简单得多的机制。

Oracle 采用行级别封锁，更新不同的行并不冲突。在整个事务阶段，锁都不释放。除了用行级别的锁来防止由数据操纵语言活动引起的不一致性之外，还使用表锁来防止由于数据定义语言活动引起的不一致性。它自动检测死锁，当其发现死锁时，通过让参与死锁的某个事务回滚来消除死锁。

6. 数据库的恢复

Oracle 恢复技术中，除了涉及表和索引的数据文件，还用到控制文件、重做日志以及回滚段等。

控制文件中包含操作数据库时所需的各种元数据，包括关于备份的信息。重做日志中记录了数据库缓冲区中任何一个事务性的修改。回滚段包括旧版本数据的信息，这些信息除了保证一致性之外，还在修改这些数据项的事务回滚时，被用于重建旧版本的数据项。为了能够从存储器故障中恢复,数据文件以及控制文件必须定期备份。Oracle 支持热备份,即在有事务性活动的联机数据库上执行备份。

Oracle 支持并行恢复,即几个进程同时被用于重做事务。它提供了一个图形用户界面工具 Recover Manager,该工具可自动操作与备份和恢复相关的大量任务。

为了保证高可用性,Oracle 提供了一个管理备用数据库特性——远程备份。备用数据库可以联机支持只读方式的操作。

9.2 PL/SQL 程序设计

PL/SQL 是 Oracle 对标准数据库语言的过程化扩展,用来实现比较复杂的业务逻辑。它集成了程序化设计语言中的许多特性。将 SQL 的强大性和灵活性与程序设计语言的过程性融为一体。PL/SQL 具有与大多数其他程序设计语言相似的编程结构,可以理解为 PL/SQL=SQL+过程控制、功能扩充语句。本节将介绍 PL/SQL 的编程基础。

9.2.1 程序的基本结构

1. PL/SQL 块结构

PL/SQL 程序的基本结构是块,一个 PL/SQL 程序包含了一个或多个逻辑块,块之间可以互相嵌套。每个块都可划分为三个部分:声明部分、执行部分和异常处理部分。其中执行部分是必需的,另外两个部分是可选的。

PL/SQL 块的基本结构如下:

```
DECLARE<说明的变量、常量、游标等>
BEGIN<SQL 语句、PL/SQL 的流程控制语句>
    [EXCEPTION<异常处理部分>]
END;
```

每一个 PL/SQL 块由 BEGIN 或 DECLARE 开始,以 END 结束。

声明部分:由关键字 DECLARE 开始,定义在该块中使用的变量、常量、游标等,包括变量和常量的数据类型和初始值。

执行部分:是 PL/SQL 块中的指令部分,由关键字 BEGIN 开始,至少包括一条可执行语句,NULL 是一条合法的可执行语句。所有的 SQL 数据操作语句都可用于该部分。在执行部分可使用另一个 PL/SQL 程序块,即允许嵌套块。

异常处理部分(可选):出现异常时采取的措施或报告,执行部分的错误将在异常处理部分解决。

PL/SQL 块中的每一条语句都必须以分号结束,SQL 语句可以用多行,但分号表示该语句的结束。一行中可以有多条以分号分隔的 SQL 语句。

2. 变量类型与赋值

PL/SQL 主要用于数据库编程,其所有的数据类型与 Oracle 数据库的类型是一致的,大体分为数字型、布尔型、字符型和日期型。变量存放在内存中,能被 PL/SQL 块引用。它在 PL/SQL 块的声明部分声明,其语法如下:

```
<变量名>[CONSTANT]<数据类型>[NOT NULL][:=|DEFAULT<表达式>]
```

注意:可以在声明变量的同时给变量强制性地加上 NOT NULL 约束条件,此时变量在初始化时必须赋值。给变量赋值有两种方式:

(1) 直接给变量赋值。语句形式为:

```
<变量名>:=<表达式>
```

(2) 通过 SQL SELECT INTO (或 FETCH INTO)给变量赋值。

3. 控制结构

PL/SQL 提供了流程控制语句,主要有条件控制和循环控制语句。

(1) 条件控制语句。常用形式如下:

```
IF<条件>THEN <语句 1>;ELSE <语句 2>END IF;
```

条件结构有三种形式:IF-THEN,IF-THEN-ELSE 和嵌套的 IF 语句。

(2) 循环控制语句。有三种循环结构,提供 EXIT、BREAK 等循环结束语句。

形式如下:

```
① LOOP <循环体>END LOOP;          --<循环体>是一组 PL/SQL 语句
② WHILE<条件>LOOP <循环体>END LOOP;
③ FOR<循环变量>IN<下界>..<上界>LOOP <循环体>END LOOP;
```

其基本执行过程是:将<循环变量>设置为循环的<下界>,检查它是否小于<上界>。如果越界则执行跳出循环,否则执行循环体,<循环变量>步长加一,进入下一次循环。

【例 9.1】 判断两个整数 n1 与 n2 的大小,并将 n1 每次加 1,直到等于 n2 为止,统计循环次数,输出结果。其 PL/SQL 程序如下:

```
SET SERVEROUTPUT ON
    DECLARE
        n1 INTEGER:=80; n2 INTEGER:=90; i INTEGER:=0;
    BEGIN
        IF n1<=n2 THEN
            IF n1=n2 THEN
                DBMS_OUTPUT.PUT_LINE('n1 等于 n2');
            ELSE
                DBMS_OUTPUT.PUT_LINE('n1 小于 n2');
```

```
        END IF;
    ELSE
            DBMS_OUTPUT.PUT_LINE('n1 大于 n2');
    END IF;
    WHILE n1<n2 LOOP
        n1:=n1+1;i:=i+1;
    END LOOP;
    DBMS_OUTPUT.PUT_LINE('共循环次数:'‖TO_CHAR(i));
END;
```

9.2.2　存储过程

1. 存储过程的概念及优点

PL/SQL 中的存储过程与其他语言的过程一样,都是为了执行一定的任务而组合在一起的语句。存储过程是一个 PL/SQL 程序块,接受零个或多个参数作为输入或输出(或既作输入又作输出)源。存储过程不能由 SQL 语句直接使用,只能通过 EXECUT 命令或 PL/SQL 程序块内部调用。

存储过程的优点如下:

(1) 运行效率高。由 PL/SQL 语句书写的存储过程,经编译和优化后存储在数据库服务器中,使用时只要调用即可。因而提供了在服务器端快速执行 SQL 语句的有效途径。

(2) 降低网络通信量。客户机上的应用程序只要通过网络向数据库服务器发存储过程的名字和参数,就可使其执行多条 SQL 语句,完成数据处理。只将最终结果返回客户端。

(3) 方便实施用户规则。可把表示用户规则的程序写成存储过程放入数据库服务中,由关系 DBMS 管理,有利于集中控制和维护。当规则发生变化时只要修改存储过程,无须修改其他应用程序。

2. 建立与执行存储过程

用户可通过 SQL 语句创建、重新命名、执行和删除存储过程。

创建存储过程的形式如下:

```
CREATE OR REPLACE PROCEDURE<过程名>[<参数 1>[,<参数 2>,…]]
AS <PL/SQL 块>;            --存储过程体,描述该存储过程的操作
```

存储过程包括过程首部和过程体。其中,过程名是数据库服务器合法的对象标识。参数列表标识调用时需要给出的参数,须指定参数值的数据类型。存储过程的参数也可以定义输入、输出参数。默认为输入参数。过程体是一个<PL/SQL 块>。

调用存储过程方法为:

```
CALL PROCEDURE<过程名>([实参 1,实参 2…])。
```

【例 9.2】　设表：product(pno,pname,standard_price,sale_price)，表中属性分别为：产品号、名称、标准价、销售价。要求建立一设置出售价格的过程，标准价为 400 美元或更高的产品降价 10%，低于 400 美元的产品降价 15%。

```
CREATE OR REPLACE PROCEDURE p_sale
  AS BEGIN
    UPDATE product
    SET sale_price=0.90 * standard_price
    WHERE standard_price>=400;
    UPDATE product
    SET sale_price=0.85 * standard_price
    WHERE standard_price<400;
  END;
```

经过编译后就可以用：CALL PROCEDURE p_sale 调用该存储过程了。

3. 使用存储过程

【例 9.3】　设某公司数据库有关于员工资料和部门信息的两张表，员工信息有：员工编号、姓名、薪水、员工所属的部门；部门信息包括：部门编号、名称、部门电话。

1）建表并输入数据

（1）创建员工表：

```
CREATE TABLE emp
(emp_id NUMBER(5),ename VARCHAR2(20),sal NUMBER(4),dept_id NUMBER(3),
CONSTRAINT pk_emp PRIMARY KEY (emp_id));
```

（2）创建部门表：

```
CREATE TABLE dept
(dept_id NUMBER(3),dname VARCHAR2(20),phone VARCHAR2(20)
CONSTRAINT pk_dept PRIMARY KEY (dept_id));
```

系统在创建主键时，同时为每个主键定义索引。建表之后就可以往表里面写数据了，这里把添加表记录的代码写入到相应的存储过程。

（3）给 emp 表添加记录。存储过程如下：

```
CREATE OR REPLACE PROCEDURE ins_table_emp
(e_id NUMBER,e_name VARCHAR2,e_sal NUMBER,e_dno NUMBER)
AS BEGIN
INSERT INTO emp(emp_id,ename,sal, dept_id)
VALUES(e_id,e_name,e_sal,e_dno);
END;
```

（4）给 dept 表添加记录。存储过程如下：

```
CREATE OR REPLACE PROCEDURE ins_table_dept
```

```
(d_id NUMBER,d_name VARCHAR2,d_phone VARCHAR2)
 AS BEGIN
INSERT INTO dept(dept_id,dname, phone)
VALUES(d_id,d_name,d_phone);
END;
```

用相应的存储过程实现记录添加：

```
ins_table_emp(10000,'李文',4000,111);
...
ins_table_dept(111,'市场部','87871112');
...
```

也可编写用循环语句调相应的存储过程来实现记录添加的程序。

2）操作表

操作相关表，给指定部门的员工加薪，这实际上是一个查询，首先需要把所有该部门的员工筛选出来，然后对这些员工的薪水进行相应的改动。这里将要加薪的部门作为参数，这样的存储过程更有灵活性。依照这一思路，程序如下：

```
CREATE OR REPLACE PROCEDURE add_salary(deptname varchar2)AS
BEGIN
UPDATE emp
SET emp.salary=emp.salary * 1.15
WHERE emp.emp_id IN
(SELECT emp_id FROM dept WHERE dname=deptname);
END;
```

3）利用触发器建立追踪

若对某个职员的薪水进行变更，就应该将其相应的变更记录全部记下来。这里通过对 emp 表的 salary 属性创建一个触发器，来监视对 salary 的更新并进行记录，以追踪薪水变动情况。以下是部分触发器：

```
CREATE OR REPLACE TRIGGER salary_change
BEFORE DELETE OR INSERT OR UPDATE ON emp        --触发事件
FOR EACH ROW                                    --每修改一行都需要调用此触发器
    DECLARE                     --只有触发器的声明需要 DECLARE,过程和函数都不要
salary_balance NUMBER;
BEGIN                           --:new 与:old 分别代表该行在修改前和修改后的记录
salary_balance=:new.salary -old.salary;
DBMS_OUTPUT.PUT_LINE('old salary is: '‖:old.salary);
DBMS_OUTPUT.PUT_LINE('new salary is: '‖:new.salary);
DBMS_OUTPUT.PUT_LINE('add salary is: '‖to_char(salary_balance));
END;
```

9.2.3 游标的设计

1. 游标的定义

当对数据库的查询操作返回一组结果集时,用游标来标注这组结果集,以后通过对游标的操作来获取结果集中的数据信息。PL/SQL 块不能在屏幕上显示 SELECT 语句的输出,故 SELECT 语句必须包括一个 INTO 子句或者是游标。

游标有两种类型:显式游标和隐式游标。当某一条查询语句返回多条记录时,必须显式地定义游标以处理一行。其他的 SQL 语句(更新操作或查询操作只返回一条记录)都使用隐式游标。

游标是一个指向内存工作区的指针。显式游标是由程序员定义和命名的工作区;隐式游标是由 PL/SQL 为 DML 语句和返回单行记录的查询语句隐式定义的工作区。这里仅介绍显式游标。

显式游标可看作是没有上限的、任意行的数组。它是在 DECLARE 部分中定义的。游标有一个名字及一个 SELECT 语句,且允许带 WHERE,ORDER BY,GROUP BY 等子句。

定义游标的语法结构如下:

CURSOR<游标名> IS<SQL 语句>;

当需要操作结果集时,必须完成:打开游标、使用 SELECT 语句将游标里的数据取出以及关闭游标操作。

【例 9.4】 CURSOR c_emp IS

SELECT * FROM emp WHERE dept_id=113;

其含义是定义一个游标 c_emp,表示 emp 表中所有 dept_id 属性值为 113 的结果集。

2. 游标的属性

游标有 4 个属性,其值代表游标的状态信息。使用游标属性时,必须在属性名前面加上<游标名>%。游标属性的值是由系统自动赋值,用户只能使用,不能改变。游标属性及其描述如下:

(1) <游标名>%ISOPEN:如果游标已打开,取值为 TRUE,否则为 FALSE。

(2) <游标名>%NOTFOUND:若最近一次 FETCH 操作无返回结果,则取值为 TRUE,否则为 FALSE。

(3) <游标名>%FOUND:若最近一次 FETCH 操作无返回结果,则取值为 FALSE,否则为 TRUE。

(4) <游标名>%ROWCOUNT:值是到当前为止返回的记录数,初值为 0,每取一条记录,该属性值加 1。

在 PL/SQL 中可用"%TYPE"将变量和常量声明为:已有的类型或用户定义的类型,同时继承其数据类型和大小。若变量引用对象的数据类型和大小改变了,就不必修改代码,这种动态赋值方法是非常有用的。

例:

```
v_salary emp.sal%TYPE;          --声明与 emp 表的 sal 属性相同类型的变量 v_salary
```

变量、常量、游标、记录或属性名都可以使用该方法声明。这对于定义相同数据类型的变量非常有用。

【例 9.5】 是一个游标的例子。该游标实现的功能是从 student(<u>sno</u>,sname,ssex,sbirthday,sclass)表中读取所有的行存入到游标 mycur 中,然后从游标中读每一行的 sno 和 sname 属性。

```
    DECLARE CURSOR mycur IS          --声明游标
SELECT * FROM student;
myrec student%ROWTYPE;               --声明与表 student 相同行类型的变量 myrec
BEGIN
    OPEN mycur;                      --打开游标
    FETCH mycur INTO myrec;
    WHILE mycur%FOUND LOOP           --使用游标属性
        DBMS_OUTPUT.PUT_LINE(myrec.sno||':'||myrec.sname);
        FETCH mycur INTO myrec;
    END LOOP;
    CLOSE mycur;
END;
/
```

【例 9.6】 通过游标用 FOR 循环从 emp 表中取出某一部门的职工姓名和工资。

游标 FOR 循环的格式如下:

```
FOR <记录名> IN <游标名> LOOP
    <语句 1>;<语句 2>;…
END LOOP;
```

对应程序如下:

```
DECLARE
    v_no emp.dept_id%TYPE:=&p_no;          --&x 表示可在运行时接受输入的变量 x
CURSOR emp_cursor IS
SELECT ename,sal FROM emp WHERE dept_id v_no;
    BEGIN
        FOR emp_record IN emp_cursor LOOP
        INSERT INTO temp(ename,sal)
        VALUES(emp_record.ename,emp_record.sal);   --结果在记录名、属性名中
        END LOOP;
        COMMIT;
    END;
/
```

其中记录变量 emp_record 不必事先定义,是由系统隐式地定义的,并且只能在循环内可用。在本段程序中,没有打开游标、取数据、关闭游标等语句,它们由 FOR 语句自动完成。

3. 通过游标操纵数据库

PL/SQL 提供了一种删除或更新游标刚取出那条记录的方法。

要想操纵数据库中的数据,在定义游标的查询语句时,必须加上 FOR UPDATE 子句,表示要先对表加锁;然后在 UPDATE 或 DELETE 语句中加上 WHERE CURRENT OF 子句,指定从游标工作区中取出的当前行需要被更新或删除。当会话打开一个带 FOR UPDATE 子句的游标时,在游标区中的所有行拥有一个行级排他锁,其他会话只能查询,不能更新或删除。

1) 定义对表加锁的游标

定义带 FOR UPDATE 子句的游标格式如下:

```
CURSOR <游标名> IS
SELECT <目标列表>
FROM <表>
WHERE <条件>
FOR UPDATE [OF <属性>][NOWAIT]
```

其中:使用 FOR UPDATE 子句表示对表加锁。假如行已经被另一个会话锁上了,指明 NOWAIT 表示不要等待,返回一个错误。

2) 指定从游标区中取出的当前行需要被更新或删除

带 WHERE CURRENT OF 子句的 UPDATE 语句和 DELETE 语句的格式如下:

```
DELETE FROM <表>
    WHERE CURRENT OF <游标名>;
UPDATE <表> SET <属性 1>=<值 1>[,<属性 2>=<值 2>…]
    WHERE CURRENT OF <游标名>;
```

其中:使用 WHERE CURRENT 子句表示允许对语句取出的当前行进行更新和删除。使用此子句时,游标定义中必须包含 FOR UPDATE 子句,否则返回一个错误。必须先加锁,然后才能进行更新和删除操作。

【例 9.7】 为 emp 表的员工增加 10% 的工资。从最低工资开始,增加后工资总额限制在 50 万元以内。其程序如下:

```
CURSOR addsal IS
SELECT emp_id,sal FROM emp ORDER BY sal
FOR UPDATE OF sal;
   emp_num number:=0;                    --声明员工数计数变量
   s_sal emp.sal%TYPE;                   --声明员工总工资变量
   e_sal emp.sal%TYPE;                   --声明员工工资变量
   e_no emp.emp_id%TYPE;                 --声明员工号变量
```

```
BEGIN
    OPEN addsal;
    SELECT sum(sal)INTO s_sal FROM emp;
    WHILE s_sal<500000
    LOOP
        FETCH addsal INTO e_no,e_sal;
        EXIT WHEN addsal %NOTFOUND;
        UPDATE emp SET sal=sal * 1.1 WHERE CURRENT OF addsal;
        s_sal:=s_sal+e_sal * 0.1;
        emp_ num:=emp _num+1;
    END LOOP;
CLOSE addsal;
    INSERT INTO msg VALUES(emp_num,s_sal);        --将员工数、工资总额存入表 msg
COMMIT;
END;
/
```

9.3　数据库应用系统设计

下面通过一个简化的学生成绩管理系统设计与实现的例子,说明 Oracle 数据库应用系统设计的方法与过程。

9.3.1　系统需求与设计目标

学生成绩管理系统的总体任务是完成学生信息、教师信息、课程信息和学生选课信息管理的自动化,从而提高信息管理的效率。

经过分析,一个学生成绩管理系统应该具有以下基本需求。

(1) 系统中存在三种用户:系统管理员、教师、学生,不同的用户具有不同的权限。

(2) 系统需要为以上三种用户提供登录功能,用户登录验证成功后,系统会根据用户所属的类型(系统管理员、教师、学生)转向不同的界面。

(3) 系统管理员可以查询、添加和删除学生、教师和课程的基本信息。

(4) 教师可以查询学生信息、课程信息和学生选课信息。

(5) 学生可以查询个人信息、所有课程信息和个人选课信息。

系统设计目标是实现学生信息、教师信息、课程信息和学生选课信息的计算机管理,方便、快捷完成查询、更新等各种操作,界面简洁、友好。

9.3.2　系统功能模块设计

通过实际调查,要求本系统至少具有以下功能特性:

(1) 要求系统有良好的人机交互界面。

(2) 对不同的用户设置不同的权限,实现系统的安全性管理。

(3) 拥有方便的数据查询,修改,删除等功能。

(4) 实现管理系统的安全完整性控制。

(5) 尽量实现自动化的办公,方便操作人员的使用。

根据系统的设计目标和基本需求,可以将系统划分为以下几个模块。

1. 登录模块

由于管理系统涉及到不同的用户对象,因此要求系统对不同的用户设置不同的权限,通过登录模块进行身份验证,实现对系统的安全性管理。

2. 系统管理员模块

(1) 学生信息管理(查询、修改、删除学生信息)。

(2) 教师信息管理(查询、修改、删除教师信息)。

(3) 课程信息管理(查询、修改、删除课程信息)。

3. 教师模块

(1) 学生信息查询。

(2) 课程信息查询。

(3) 学生选课信息查询。

4. 学生模块

(1) 个人信息查询。

(2) 所有课程信息查询。

(3) 个人选课信息查询。

9.3.3 系统实现方式及开发环境

1. 系统实现方式

设计的系统采用客户机/服务器模式,在校园的局域网上运行。服务器端的数据库设计,主要包括:收集用户数据,进行需求分析,确定数据字典;通过 E-R 图表示数据库各实体间的关系,得到数据库概念结构;将 E-R 图转换成具体的数据模型,得到逻辑结构,即数据库中的表;需要时进行物理结构的选择,再根据用户处理要求,进行必要的安全性、完整性考虑。完成数据库的设计后,在 Oracle 10g 中创建该数据库,并设计相关的存储过程与触发器等。

客户机端的软件开发,主要包括:对用户需求做进一步具体分析,进行功能模块详细设计,利用开发工具或编程语言对每个模块进行界面设计和具体功能实现。其中需要重点注意如何进行数据库连接,如何显示数据库中的内容,以及如何对数据库进行复杂查询、维护等。

2. 开发环境及准备流程

本应用将采用数据库管理系统 Oracle 10g 和 C♯语言进行开发。开发工具为 Visual Studio 2008，它是 Microsoft 提供的一个集成开发环境，功能十分强大。其支持 C/C++，C♯等多种开发语言，提供多种控件，给程序的界面设计带来了极大的便利。

Oracle 数据库应用开发的准备流程如图 9-1 所示。

图 9-1　Oracle 数据库应用开发的准备流程

3. Oracle 10g 企业版的安装

(1) 安装 Oracle 的环境要求。硬件环境要求：CPU 主频在 Pentium 4 以上，内存容量在 512MB 以上；硬盘的大小需要视构建的数据系统数据量来确定，Oracle 10g 企业版会默认分配 5GB 的控件，所以建议硬盘容量至少 5GB 以上。

软件要求：服务器端的操作系统可以选择 Windows 2000 Server 及以上、Windows NT Server、Windows XP 及 Linux 等。客户端的操作系统可以选择 Windows 95 及以上。

(2) Oracle 安装步骤。下面介绍 Oracle 10g 企业版安装的过程。

① 双击安装文件，开始安装过程。首先进入初始化安装向导界面，自动初始化完成后，出现安装向导准备安装的界面。

② 单击"下一步"按钮，出现许可证协议界面。

③ 选择"我接受本许可协议中的条款"，单击"下一步"。出现选择目标位置界面。

④ 单击"浏览"按钮，选择目标位置为 F:\Oraclexe\(也可根据需要选择目标位置)。然后单击"下一步"，进入指定数据库口令界面。

⑤ 输入口令。安装完成后，可以使用 SYSTEM 这个用户名来登录数据库，登录口令就是在此设置的口令。设置好口令后，单击"下一步"，出现概览界面。

⑥ 概览界面向用户显示了数据库的安装目录，以及所涉及的一些端口的信息。用户确认无误后，单击"安装"开始安装过程。等待大概几分钟，就会出现安装完成界面。

⑦ 单击"完成"，完成数据库的安装。同时，进入数据库主页。

⑧ 输入用户名 SYSTEM 和刚才设置的口令就可以登录进入数据库。

SYSTEM 是 Oracle 默认的一个 DBA 账户,这个账户具有管理用户的权限。Oracle 为每一个用户提供了如下的用户角色和用户权限,以保证数据库的安全性。例如,采用 SYSTEM 账户登录,然后创建一个用户名为 test 的用户,赋予这个用户除了 DBA 之外的所有权限。

说明:本示例为简单起见,开发过程中,使用一台计算机同时充当了服务器和客户机的角色。这样在安装 Oracle 数据库的时候会自动安装 Oracle 客户端,故不需要单独在该机上安装 Oracle 的客户端。若需要安装客户端可参见相关手册。

9.3.4 数据库设计与表的创建

1. 数据库设计

通过对系统需求分析,概念结构与逻辑结构设计,确定了系统要创建的数据库表以及各表之间的关系(参见 8.3.3 小节中的数据库设计),就可以创建数据库表了,本系统中共有 5 张基本表:

(1) 学生表:student(sno,sname,ssex,sbirthday,sclass)。

(2) 教师表:teacher(tno,tname,tsex,tbirthday,prof,depart)。

(3) 课程表:course(cno,cname,tno)。

(4) 选课成绩表:score(sno,cno,grade)。

(5) 用户表:userinfo(userid,password,type)。

以上标有下划线的属性表示主键。

2. 表的创建

本小节将介绍如何使用 Oracle 10g 企业版来创建数据表。

首先,打开数据库主页,输入用户名 system 和安装时设置的密码进行登录。登录之后选择"管理"|"管理数据库用户"|"创建数据库用户",进入到创建数据库用户的界面。然后在这里创建一个用户,并赋予所有的权限。例如,在这里创建一个用户 shilei,口令设置为 sl891220,并赋予用户所有的权限。用户创建好后,单击注销登录,返回登录界面。然后使用新创建的用户 shilei 进行登录。

再次登录进来之后,就可以开始创建数据表了。这里以创建 userinfo 表为例,详细介绍 Oracle 创建数据表的过程。

(1) 选择"对象浏览器"|"创建表",进入如图 9-2 所示的界面。

(2) 在创建表界面相应的位置输入表名、列名、类型等内容,如图 9-3 所示。

(3) 单击"下一步",进入设置主键的页面,如图 9-4 所示。

(4) 选择"未填充",再选择主键 userid。单击"下一步",进入外键设置界面,如图 9-5 所示。

(5) 由于这里不需要设置任何外键,可直接单击"下一步"。进入约束条件设置界面,如图 9-6 所示。

图 9-2　创建表界面

图 9-3　输入表的相关内容界面

图 9-4　设置主键的页面

图 9-5　外键设置界面

图 9-6　约束条件设置界面

（6）这里不需要设置约束条件，所以直接单击"完成"。然后再单击"创建"即可，图 9-7 为建好的 userinfo 表。

当然，也可以使用 SQL 语句来创建表。可以选择主页上的 SQL|"SQL 命令"，然后输入相应的 SQL 语句来创建表。

例如：对于上面的 userinfo 表，可以在 SQL 命令行输入以下语句：

```
CREATE TABLE userinfo(
    userid VARCHAR2(20) NOT NULL ENABLE,
    password VARCHAR2(20) NOT NULL ENABLE,
    type VARCHAR2(4) NOT NULL ENABLE,
    CONSTRAINT userinfo_PK PRIMARY KEY(userid)ENABLE)
```

单击运行后，也可以生成相应的表。

采用相同的方法，可分别完成对于 student,course,teacher,score 表的建立。其中 student 表如图 9-8 所示。

列名	数据类型	可为空	默认值	主键
userid	VARCHAR2(20)	No	-	1
password	VARCHAR2(20)	No	-	-
type	VARCHAR2(4)	No	-	-
			1 - 3	

图 9-7　userinfo 表

列名	数据类型	可为空	默认值	主键
sno	VARCHAR2(20)	No	-	1
sname	VARCHAR2(20)	No	-	-
ssex	VARCHAR2(4)	No	-	-
sbirthday	DATE	Yes	-	-
sclass	VARCHAR2(25)	Yes	-	-
			1 - 5	

图 9-8　student 表

对应的 SQL 语句如下：

```
CREATE TABLE student
   (  sno VARCHAR2(20) NOT NULL ENABLE,
      sname VARCHAR2(20) NOT NULL ENABLE,
      ssex VARCHAR2(4) NOT NULL ENABLE,
      sbirthday DATE,
      sclass VARCHAR2(25),
      CONSTRAINT student_PK PRIMARY KEY (sno) ENABLE,
      CONSTRAINT TEST_CK1 CHECK (ssex IN('男','女')) ENABLE,
      CONSTRAINT student_FK FOREIGN KEY (sno)
      REFERENCES userinfo (userid) ON DELETE CASCADE ENABLE
   )
```

3. 建立存储过程

可以设计一些方便用户程序调用的存储过程。如建立一个存储过程，其功能是向 student 表中插入新纪录。使用如下语句：

```
CREATE OR REPLACE PROCEDURE ins_student(ins_sno varchar2,ins_name varchar2,ins_
sex varchar2,ins_birth date,ins_class varchar2)
IS BEGIN
   INSERT INTO student(sno,sname,ssex,sbirthday,sclass)
   VALUES(ins_sno,ins_name, ins_sex,ins_birth, ins_class);
   END;
```

执行该存储过程，即可以添加一条记录。可以按如下方式调用该存储过程：
在 SQL 命令行输入：

```
BEGIN ins_student('20083002','shilei','m','1989-1-1','7',);END;
```

通过重复调用该存储过程可添加多条记录。

4. 建立触发器

为进一步保证数据库数据的完整性，可以设计一些操作时用的触发器。例如，当添加的成绩或者修改的成绩不在 0 到 100 的范围，则提示用户。考虑为表添加如下触发器：

```
CREATE or REPLACE TRIGGER grade_change
```

```
AFTER INSERT or UPDATE on score                --触发事件
FOR EACH ROW                                    --每修改一行都需要调用此触发器
BEGIN
IF inserting THEN
  IF :NEW.grade < 0 or :NEW.grade >100 THEN
    dbms_output.PUT_LINE(' new,grade is: '‖:new.grade);
  END IF;
ELSIF updating THEN
  IF :NEW.grade < 0 or :NEW.grade >100 THEN
    dbms_output.PUT_LINE('new,grade is: '‖:new.grade);
  END IF;
END IF;
END;
```

9.3.5　系统应用程序设计

1. 创建数据库连接

这里介绍通过编码的方式实现数据库连接。数据库连接采用一个数据库连接类实现。在本系统中,命名为 Database. cs。Database. cs 的代码如下:

```
using System;
using System.Collections.Generic;
using System.Linq;
using System.Text;
using System.Data;
using System.Data.OracleClient;
```
//上面是引用的命名空间,其中 System.Data.OracleClient 是必需的。其中包含了很多关于 Oracle 数据库的操作。在新建一个 VS(即 Visual Studio)工程的时候,默认这个命名空间是不可见的,需要自己手动添加这个组件。可以通过 VS 的添加引用来进行添加。在单击添加引用之后,在 .NET 选项中可以找到 system.data.Oracle,单击将其添加即可。
```
namespace teachingSys
{ class database
{ public static database dbcon=new database();
                                //声明一个静态实例,通过访问这个实例获数据库连接
  OracleConnection conn=null;                   //声明 Oracle 数据库连接对象
  public database()                             //构造函数声明
  { createConnection();                         //调用此函数获取数据库连接}
    private void createConnection()             //此函数用来创建数据库连接
  { string connection="Data Source=XE;user=shilei;password=sl891220";
```
//字符串给出了连接的数据库名字及连接时使用的用户名和口令。其中"XE"为这个版本的 Oracle 数据库默认的数据库名。
```
  conn=new OracleConnection(connection);        //创建数据库连接对象
  conn.Open();                                  //打开数据库连接
```

```
    }
    public OracleConnection getConnection()        //返回数据库连接
    { return conn; }
    }
}
```

数据库连接之后,可以具体设计并实现各程序模块。下面介绍主要的程序模块。

2. 登录模块

本系统所设计的登录模块的界面如图 9-9 所示(为便于描述,对相关的控件加了标号)。

VS 的控件给设计界面带来了很大的便利,使界面设计成为了一件十分轻松的事。可以按照以下步骤来搭建所设计的界面:

(1) 在工程中新添加一个 form,将其命名为 login. cs。

(2) 直接在控件工具箱中拖两个 label 控件到 login 窗体上,然后将其 text 属性分别改为"学(工)号:","密码:",如图 9-9 的 1 和 2 所示。

图 9-9　登录模块的界面

(3) 对于图 9-9 的 3 和 4,拖放两个 textBox 控件到窗体上,将其 name 属性分别改为 textBox_username,textBox_pwd(这种命名方式便于以后对于这个控件的使用,实际编程中应该养成这个习惯),并且在 textBox_pwd 的 PasswordChar 属性中输入一个 *,这样在输入密码时就会在文本框中显示 * 了。

(4) 再拖放两个按钮到窗体上,将其 name 属性分别改为 button_ok 和 button_cancle。将其 text 属性分别改为"登录"和"取消"。如图 9-9 的 5 和 6 所示。然后分别双击这两个按钮,系统将自动为它们创建响应函数,分别为:

```
private void button_ok_Click(object sender,EventArgs e){}
```

和

```
private void button_cancle_Click(object sender,EventArgs e){}。
```

在程序执行中,当用户单击相应的按钮时,就会执行相应的函数。例如单击"登录"按钮时,将触发 button_ok_Click()函数的执行。花括号内部的函数体中的代码需要自己添加。一般添加的代码就是单击按钮之后需要程序完成相应的动作。代码如下:

```
using System;
using System.Collections.Generic;
using System.ComponentModel;
using System.Data;
using System.Drawing;
```

```csharp
using System.Linq;
using System.Text;
using System.Windows.Forms;
using System.Data.OracleClient;
namespace teachingSys
{ public partial class login : Form
  { OracleConnection conn=null;
    public login()
    { InitializeComponent();
      conn=database.dbcon.getConnection();}     //获取数据库连接
      private bool verify()                     //此函数实现用户验证功能,成功返回 true
      { string userid=textBox_username.Text;    //获取文本框中的用户标识
        string password=this.textBox_pwd.Text;  //获取文本框中的密码
        string useridFromdata=null;
        string passwdFromdata=null;             //将用来保存读取的用户标识和密码
        int flag=0;                             //验证是否成功的标记
        string type=null;
        string cmd="select * from userinfo";    //查 userinfo 表
        OracleDataAdapter ada=new OracleDataAdapter(cmd,conn);  //声明一个适配器
        DataTable dt=new DataTable();           //声明表对象,用来存读取的数据
        ada.Fill(dt);                           //此语句将填充 dt
        for(int i=0;i<dt.Rows.Count;i++         //循环判断
        { useridFromdata=dt.Rows[i].ItemArray[0].ToString();
          passwdFromdata=dt.Rows[i].ItemArray[1].ToString();
          if((userid==useridFromdata)&&(password==passwdFromdata))
          { flag=1;                             //如果匹配成功,置 flag 为 1
            type=dt.Rows[i].ItemArray[2].ToString();       //读取此用户的类型值
            MessageBox.Show("登录成功" +type);
            if(type=="sys"){                    //判断用户类型转向不同的界面
              sys admin=new sys();
              admin.MdiParent=this.MdiParent;
              admin.Show();}                     //实例化一个系统管理员界面并显示
            else if(type=="stu"){
                student admin=new student();
                admin.MdiParent=this.MdiParent;
                admin.Show();}                   //实例化一个学生用户界面,并显示
              else {
                  teacher admin=new teacher();
                  admin.MdiParent=this.MdiParent;
                  admin.Show();}                 //实例化一个教师用户界面,并显示
              return true;
          }
        }
        if(flag==0) MessageBox.Show("登录失败!");
```

```
        return false;
    }
    private void button_ok_Click(object sender,EventArgs e)
                                        //单击登录按钮的响应函数
    { bool b=verify();                  //调用用户身份验证函数
      if(b)this.Close();}               //如果验证成功,关闭登录窗口
      private void button_cancle_Click(object sender,EventArgs e)
                                        //此函数为取消按钮的响应函数
    { this.Close();}
}
}
```

3. 学生信息管理模块

本系统所设计的学生信息管理界面如图 9-10 所示。图中对比较重要的几个控件做了标记。1,2,3,5 标记的是 richtextbox 控件,它们分别命名为 richTextBoxSno,richTextBoxSname,richTextBoxSex,richTextBoxClass,4 标记的是一个 dateTimePicker控件,将其命名为 dateTimePicker_birth,这个控件可以用来选择一个日期。6 标记的是一个按钮,单击该按钮可以插入一条记录。7 标记的是一个 listview 控件,它可以用来显示从数据库中查询的学生信息。另外,这个窗体还有一个功能,就是右键单击一条记录时,会弹出一个右键菜单,上面有一个"删除"选项,如果单击"删除",就会删除选中的listview 中的记录。

图 9-10　学生信息管理界面

实现代码如下:

```
using System;
using System.Collections.Generic;
using System.ComponentModel;
using System.Data;
```

```
using System.Drawing;
using System.Linq;
using System.Text;
using System.Windows.Forms;
using System.Data.OracleClient;
namespace teachingSys
{ public partial class sysstudent : Form
    { OracleConnection conn=null;                          //声明数据库连接
      public sysstudent()
      { InitializeComponent();
        conn=database.dbcon.getConnection();               //获取数据库连接
      }
      private DataTable getInfo()                           //获取 student 表的信息
      { string cmd="select * from student";
        OracleDataAdapter ada=new OracleDataAdapter(cmd,conn);
                                                            //声明一个数据适配器
        DataTable dt=new DataTable();
        ada.Fill(dt);                                       //装填数据集
        return dt;
      }
      private void insertNewinfo()                          //此函数用于添加学生信息
      { string sno=this.richTextBoxSno.Text;
        string sname=this.richTextBoxSname.Text;
        string sex=this.richTextBoxSex.Text;
        string birth=this.richTextBoxBirth.Text;
        string sclass=this.richTextBoxClass.Text;
                                                            //获取界面输入信息
        string str_cmd= string.Format ("insert into userinfo(userid,password,
        type) values('{0}','{1}','{2}')",sno,"123456","stu");
        OracleCommand cmd=new OracleCommand(str_cmd,conn);
        cmd.ExecuteNonQuery();                              //向 userinfo 表添加记录
        str_cmd=string.Format("insert into student(sno,sname,ssex,sbirthday,
        sclass) values('{0}','{1}','{2}','{3}','{4}')",sno,sname,sex,birth,
        sclass);
        cmd=new OracleCommand(str_cmd,conn);
        cmd.ExecuteNonQuery();                              //向 student 表添加记录
        setNull();                           //将界面的 richtextbox 的 value 属性清空
      }
      private void delInfo(string sno)        //此函数用于删除学号为 sno 的记录
      { string str_cmd=string.Format("delete from userinfo where userid='{0}'",sno);
        OracleCommand cmd=new OracleCommand(str_cmd,conn);
        cmd.ExecuteNonQuery();
      }
      private void setNull()                               //清空界面的 richtextbox
```

```
{  this.richTextBoxSno.Text=null;
   this.richTextBoxSname.Text=null;
   this.richTextBoxSex.Text=null;
   this.richTextBoxClass.Text=null;
   this.richTextBoxBirth.Text=null;
}
private void updataListview()
                              //此函数用于在数据库更新时,更新 listview 的显示信息
{  this.listView_studentinfo.Items.Clear();
   DataTable dt=getInfo();                      //获取当前数据库中的学生信息
   ListViewItem temp=null;
   for (int i=0;i<dt.Rows.Count;i++)
   {    temp=new ListViewItem(dt.Rows[i].ItemArray[0].ToString(),0);
        temp.SubItems.Add(dt.Rows[i].ItemArray[1].ToString());
        temp.SubItems.Add(dt.Rows[i].ItemArray[2].ToString());
        temp.SubItems.Add(dt.Rows[i].ItemArray[3].ToString());
        temp.SubItems.Add(dt.Rows[i].ItemArray[4].ToString());
        listView_studentinfo.Items.Add(temp);
   }
}
private void sysStudent_Load(object sender,EventArgs e)
                                          //界面加载响应函数
{ updataListview(); }
private void buttonInsert_Click(object sender,EventArgs e)
                                          //插入按钮响应函数
{ insertNewinfo();updataListview();}
private void buttonReset_Click(object sender,EventArgs e)
{ setNull();}
private void listView_studentinfo_MouseClick(object sender,MouseEventArgs e)
                                          //单击鼠标右键响应函数
{ if (e.Button==MouseButtons.Right)
   {   Point p=new Point();
       p.X=e.Location.X+this.Location.X+100;
       p.Y=e.Location.Y+this.Location.Y+200;
                                          //设置右键菜单的显示位置
       contextMenuStrip1.Show(p);
   }
}
private void DELToolStripMenuItem_Click(object sender,EventArgs e)
                                          //单击右键菜单的"删除"后的相应动作
{ if (this.listView_studentinfo.SelectedItems.Count !=0)
   {  string sno=this.listView_studentinfo.SelectedItems[0].Text;
      delInfo(sno);
      MessageBox.Show("已删除!");
```

```
            updataListview();
        }
    }
}
```

由于其他部分的实现方法与上面类似,这里就不再给出源代码了。

9.3.6　系统测试运行图

下面给出管理员登录后创建的一个学生用户,该学生用户利用此账户登录后的一个示例。

(1) 管理员输入账户和密码,如图 9-11 所示。单击"登录"进入管理员界面,如图 9-12 所示。

图 9-11　输入账户和密码界面

图 9-12　管理员界面

(2) 单击"学生信息管理",进入学生信息管理界面。在其右侧填入相应信息,即一条学生记录,如图 9-13 所示。

图 9-13　填入相应信息

(3) 单击"插入",该学生记录被插入,如图 9-14 所示。

图 9-14 学生记录被插入

(4) 使用刚插入学生的账号(学号)进行登录,如图 9-15 所示。单击"登录",进入学生界面,如图 9-16 所示。

图 9-15 用学生账号登录   **图 9-16 学生界面**

总之,Oracle 数据库应用开发的一般过程是:

(1) 进行需求分析,确定应用系统的功能需求和性能需求。

(2) 根据需求分析的结果划分系统的功能模块,并进行数据库各种结构设计。

(3) 建立数据库与创建数据库连接。

(4) 应用程序设计与编码(包括界面)的实现。

(5) 装入数据、测试及维护。

9.4 本章小结

Oracle 是一个面向网络计算环境的数据库平台。它适用于各类大、中、小、微机环境,是一种具有高吞吐量、高效率、可靠性好的数据库产品。Oracle 提供了基于角色的安全型管理。在完整性检查、安全性和一致性方面都有良好的表现。

PL/SQL 是对标准数据库语言的过程化扩展，用来实现比较复杂的业务逻辑。PL/SQL 程序的基本结构是块，块之间可互相嵌套。每个块由声明部分、执行部分和异常处理部分组成。PL/SQL 提供了流程控制语句，主要有条件控制和循环控制语句。存储过程是一个 PL/SQL 程序块，接受零个或多个参数作为输入或输出源。存储过程只能通过 EXECUT 命令或 PL/SQL 程序块内部调用。触发器是一种特殊的存储过程，主要用于多表之间的消息传递。此外，PL/SQL 用游标来标注查询操作的结果集，通过对游标的操作来获取结果集中的数据。

Oracle 数据库应用开发有一定的特点与规律，只有把握好其特点才能更好地掌握数据库开发的规律与技能。

习　题　9

1. Oracle 数据库产品有哪些主要特点？其数据库的基本概念有哪些？
2. Oracle 数据库服务器主要作用是什么？客户端由哪些部分组成？
3. Oracle 提供了哪些数据库的安全性与完整性控制功能？
4. 描述 PL/SQL 程序的基本结构、存储过程的概念及优点。
5. 如何使用 Oracle10g 创建自己的数据库及表？
6. 如何创建 Oracle10g 存储过程与触发器？
7. 游标的类型与游标的属性主要有哪些？它们各有何特点？
8. 数据库应用系统的开发有哪些主要步骤？
9. 用 Oracle 设计并实现一个小型的数据库应用系统：

有一个公司需要对该公司的职员进行计算机人事管理，管理的具体内容包括：部门信息、员工信息、员工奖惩信息。每个部门的信息包括：部门名称、部门编号、部门负责人编号、部门电话。员工信息包括员工姓名、员工编号、员工联系电话、员工地址、身份证编号、薪水、进公司的日期、员工所在部门编号。员工奖惩信息包括奖惩日期、内容、进行奖惩的部门。

要求：在日常使用中，人事经理能够对员工的信息和员工奖惩信息进行各种插、删、改，其他人员只能进行查询，包括能进行以下查询：

(1) 根据某个特定员工的姓名查询它的全部信息和奖惩信息。

(2) 按不同条件查询员工的基本信息。

(3) 查询某一阶段员工奖惩情况。

(4) 按部门查询所属的员工情况，并给指定的员工加薪。

要求通过使用授权、使用存储过程、触发器等保证该数据库的安全性、完整性。

第10章

现代数据库技术

chapter 10

现代数据库技术是继关系数据库之后发展起来的众多新型数据库技术,它们继承、扬弃和扩展了关系数据库理论与技术,人们称之为"后关系数据库"时代的产物。本章将介绍现代数据库技术发展的主要特点,讨论 XML 数据库、数据仓库与数据挖掘技术。

10.1　现代数据库技术概述

10.1.1　数据库技术的发展

1. 数据库技术发展阶段

随着计算机应用领域不断扩大,数据库系统的功能、适应范围也愈来愈广,数据库产品已成为计算机信息系统的基本及主要的支撑软件,其相应数据库技术的发展也经历了若干个阶段。数据库技术发展的简图如图 10-1 所示。

图 10-1　数据库技术发展简图

数据库技术已从第一代层次、网状数据库技术,第二代关系数据库技术,发展到现代以面向对象、面向网络或网格、面向新的应用与服务等为主要特征的数据库技术。新一代数据库技术的研究和发展导致了众多不同于第一、二代数据库系统诞生,构成了当今数据库系统的繁荣。这些数据库系统无论是基于扩展关系数据模型的,还是基于新数据模型的;是采用分布式结构,还是客户/服务器模式;是通用数据库,还是用于某一领域(如工程、统计、地理、生物、空间等)的数据库,都可泛称为现代(或第三代)数据库。

尽管由于互联网应用的兴起,XML 格式的数据的大量出现,需要新的数据模型与新技术支持,但关系技术仍然是主流,无论是多媒体的内容管理、XML 数据支持,还是复杂对象管理等大多是在关系系统内核技术基础上的扩展。数据库技术在发展、完善过程中经历了不断演化的复杂过程,由此发展成为现代数据库的大家族。

此外,数据库应用体系结构也由主机/终端的集中式结构发展到网络环境的分布式结构,随后又扩展成三层或多层 C/S 结构、B/S 结构,现在又进一步延伸到物联网以及移动环境下的动态结构。多种数据库应用体系结构满足不同应用的需求,适应不同的应用环境。

2. 数据库技术发展的特点

计算机应用的发展要求计算机能处理更为复杂的数据,如 CAD 数据、图形图像数据,递归嵌套的数据等,这些都需要更丰富的数据模型与更高级的数据库技术来实现;随着软件、硬件技术的发展、丰富的媒体交流方式及用户应用需求的提高,促进了数据库技术与网络或网格技术、面向对象技术、人工智能技术、传感器技术等相互渗透,互相融合,从而形成数据库新技术;数据库技术用于工业、农业、商业、军事、教育、医疗等行业后,就会出现一种新的数据库家族成员。所以,数据库技术发展的主要特点是:

(1) 研究与扩展形成新的数据模型,研制新型的数据库产品或产品升级。

(2) 数据库技术与多学科技术的融合,开拓数据库系统新技术。

(3) 数据库技术向不同应用领域拓展,形成各种数据库应用系统。

数据库系统从被动功能型向主动服务型迈进,向集群化、虚拟化、智能化发展。

10.1.2 现代数据库技术研究

1. 现代数据库简介

现代数据库所涵盖的范围很广,以下构成了现代数据库应用的主流技术。

(1) Web 数据库。Web 数据库指在互联网中以 Web 查询接口方式访问的数据库资源,其结构是后台采用 DBMS 存储数据信息,查询结果以包含数据列表的 Web 页面形式返回给用户。相比搜索引擎返回的查询结果,特点是提供一个或多个领域的数据记录,且具有完整的模式信息。Web 数据库集成的主要目的是为用户提供多个 Web 数据库资源的统一访问方式。

(2) XML 数据库。由于互联网的发展,关系数据库与 XML 结合成为一个重要方向,因此出现了 XML 数据库等广泛应用于互联网的数据库技术。由于 XML 描述数据的内容,适合于机器处理和数据库应用,XML 已成为互联网上数据表示和交换的标准,故 XML 数据库成为一个研究实现的热点技术。

(3) 数据仓库。关系数据库由传统事务性处理向决策、统计型发展,从而出现了数据仓库技术。数据处理多样化要求将数据从原来分散的数据库中抽取出来,并加以加工和集成,统一和综合为新的系统,面向不同的应用主题就会有不同的集成和综合结果,像这样由传统数据库经过加工处理、集成综合而面向不同应用主题和决策需要的服务系统即为数据仓库。

(4) 主动数据库。主动数据库是结合人工智能和面向对象技术而产生的新技术。主动数据库技术引入规则的描述和处理机制,用于描述和自动维护具体应用中的商业规则。由于规则的维护及处理由 DBMS 而不是应用程序完成,因此有高的可靠性和应用性能。实现主动数据库系统有许多需要解决的关键问题,这些问题包括实现有效的事件监视器,有效的规则表示和执行机制,数据库中的事件描述、运算和复合,以及在主动数据库中的有效事务处理机制等。

(5) 嵌入式与移动数据库。关系数据库发展的另一个方向是微型化方向,其主要应用领域是嵌入式系统与移动通信领域。微型化应用要求关系数据库具有更为精练的功能、更强的兼容性以及与其他系统更紧密的配合能力。嵌入式数据库不仅可以嵌入到其他的软件当中,也可以嵌入到硬件设备当中,同时具有比较好的移动性和可伸缩性。

(6) 空间和时态数据库。空间数据库指的是地理信息系统在计算机物理存储介质上存储的与应用相关的地理空间数据的总和。它弥补了传统关系数据库在空间数据的表示、存储、管理、检索上存在的缺陷。存储现实世界的时间经历状态信息的数据库叫做时态数据库。它主要用于记录那些随着时间而变化的值的历史,其应用有金融、保险、预订系统、决策支持系统等。

(7) 物联网数据库。物联网是在互联网基础上延伸和扩展的网络,其用户端延伸和扩展到了任何物品与物品之间进行信息交换和通信。物联网时代,可以把一切的物质进行数字化、再信息化。因而需要构造物联网支撑系统的"数据海"——物联网数据库。

(8) 云数据库。云数据库作为广义云计算的一种高级应用,它蕴含着前所未有的数据服务交付能力。移动开发,社会化数据模型和事件驱动是未来的发展趋势,需要云数据库来支持下一代企业应用,它将会带来数据存储的变革、浏览器的改变。使用云数据库的用户不需控制运行着原始数据库的机器,也不必了解它身在何处。

(9) 知识与智能数据库。知识库是知识工程中结构化、易操作、全面有组织的知识集群,是针对某些领域问题求解的需要,采用某种知识表示方式在计算机中存储、组织、管理和使用的互相联系的知识片集合。智能数据库是研究利用人的推理、想象、记忆原理,实现对数据库的存储、搜索和主动服务。它将计算机科学中近年的主要技术,面向对象技术、数据库技术、人工智能、超文本/超媒体和联机信息检索技术等集成为一体。智能数据库思想的提出,预示着人类的信息处理即将步入一个崭新的时代。

2. 现代数据库应用技术的研究

现代应用的复杂性、主动性和时态性等特性对数据库系统的要求是多方面的,它涉及到数据库的很多方面,从高级数据建模到复杂数据查询,从高效数据存储到数据库现代管理等多方面,现代数据库本身就是应用需求的产物,因此形形色色的数据库系统应运而生。

数据库应用技术研究范围很广,以下列出一些数据库应用的共性技术:

(1) 向内容管理过渡。伴随着新一代数据库的问世,数据集成和数据仓库的实施将会更加简化,与此同时,来自相关业务的压力,连续处理、准实时处理和小范围战术性数据处理都将成为数据集成和分析人员所面临的课题。此外,伴随着数据应用逐步过渡到数据服务,领域还会着力处理几个方面的问题:包括关系型与非关系型数据的融合;数据分类;国际化多语言数据。

(2) 主数据管理。在企业内部的应用整合和系统互联中,许多企业已发现在原有各应用间,具有相同业务语义的信息被反复定义和存储,此情况导致数据本身成为信息技术环境发展的障碍,为了有效使用和管理这些信息,主数据管理将成为一个热点。

(3) 内容展现和分析。随着数据仓库技术的普及化,如何与前端应用集成并让投资决策者看到实际效果成为数据仓库领域的热点。数据仓库应用需要在内容展现上下工夫。另外,为了适应业务环境的快速变化,依托新一代数据仓库产品,战术性分析将成为提升业务的有效手段。

(4) 基于网络的自动化管理。伴随着技术的发展,数据库的管理除了更加自动化之外,将会提供更多基于互联网环境的管理工具,完成数据网络化之后的数据库管理网络化。数据管理的应用程序接口将会更加开放,这样无论是原厂商还是第三方厂商都在提供基于浏览器端技术的 Intranet/Internet 管理套件,便于分布在世界各地的数据管理员、开发人员使用浏览器管理位于世界另一端的数据库。

(5) 数据内容融合。与以往的"数据中心"概念不同,数据库将更多作为信息服务支撑的角色出现。对于新一代创新应用,数据不再集中于一个逻辑上的中心数据库,而是分布在企业甚至整个互联网的各个角落,为了支持上述能力,数据聚集及其聚集之后基于业务语义的数据内容融合也将成为数据库发展的亮点,各数据库产品除了在商务智能领域不断加强对应用的支持外,也会着力加强数据集成与服务的能力。

(6) 数据库和信息检索融合。主要研究探讨如何将传统的信息检索领域的关键字查询方法应用到半结构化数据查询以及结构化的关系数据库中。探讨能否用关键字检索作为统一的手段,使得搜索引擎能够支持用户实现 XML 数据的关键字检索、关系数据的关键字检索、万维网上混合数据的关键字检索。

(7) 物联网与云数据库技术研究。主要研究涉及数据的"隐私权"和"可信度"(数据完整性和保密性)、业务基础中间件、嵌入式中间件、云数据库的 SQL 语言、应用模型、安全标准等。

此外,数据库应用体系结构也由主机/终端的集中式结构发展到网络环境的分布式结构,随后又发展成三层或多层 C/S、B/S 结构、物联网以及移动环境下的动态结构。多种数据库应用体系结构满足不同应用的需求,适应不同的应用环境。

10.2　XML 数据库

10.2.1　XML 数据库概述

1. XML 与数据库

XML 文件是数据的集合,它是自描述的、可交换的,能够以树型或图形结构描述数据。XML 提供了许多数据库所具备的工具:XML 的文档存储、模式、查询语言、编程接口等。但其并不能完全替代数据库技术。XML 缺少作为实用的数据库所应具备的特性:高效的存储、索引和数据修改机制;严格的数据安全控制;完整的事务和数据一致性控制;多用户访问机制;触发器、完善的并发控制等。XML 的好处是数据的可交换性,同时在数据应用方面还具有如下优点:

(1) XML 文件为纯文本文件,不受操作系统、软件平台的限制。

(2) XML 具有自描述语义的功能,这种描述能够被计算机理解和自动处理。

(3) XML 不仅可以描述结构化数据,还可有效描述半结构化,甚至非结构化数据。

于是,数据库和 XML 的结合——XML 数据库就应运而生。由于 XML 数据库存放的是 XML 文本,只要是格式良好(Well-Formed)的 XML 文本,都可以随时添加到数据库里去。而 XML 文本本身不仅仅包含了内容还涵盖结构信息,正所谓一举两得。这就是 XML 数据库可以存取半结构数据的原理所在。可以说,XML 数据库兼有关系数据库和面向对象数据库两者的优势。

2. XML 数据库的分类

随着 XML 数据使用的越来越多,迫切需要一种能够直接处理 XML 数据的数据库来管理这些结构或半结构化的数据。之前处理 XML 数据都是在作为文本存储在关系数据库中。由于 XML 数据格式是层次关系,而且同类文件格式也可能不同,用关系数据库很难表示,并且无法对 XML 数据中节点进行检索,故使用新型存储格式及检索方式已成为必然。随着处理 XML 文件的一些方法被定义为标准,例如 XPath、XQuery、SQL/XML 等,XML 数据库的应用越来越广泛。

XML 数据库即使用 XML 文件作为数据存储格式、支持对 XML 文档进行数据管理的数据库。根据数据库实现模式,目前 XML 数据库有三种类型:

(1) 能处理 XML 文件的数据库(Enable-XML Database)。DBMS 内部含有处理 XML 数据的模块,可以和 XML 数据文件交换数据,即实现了 XML 数据的读取,写入,删除,更新等操作,但数据库本身并不是为 XML 数据设计的。目前大部分流行的 DBMS 都支持 XML 数据。

(2) 纯 XML 数据库(Native-XML Database)。数据以纯 XML 文件格式保存,针对 XML 的数据存储和查询特点专门设计适用的数据模型和处理方法,可直接操作 XML 数据文件。由于省去了数据转换过程,在处理 XML 数据时相对效率较高。纯 XML 数据库由于可以保持原 XML 文件的物理格式不变,并且可以按照原格式检索,所以有时候纯 XML 数据库也被称作原生态数据库。

(3) 混合 XML 数据库(Hybrid XML Database,HXD)。根据应用的需求,可以视其为能处理 XML 文件的数据库和纯 XML 数据库的综合数据库。

能处理 XML 文件的数据库中,由于底层实现模块中并不是专为 XML 数据设计,所以在使用 XML 文件数据时必须通过接口程序进行数据交换。接口程序把 XML 数据读入数据库并转换成数据库可以识别的数据格式后才能操作数据,操作完的数据在通过接口程序转换成 XML 数据格式,这使得执行效率大幅降低。

纯 XML 数据库和关系数据库比较,优点是:可以直接操作 XML 文件,处理效率明显高于关系数据库;可以保持原文件的物理格式不变;原生检索方式;以分层的树形结构描述数据,能够检索各个节点。缺点是:XML 文件中带有大量非数据的内容;检索普通数据效率低;纯 XML 数据库的 XQuery 语言标准不完善。

10.2.2　XML 数据模型

1. XML 文档的结构

XML 文档包括三部分:XML 声明、处理指示(可选)、XML 元素。一个结构良好的 XML 文档应该遵守 XML 语法规则,必须包含这三个部分。

XML 文档的基本组成是元素(element)。这里的元素是起始标签和结束标签的组合,以及它们之间出现的文本。每个 XML 文档必须有一个根元素,它内含文档中的其他元素。

标记(Markup)有三类意义:结构、语义和样式。结构将文档分成元素树。语义将单个的元素与外部的实际事物联系起来。而样式指定如何显示元素。

2. 命名空间

因为设计 XML 文档是为了在程序之间交换数据,所以为了避免文档之间存在同名的标签需要用一个命名空间的机制来生成唯一的名称。如果计算机学院与商学院之间要交换学生的花名册,必须要在每个标签前面加一个唯一的标识符。计算机学院可能用 Web 的 URL(统一资源定位符)地址做标识符:http://www.cs.whu.edu.cn。此时,命名空间的机制就提供了一种定义标识符的缩写的方法。

```
<学生花名册 xmlns: CS="http: //www.cs.whu.edu.cn">
...
<CS: 学生>
    <CS: 名字>李华</CS: 名字>
    <CS: 籍贯>河北</CS: 籍贯>
    <CS: 年龄>19</CS: 年龄>
    <CS: 电话号码>62421234</CS: 电话号码>
</CS: 学生>
...
```

</学生花名册>

该例中,根元素有个属性 xmlns:CS,它把 CS 定义成前面所提到的 URL 地址的缩写。这个缩写可以用在该文档中的每个元素标签中。

3. XML 文档的类型定义

一个 XML 文档的类型定义(Document Type Definition,DTD)指定该文档具有哪些元素,这些元素是怎样嵌套的,以及每个元素具有哪些属性。一个 XML 文档可以有选择地使用一个 DTD。DTD 主要目的和数据库中的模式很像:限制和定义文档中的数据形式。但是 DTD 并不会限制数据的类型,它只限制一个元素中是否有子元素和属性。实际上,DTD 主要是一个定义一个元素中的子元素的类型的清单。

DTD 的意图在于定义 XML 文档的合法建筑模块。它通过定义一系列合法的元素决定了 XMl 文档的内部结构。符合 DTD 的规则的 XML 文档称为有效的 XML 文档。一个有效的 XML 文档也是一个结构良好的 XML 文档。

4. XML 模式

DTD 有很多局限性。XML 模式(XML Schema)是为克服 DTD 的局限性而提出的用于指定 XML 文档模式的新标准,其有很强的表达能力,但很复杂。XML 模式是功能强大的文档模式语言,它的独特功能包括强类型、模块化、继承以及一致性约束。XML 模式相当复杂,XML 模式对 DTD 的主要改进之处如下:

(1)允许创建用户定义的类型;允许创建特定类型而对类型进行限制。

(2)允许定义唯一性和外键参照完整性约束,而这正是 DTD 最大的不足之处。

(3)允许使用一种形式的继承来扩展复杂类型。

(4)允许文档的不同部分遵从不同的模式。

(5)XML 模式自身由 XML 语法指定。

5. XML 数据模型

由于 XML 文档是严格的层级结构,所以形象地称 XML 文档为文档树,其中每一对元素称作树的一个节点。根元素就是根节点。

XML 数据模型用树结构作为数据的组织形式,每个 XML 文件都是一棵有向树。

如描述空间数据的 XML 模型,根节点有两棵子树,一棵是对模型总体描述的元数据,包括版本、字符集、索引、坐标系、列信息等;另一棵是所有地理的实体集。实体包括属性特征和空间特征,属性数据是由若干个属性构成的属性集。

属性数据是由若干个属性构成的属性集;空间数据按照实体的不同形状分为不存在、点、点集、线、折线、弧、线集、面、矩形、圆角矩形、椭圆、文本、集合。同时,这些形状还包含了描述自身样式的数据,例如符号、笔、刷子、光滑等。

XML 数据模型包括两种描述实体的方法——索引型和嵌套型,以及一种描述关系的方法——链接型。索引型用于描述并列结构或不具有明显结构特征的实体;嵌套型用于描述具有主从结构特征的实体;链接型用于描述 $n:n$ 的关系(1:1 与 1:n 关系视为特例）。该模型不依赖于特定的应用，仅提供了用于反映结构特征的标记，具有一般性。同时，模型覆盖了对象的描述方法，具有通用性。

索引型实体具有并列结构的特征（或者不具备明显的结构特征，由于数据彼此之间的独立性，可以视为并列结构）；嵌套型实体具有层次结构或嵌套结构的特征，父元素与子元素间是 $1:n$ 关系；链接型数据表征两个实体之间的 $n:n$ 关系，并配合索引型描述的实体使用。

10.2.3　XML 查询语言

既然越来越多的程序用 XML 来交换和存储数据，那么操作与管理 XML 数据的语言工具就显得尤其重要。特别是在两种情况下，一种是从大量的 XML 数据中提取并操作数据，另一种是转换不同模式之间的 XML 数据。因为 XML 查询的输出还是 XML 文档，所以一个好的语言工具是可以同时具有查询和转化两种功能的。

几种典型的 XML 查询语言如下：

XPath 是一种路径表达式的语言。XPath 是路径表达式的一种标准语言，它允许用类似文件系统中的路径表达式来指定所需的元素。

XQuery 是 W3C(World Wide Web Consortium，万维网联盟)开发的 XML 查询语言。在诞生的时候就被设计成 XML 数据的查询标准。它是一种较复杂的编程语言，组成了 XPath 的一个超集。XQuery 语言与 SQL 语言很相似。

SQL/XML 是 SQL 的扩展语言。它扩展了 SQL 语法，定义了数据库语言与 XML 的结合方式。各主流 DBMS 均发布了对其功能的支持。

本节简要介绍 SQL 的扩展语言 SQL/XML。

1. SQL/XML

SQL/XML 是 SQL 标准的一个新的分支，属 SQL 标准 SQL：2003 中的第 14 部分，包括大量和 XML 有关的对 SQL 的扩展。

SQL/XML 可将 SQL 表或整个数据库中的内容当作 XML 发布；从 SQL 查询结果中生成 XML 文档；将 XML 文档存储在关系数据库中并高效查询。其对 SQL 的主要扩展功能分类如下：

（1）数据类型定义；

（2）强制数据类型转换；

（3）XML 与字符串的相互转换（双向）；

（4）XML 发布函数；

（5）XML 提取函数。

例如，XML 与字符串的转换函数 XMLSERIALIZE 将 XML 值转化成存储为 CHAR、VARCHAR 或 CLOB 值的字符串。它是一个类型转换函数。参数必须是 XML 数据类型的表达式。

2. 在关系数据库中存储和操作 XML

（1）XML 数据类型。虽然 XML 文档能够以字符串类型的属性存储在关系表中，但这样做使得查询文档的效率很低。例如，在计算一个表达式之前，XPath 必须扫描整个字符串并解析它，因此 SQL/XML 希望支持 XML 文档作为树状结构自然存储，这样才能方便文档内的导航。例如，这种结构可以很快地定位每个节点的子节点。已开发了支持 XML 文档自然存储的高效存储和索引技术，为此，SQL 增加了新的数据类型：XML。

例如，要存储如下学生信息，并以自然的 XML 格式存储成绩单：

```
CREATE TABLE stud_xml(
    id INTEGER,
    details XML)
```

其中，设 details 属性包含如下形式的 XML 文档：

```
<student>
    <Name><First>John</First><Last >Doe</Last></Name>
    <Status>good</Status>
    <CrsTaken code="CS308" semester="20091"/>
    <CrsTaken code="MAT123" semester="20092"/>
</student>
```

但是，因为指定 details 类型为 XML，这种文档不是以字符串形式存储，而是以特殊的数据结构存储，以支持高效的导航和查询。

使用 CHECK 约束，可以让数据库验证在插入 XML 文档之前，检查该 XML 文档是否满足某个适当的模式：

```
CREATE TABLE stud_xml(
id INTEGER,
details XML,
CHECK(details IS VALID INSTANCE OF 'http://www.edu/student.xsd'))
```

这里假设模式已存储在 http://www.edu/student.xsd。

（2）SQL/XML 的发布函数。SQL/XML 包含将关系数据转化成 XML 的发布函数。可使用 SQL/XML 发布函数从关系数据生成带标记的 XML 文档。

主要的发布函数如下：

① XMLELEMENT 函数构造一个命名的 XML 元素节点。返回类型为 XML 的值。参数包括一个元素名、可选的名称空间声明、可选的属性，以及零个或多个组成元素内容的表达式。

② XMLATTRIBUTES 函数为 XML 元素节点构造一个或多个 XML 属性节点。返回 XML 类型的值。

③ XMLFOREST 函数构造一个 XML 元素节点序列（森林）。返回值和参数一样都是内部 XML 数据类型。

④ XMLCONCAT 函数连接两个或多个 XML 值(XML 数据类型的表达式)。返回值和参数一样都是内部 XML 数据类型。

⑤ XMLAGG 函数在生成的 XML 值中将 XML 值聚合为一系列的项。XMLAGG 是一种聚合(列)函数。

⑥ XMLNAMESPACES 函数从参数中构造 XML 名称空间声明。声明在 XMLELEMENT 和 XMLFOREST 函数生成的元素的作用范围内。返回 XML 类型的值。

如下是 XMLELEMENT 和 XMLATTRIBUTES 函数的使用例子。

由于 SQL 为关系语言,SQL 查询不直接生成 XML 文档,但是对于 SQL 查询结果中的元组来说,它的某列的值可能就是一篇 XML 文档。可使用 XMLELEMENT 函数,输入参数为元素标签的名字以及(可选的)元素的属性和内容。例如,下面的查询生成一个包含 XML 文档列的关系:

```
SELECT p. id,XMLELEMENT
    (name "Prof"
    XMLATTRIBUTES(p. deptid AS "dept"),
    p.name
    )AS info
FROM professor p
```

提供标签名的参数由 name 关键字确定,在本例中为 Prof。XMLATTRIBUTES 函数生成元素的属性,例子中只有单个属性 dept,其余的参数指定元素的内容。在这个例子中,元素没有子节点,内容只是简单的 P. name 与 P. id 相连的值。

XMLELEMENT 构造可嵌套使用,利用该特点可生成任意复杂的元素。

10.2.4 实现的数据库特性

高端的 Oracle 版本已经通过数据库的 XML DB 组件实现了 XML 数据库基本特性。

1. XML 数据类型

(1) XML 数据类型——XMLType。它允许在 SQL 中访问数据库中的 XML 文档,可用于创建表、列或视图,还可用作参数和变量的数据类型。内置的 XML 方法可以处理文档内容,允许创建、提取和索引 XML 数据。

(2) 存储结构。XML 实现提供了以两种不同方式存储数据的灵活性:结构化存储和非结构化存储。XML 类型的数据在存储为单个大对象列时是非结构化的,在实现为对象集时是结构化的。

结构化存储。将结构化 XML 存储实现为一组对象。这些对象可通过具有可以在表间实现的引用约束的表以关系格式实现。结构化存储具有一些性能优势,可提供更多的查询和更新优化、其 XML 操作有助于减少内外存储,因为不存储 XML 标记,而且存在更细粒度的数据检索和使用。缺点是插入和检索整个文档需要更多开销。此外,灵活性有限。

非结构化存储。XML 可用 CLOB 以非结构化方式存储在数据库中,也可以用 XMLType 数据类型存储,以便 SQL 查询。其缺点是,对部分文档的更新通常不如结构化数据那样高效。SQL 约束无法实现等。

(3) 命名空间。命名空间用于描述 XML 文档中的一组相关属性或元素。它可用于确保文档构造有完全唯一的名称。XML 模式尤其要利用该特性,因为目标命名空间通常与 XML 模式的 URL 相同。该 URL 用于唯一标识数据库中注册的 XML 模式的名称,而且无需是文档所处位置的物理 URL。

XML 类型的方法和 XML 函数使用命名空间前缀。当 XML 文档没有目标命名空间时,该命名空间前缀将位于 noNameSpace 命名空间中。如果元素不具备另一个命名空间前缀,默认情况下,在将某个命名空间应用到描述它的元素时,可使用该命名空间。

通常两个特定的命名空间是 http://www.w3.org/2001/XML Schema(完整的 XML 模式命名空间)和 http://xmlns.oracle.com/xdb(Oracle 提供的 XML DB 命名空间)。

2. 使用 XML

(1) 将数据添加到 XML 类型的表和列中。有很多选项可供人们将 XML 数据添加到数据库中。本例以简单方式用 SQL 将一个 XML 文档从文件加载到表中。该文件需要通过一个数据库目录访问。为此,创建一个目录以指向存储该 XML 文档文件的文件。

```
CREATE OR REPLACE DIRECTORY xmldir AS '/u01/app/oracle/admin/db01/sql';
```

现在可以用两种方式创建包含 XML 类型的数据表。第一是包含有 XML 类型列的表;第二是定义 XML 类型的表。

① 创建一个包含 XML 类型列的表。

```
CREATE TABLE inxmlcol(
inv_id NUMBER PRIMARY KEY,
inv_doc XMLType);
```

② 创建一个 XML 类型的表。

```
CREATE TABLE inxmltbl of XMLtype;
```

以上每一个语句都在对应表中隐式创建两个索引:一个用于主键,另一个用于大对象。

现在要将一个发票文档插入到这两个表中。需要使用字符集 AL32UTF8,并指定它传送字符集编码来供要读取的文件使用。将数据插入这两个表:

```
INSERT INTO inxmlcol VALUES(1,XMLType(BFILENAME('xmldir','inxml.txt'),NLS_
CHARSET_ID('AL32UTF8')));
INSERT INTO inxmltbl VALUES(XMLType(BFILENAME ('XMLDIR','inxml.txt'),
NLS_CHARSET_ID('AL32UTF8')));
```

现在已经通过 XML 类型的表和列将两个 XML 文档加载到了数据库中。

（2）实现模式类型化数据。如果处理命名空间和存储技术不足，XML 类型的数据也可以实现为模式类型化或非类型化数据。XML 模式可将文档与提供文档结构和内容信息的模式相关联。这为文档提供了更好的记录、验证和控制方式。该模式中的信息可用于提交更有效的查询和更新处理。XML 模式也允许将 XML 文档存储为结构化数据，因为该文档可以通过其模式分解为一组对象。用于存储该文档的对象模型由模式定义确定。

XML 类型的方法允许使用模式定义编辑 XML 类型的文档。创建模式并在 XML 文档中使用的步骤包括：创建一个 XML 模式定义；注册该模式；创建一个基于 XML 模式的表；将数据插入其中。

（3）XQuery 函数和表达式。XQuery 是 W3C 针对查询语言开发的一个标准，用于从 XML 文件提取信息。它允许人们访问物理 XML 文档或者通过 XML 视图虚拟化为 XML 文档的关系数据。使用的表达式可以是简单的查询或较大查询的一部分，而且可以包括标准函数，例如，日期/时间、算术或字符串函数以及用户定义的函数。XQuery 使用 XPath 表达式定位 XML 文档中的具体项。实现的 XMLQuery() 和 XMLTable() 函数支持 XQuery。

Oracle 数据库为将 XML 标准与数据合并在内，引入了 XML DB 库和 XML 数据类型，并提供大对象以及结构化存储选项。利用 XML DB 特性，通过将 URL 映射为数据库对象的层次结构，用户能够在数据库中执行本机 XML 处理。通过使用节点和路径概念的"逻辑树"，可使用 XPath 表达式操作文档的单个元素。

Oracle 数据库通过 XML XQuery 语言增强了 XML 支持，该语言包括 XMLQuery() 和 XMLTable() 函数。这些特性的组合简化了 Oracle 数据库中关系数据和 XML 数据间的相互转换使用。SQL 查询可以操作 XML 数据，而 XML 查询能够访问关系数据。其中的关键是 Oracle 对 XMLQuery() 和 XMLTable() 的 SQL/XML 实现。

10.3　数据仓库与数据挖掘

数据库应用于数据处理大致分为两大类：联机事务处理和联机分析处理。联机事务处理（On-Line Transaction Processing，OLTP），是指对数据库联机的日常操作，通常是对数据记录的查询和修改，主要是为企业的特定应用服务的，人们关心的是响应时间、数据的完整性和安全性。联机分析处理（On-Line Analytical，Processing，OLAP），主要用于企业管理人员的决策分析，需要经常访问大量的历史数据，两者之间存在很大差异。

针对应用中的问题，人们专门为业务的统计分析建立一个数据中心，它的数据可以从 OLTP 系统、异构的外部数据源、脱机的历史业务数据中得到，专门为分析统计和决策支持应用服务，这个数据中心被称为数据仓库。

尽管许多决策支持查询可以用 SQL 书写，但是仍然有很多查询不能用 SQL 表示，或者用 SQL 表示起来非常复杂。因此人们对 SQL 做了一些扩展以方便数据分析。OLAP 领域涉及到数据分析的工具和技术，在大规模数据库的情况下，OLAP 仍能对汇总数据的查询请求做出快速的响应。

除了 OLAP,另一种从数据中得到知识的方式是使用数据挖掘(Data Mining),这种方式的目的在于从大量数据中发现不同种类的模式。它将人工智能中的知识发现技术和统计分析结合起来,同时有效地把它们运用在超大型数据库中。

10.3.1　数据仓库的特征与组成

1. 数据仓库的主要特征

数据仓库概念的创始人 W. H. Inmon 对数据仓库的定义是:数据仓库是一个面向主题的、集成的、稳定的、随时间不断变化的数据集合,它用于支持经营管理中的决策制定过程。

在这个概念中,数据仓库的主要特征有:

(1) 面向主题。主题是一个抽象的概念,是在较高层次上对企业信息系统中的数据综合,归类并进行分析利用的抽象。在逻辑意义上,主题是某一宏观分析领域中所涉及的分析对象。例如,一个商场要分析各类商品的销售情况,商品就是一个主题。为了便于决策分析,数据仓库是围绕着这个主题(例如商品、供应商、地区和客户等)而组织的,故只提取那些对主题有用的信息,以形成某个主题的完整且一致的数据集合。

(2) 集成。数据仓库的数据来自于不同的数据源,要按照统一的结构、一致的格式、度量及语义,将各种数据源的数据合并到数据仓库中,目的就是为了给用户提供一个统一的数据视图。当数据进入数据仓库时,要采用某种方法来消除应用数据的不一致。这种对数据的一致性预处理称为数据清理。

(3) 稳定且不可更新。数据仓库的数据主要供决策分析之用,所涉及的数据操作主要是数据查询。这些数据反映的是一段时间内历史数据的内容,是不同时间点的数据库快照的统计、综合等导出数据。它们是稳定的,不能被用户随意更改。这点与联机应用系统有很大的区别,在联机应用系统中,数据可以随时地被用户更新。

(4) 随时间不断变化。对用户来说,虽然不能更改数据仓库中的数据,但随着时间变化,系统会进行定期的刷新,把新的数据添加到数据仓库,以随时导出新综合数据和统计数据。在这个刷新过程中,与新数据相关的旧数据不会被改变,新数据与旧数据会被集成在一起。同时,系统会删除一些过期数据。故数据仓库数据的键中都包含有时间项,以标明数据的历史时期。

总的来说,数据仓库的最终目的是将不同企业之间相同的数据集成到一个单独的知识库中,然后用户能够在这个知识库上做查询,生成报表和进行分析。因而,数据仓库是一种数据管理和数据分析的技术。

2. 数据仓库的组成

数据源中的数据就是实时应用系统中的数据,数据加载器将数据源的数据抽取出来,然后装载进数据仓库中。数据仓库的 DBMS 负责存储和管理数据,查询处理器负责处理来自查询和分析工具的查询请求。数据仓库结构如图 10-2 所示。

图 10-2　数据仓库的结构

数据仓库的主要组成如下：

（1）数据装载器。数据装载器执行的操作是将数据源中的数据抽取并装载到数据仓库中，可以是只将数据做简单的转换就装载进仓库。它主要是由数据转载工具和一些专门的程序组成。

（2）仓库管理器。仓库管理器的全部工作就是管理仓库中的数据，它是由数据管理工具和专门程序组成，它的操作有：数据一致性分析，将数据从易失性的介质转移到数据仓库中时的转换和综合，基本表上索引的建立和备份数据。

（3）查询管理器。查询管理器负责管理所有的用户查询，它由用户终端工具，数据仓库监管工具，数据库工具和专门工具组成。它的操作有：为查询选定合适的表，调度查询的执行。

（4）数据仓库的数据。数据仓库中的数据分为三个级别，细节级数据，轻度综合数据和高度综合数据。数据源中的数据进入数据仓库时首先是细节级，然后根据具体需求进行进一步的综合，从而进入轻度综合乃至高度综合。数据仓库中这种不同的综合程度称为"粒度"。粒度越大，表示细节程度越低，综合程度越高，反之粒度越小，表示细节程度越高，综合程度越低。

（5）元数据。所谓的元数据就是关于数据的数据，它描述了数据的结构，内容，键，索引等内容。数据仓库中的元数据内容除了与数据库的数据字典中的内容相似外，还应包括数据仓库的关于数据的特有信息。

3. 联机事务处理与数据仓库的比较

为联机数据事务处理而设计的 DBMS 不能用来管理数据仓库，因为两种系统是按照不同的需求来设计的。比如联机事务处理要求能够及时地处理大量的事务，而数据仓库要求支持启发性的查询处理。表 10-1 所示是联机数据事务处理与数据仓库的比较。

定规模之后,由于没有统一的数据仓库协调,只会又增加一些信息孤岛,仍然不能以整个企业的视图分析数据。这说明了数据集市和数据仓库有本质的不同。

如果企业最终想建设一个全企业统一的数据仓库,想要以整个企业的视图分析数据,独立型数据集市不是合适的选择。从长远的角度看,从属型数据集市在体系结构上比独立型数据集市更稳定,可以说是数据集市未来建设的主要方向。

3. 数据集市设计

数据仓库(集市)的设计可以采用迭代式的方法。在迭代式开发中,每个迭代为上一次的结果增加了新的功能。功能增加的顺序要考虑到迭代平衡以及尽早发现重大风险。通俗地说,就是在正式交货之前多次给客户交付不完善的中间产品"试用"。这些中间产品会有一些功能还没有添加进去、还不稳定,但是客户提出修改意见以后,开发人员能够更好地理解客户的需求。如此反复,使得产品在质量上能够逐渐逼近客户的要求。这种开发方法周期长、成本高,但是它能够避免整个项目推倒重来的风险,比较适合大项目、高风险项目。

理论上讲,应该有一个总的数据仓库的概念,然后才有数据集市。实际建设数据仓库(集市)的时候,人们一般会先从数据集市入手,就某一个特定的主题(比如企业的客户信息)先做数据集市,再建设数据仓库。数据仓库和数据集市建立的先后次序之分,是和设计方法紧密相关的。而数据仓库作为工程学科,并没有对错之分,主要判别方式应该是能否解决目前存在的实际问题,并为今后可能发生的问题保持一定的可伸缩性。

10.3.3　联机分析处理

1. 联机分析处理的特点

联机分析处理(OLAP)可以对大量的多维数据进行动态地合并和分析,是一个支持复杂查询的工具,属决策支持领域的一部分。

OLAP 委员会对 OLAP 的定义为:使用户能够从多种角度对从原始数据中转化出来的、能够真正为用户所理解的、并真实反映企业特性的信息进行快速、一致、交互地存取,从而获得对数据的更深入了解的一类软件技术。OLAP 的目标是满足决策支持或多维环境特定的查询和报表需求,它的技术核心是"维"这个概念,因此 OLAP 也可以说是多维数据分析工具的集合。

OLAP 的特点是对共享的多维信息的快速分析。这也是设计人员或管理人员用来判断一个 OLAP 设计是否成功的准则。

(1) 共享。这意味着系统要能够符合数据保密的安全要求,即使多个用户同时使用,也能够根据用户所属的安全级别,让他们只能看到他们应该看到的信息。

(2) 多维。OLAP 的显著特征就是它能提供数据的多维视图,系统必须提供对数据分析的多维视图和分析,包括对层次维和多重层次维的完全支持。

(3) 快速。系统响应用户的时间要相当快捷。这是所有 OLAP 应用的基本要求。要达到这个目标,数据库的模式应该朝着更广泛的技术发展,包括特殊的数据存储格式,预先计算和硬件配置等。

（4）分析。系统应能处理与应用有关的任何逻辑分析和统计分析，用户无需编程就可以定义新的专门计算，将其作为分析的一部分，并以用户理想的方式给出报告。用户可以在 OLAP 平台上进行数据分析，也可以连接到其他外部分析工具上，同时应提供灵活开放的报表处理功能，以保存分析结果。

不论数据量有多大，也不管数据存储在何处，OLAP 系统应能及时获得信息，并且管理大容量信息。这里有许多因素需要考虑，如数据的可复制性、可利用的磁盘空间、OLAP 产品的性能及与数据仓库的结合度等。

2. OLAP 的分类

OLAP 系统按照其数据在存储器中的存储格式可以分为如下三种类型：

（1）关系 OLAP。关系 OLAP 将分析用的多维数据存储在关系数据库中，并根据应用的需要有选择的定义一批实视图作为表也存储在关系数据库中。这样做的好处就是无需将每个 SQL 查询都作为实视图保存，只定义那些应用频率比较高、计算工作量比较大的查询作为实视图。对于每个针对 OLAP 服务器的查询，优先利用已经计算好的实视图来生成查询结果以提高查询效率。同时为关系 OLAP 提供查询数据的 RDBMS 也做了相应的优化，比如并行存储、并行查询、并行数据管理、基于费用的查询优化、位图索引、SQL 的 OLAP 扩展等。

（2）多维 OLAP。多维 OLAP 将 OLAP 分析所用到的多维数据物理上存储为多维数组的形式，形成"立方体"的结构。维的属性值被映射成多维数组的下标值或下标的范围，而汇总数据作为多维数组的值存储在数组的单元中。多维数据库管理系统（MDDBMS）负责管理和分析多维数据。由于多维 OLAP 采用了新的存储结构，从物理层开始实现，因此又称为物理 OLAP（Physical OLAP）；而关系 OLAP 主要通过一些软件工具或中间软件实现，物理层仍采用关系数据库的存储结构，因此称为虚拟 OLAP。

（3）混合型 OLAP。由于多维 OLAP 和关系 OLAP 有着各自的优点和缺点，且它们的结构迥然不同，这给分析人员设计 OLAP 结构提出了难题。为此人们提出了混合型 OLAP，它能把多维 OLAP 和关系 OLAP 两种结构的优点结合起来。混合型 OLAP 工具既能够从一般数据库中提取数据，又能够从多维 OLAP 服务器上获得数据。

10.3.4　多维数据的表示和操作

1. 多维数据的表示

维是人们观察数据的特定角度，是考虑问题时的一类属性，属性集合构成一个维（时间维、地理维等）。对于一个要分析的关系，可以把它的某些属性看作是度量属性，因为这些属性测量了某个值，而且可以对它们进行聚集操作。而其他属性中的某些（或所有）属性可以看成是维属性。因为它定义了观察度量属性的角度。比如：某连锁店销售表中，"商品名称，季节和城市"都是维属性，而"销售量"则是度量属性。

为了分析多维数据，分析人员需要查看数据表，表 10-2 所示是城市销售商品的统计交叉表,该表显示了不同的商品和地点之间的销售额及总量。交叉表中,一个属性 A 构成其行标题,另一个属性 B 构成其列标题。每个单元的值记为 (a_i, b_i),其中 a_i 表示属性 A 的一个值,b_i 表示属性 B 的一个值。每个单元的值按如下方式得到:

(1) 对于任何 (a_i, b_i),如果只存在一个元组与之相对应,那么该单元的值由那个元组推出。

(2) 对于任何 (a_i, b_i),如果存在多个元组与之相对应,那么该单元的值必须由那些元组上的聚集推出。

表 10-2　城市销售商品的统计交叉表

(第 1、2 季)	武汉	北京	总量
衬衫	2500	2300	4800
休闲裤	2340	3100	5440
领带	500	1100	1600
总量	5340	6500	11 840

通常,交叉表与存储在数据库中的关系表是不同的,这是因为交叉表中的列的数目依赖于关系表中的实际数据。当关系表中的数据变化时,可以增加新的列,这是数据存储所不愿看到的。尽管存在一些不稳定性,但是交叉表显示出了汇总数据的一种视图,这是很有用的。

将二维的交叉表推广到 n 维,就形成了一个 n 维立方体,称之为数据立方体。三维数据立方如图 10-5 所示,立方体中的三维是:商品名称,城市,季节,并且其度量属性是销售量,和交叉表一样,数据立方体中的每个单元都有一个值,这个值由三个维对应的元组确定。

一个维属性的不同级别上的细节信息可以组成一个层次结构。比如时间维可分为(年,季节,月,小时,分钟,秒)这几种不同细节的层次。这是为了满足不同分析人员希望从不同级别的细节上观察一个维的需要。比如有

图 10-5　三维数据立方

的分析人员要分析一年内每个月的销售情况,而有的分析人员可能要分析一个月每天的销售情况。

2. 多维数据的分析操作

OLAP 的基本多维分析操作有钻取(Roll-up 和 Drill-down)、切片和切块(Slicing and Dicing)以及旋转(Pivoting)等。

(1) 钻取:是改变维的层次,变换分析的粒度。它分为上卷(Roll-up)和下钻(Drill-down)上卷是在某一维上将低层次的细节数据概括到高层次的汇总数据,即减少维数;而下钻则相反,它从汇总数据深入到细节数据进行观察,即增加维数。当然,在实际中,细节数据不可能由汇总数据生成,它们必须由原始数据或由粒度更细的汇总数据生成。

(2) 切片和切块:是在一部分维上选定值后,关心度量数据在剩余维上的分布。如

果剩余的维只有两个,则是切片;如果有三个或以上,则是切块。

　　(3)旋转:是改变维的操作,即选择交叉表的维属性从而能够在相同的数据上查看不同内容的二叉表。例如,数据分析人员可以选择一个在"商品名称"和"季节"上的二叉表,也可以选择一个在"商品名称"和"城市"上的二叉表。

10.3.5　数据挖掘技术

　　大量信息在给人们带来方便的同时也带来了一大堆问题:第一是信息过量,难以消化;第二是信息真假难以辨识;第三是信息安全难以保证;第四是信息形式不一致,难以统一处理。另一方面,随着数据库技术的迅速发展以及广泛应用,人们积累的数据越来越多。激增的数据背后隐藏着许多重要的信息,人们希望能够对其进行更高层次的分析,以便更好地利用这些数据。目前的数据库系统无法发现数据中存在的关系和规则,无法根据现有的数据预测未来的发展趋势。缺乏挖掘数据背后隐藏的知识的手段,导致了"数据爆炸但知识贫乏"的现象。因此,数据挖掘和知识发现技术应运而生,并显示出强大的生命力。

　　数据挖掘的核心模块技术历经了数十年的发展,其中包括数理统计、人工智能、机器学习。这些技术,加上高性能的关系数据库引擎以及广泛的数据集成,让数据挖掘技术在当前的数据仓库环境中进入了实用的阶段。

1. 数据挖掘的概念与作用

　　数据挖掘就是从大量的、不完全的、有噪声的、模糊的、随机的应用数据中,提取隐含在其中的、人们事先不知道的、但又是潜在有用的信息和知识的过程。

　　数据挖掘所关心的是对数据的分析以及从大量数据中找到隐含的,不可预知的信息的软件技术,它的关键在于发现数据之间存在的某些人们未知的模式或关系。数据挖掘的数据有多种来源,包括数据仓库、数据库或其他数据源。所有的数据都需要再次进行筛选,具体的筛选方式与任务相关。

　　数据挖掘在商业上有大量的应用,比较广泛的应用有两类:对某种情况的预测和寻找事物之间的关联。例如当某位顾客购买了一本图书时,网上商店可以建议购买其他的相关图书。在商业应用中最典型的例子就是一家连锁店通过数据挖掘发现了小孩尿布和啤酒之间有着惊人的联系。好的销售人员知道这样的模式并发掘它们以做出额外的销售。数据挖掘所能解决的典型商业问题包括:数据库营销、客户群体划分、背景分析、交叉销售、客户流失性分析、客户信用记分、欺诈发现等市场分析行为,以及与时间序列分析有关的应用。

　　原始数据可以是结构化的,如关系数据库中的数据;也可以是半结构化的,如文本、图形和图像数据;甚至是分布在网络上的异构型数据。因此,数据挖掘是一门交叉学科,它把人们对数据的应用从低层次的简单查询,提升到从数据中挖掘知识,提供决策支持。

　　大部分情况下,数据挖掘都要先把数据从数据仓库中拿到数据挖掘库或数据集市中。从数据仓库中直接得到进行数据挖掘的数据有许多好处。如果数据在导入数据仓库时已经清理过,那数据挖掘时就可能没必要再清理,而且数据不一致的问题都已经被解决了。

当然为了数据挖掘也不必非得建立一个数据仓库。把各个不同源的数据统一在一起,解决数据冲突问题,然后把所有的数据导到一个数据仓库内,是一项巨大的工程。若只是为了数据挖掘,可以把一个或几个事务数据库导到一个只读的数据库中,把它当作数据集市,然后在其上进行数据挖掘。

2. 数据挖掘的技术

数据挖掘的技术主要有关联分析、聚类分析、分类、预测、时序模式和偏差分析等。

(1) 关联分析(Association Analysis)。两个或两个以上变量的取值之间存在某种规律性,就称为关联。数据关联是数据库中存在的一类重要的、可被发现的知识。关联分为简单关联、时序关联和因果关联。关联分析的目的是找出数据库中隐藏的关联网。一般用支持度和可信度两个阈值来度量关联规则的相关性,还不断引入兴趣度、相关性等参数,使得所挖掘的规则更符合需求。

(2) 聚类分析(Clustering)。聚类是把数据按照相似性归纳成若干类别,同一类中的数据彼此相似,不同类中的数据相异。聚类分析可以建立宏观的概念,发现数据的分布模式,以及可能的数据属性之间的相互关系。

(3) 分类(Classification)。分类就是找出一个类别的概念描述,它代表了这类数据的整体信息,即该类的内涵描述,并用这种描述来构造模型,一般用规则或决策树模式表示。分类是利用训练数据集通过一定的算法而求得分类规则,它可被用于规则描述和预测。

(4) 预测(Predication)。预测是利用历史数据找出变化规律,建立模型,并由此模型对未来数据的种类及特征进行预测。预测关心的是精度和不确定性,通常用预测方差来度量。

(5) 时序模式(Time-Series Pattern)。时序模式是指通过时间序列搜索出的重复发生概率较高的模式。与回归一样,它也是用已知的数据预测未来的值,但这些数据的区别是变量所处时间的不同。

(6) 偏差分析(Deviation)。在偏差中包括很多有用的知识,数据库中的数据存在很多异常情况,发现数据库中数据存在的异常情况是非常重要的。偏差检验的基本方法就是寻找观察结果与参照之间的差别。

根据信息存储格式,用于挖掘的对象有:关系数据库、面向对象数据库、数据仓库、文本数据源、多媒体数据库、空间数据库、时态数据库、异质数据库以及 Web 数据等。

3. 数据挖掘流程

(1) 定义问题。清晰地定义出业务问题,确定数据挖掘的目的。

(2) 数据准备。包括:选择数据;数据预处理(涉及检查数据的完整性、一致性、去噪声、填补丢失的域、删除无效数据等)。

(3) 数据挖掘。根据数据功能的类型和和数据的特点选择相应的算法,在净化和转换过的数据集上进行数据挖掘。

（4）结果分析。对数据挖掘的结果进行解释和评价，转换成为能够最终被用户理解的知识。

（5）知识的运用。将分析所得到的知识集成到业务信息系统的架构中去。

4. 数据挖掘的方法

（1）神经网络方法。神经网络由于本身良好的鲁棒性、自组织自适应性、并行处理、分布存储和高度容错等特性非常适合解决数据挖掘的问题。典型的神经网络模型主要分三大类：用于分类、预测和模式识别的前馈式神经网络模型；用于联想记忆和优化计算的反馈式神经网络模型；用于聚类的自组织映射方法。其缺点是人们难以理解网络的学习和决策过程。

（2）遗传算法。遗传算法是一种基于生物自然选择与遗传机理的随机搜索算法，是一种仿生全局优化方法。遗传算法具有的隐含并行性、易于和其他模型结合等性质使得它在数据挖掘中被加以应用。遗传算法的应用还体现在与神经网络、粗集等技术的结合上。但遗传算法较复杂，收敛于局部极小的较早收敛问题尚未解决。

（3）决策树方法。决策树是一种常用于预测模型的算法，它通过将大量数据有目的分类，从中找到一些有价值的，潜在的信息。它的主要优点是描述简单，分类速度快，特别适合大规模的数据处理。

（4）粗集方法。粗集理论是一种研究不精确、不确定知识的数学工具。粗集方法有几个优点：不需要给出额外信息；简化输入信息的表达空间；算法简单，易于操作。粗集处理的对象是类似二维关系表的信息表。目前成熟的 DBMS 和新发展起来的数据仓库管理系统，为粗集的数据挖掘奠定了坚实的基础。但粗集的数学基础是集合论，难以直接处理连续的属性。

（5）覆盖正例排斥反例方法。它是利用覆盖所有正例、排斥所有反例的思想来寻找规则。首先在正例集合中任选一个种子，到反例集合中逐个比较。与字段取值构成的选择子相容则舍去，相反则保留。按此思想循环所有正例种子，将得到正例的规则。

（6）统计分析方法。利用统计学原理对数据库中的信息进行分析。可进行常用数据总和、平均值等统计、回归分析（用回归方程来表示变量间的数量关系）、相关分析（用相关系数来度量变量间的相关程度）、差异分析（从样本统计量的值得出差异来确定总体参数之间是否存在差异）等。

（7）模糊集方法。即利用模糊集合理论对实际问题进行模糊评判、模糊决策、模糊模式识别和模糊聚类分析。系统的复杂性越高，模糊性越强，一般模糊集合理论是用隶属度来刻画模糊事物的亦此亦彼特性的。

10.4 本章小结

现代数据库技术发展的主要特点是：研究与扩展形成新的数据模型，从而研制新型的数据库产品；数据库技术与多学科技术的融合，开拓数据库系统新技术；数据库技术向不同应用领域拓展，形成多种类数据库系统。

　　XML 数据库即使用 XML 文件作为数据存储格式、支持对 XML 文档进行数据管理的数据库。XML 数据模型用树结构作为数据的组织形式,每个 XML 文件都是一棵有向树。随着处理 XML 的 SQL/XML 等查询语言被定义为标准,XML 数据库的应用越来越广泛。

　　数据仓库是一个面向主题的、集成的、稳定的、随时间不断变化的数据集合,它用于支持经营管理中的决策制定过程。联机分析处理使分析人员用不同的方式查看汇总数据。数据挖掘是从大量数据中提取隐含在其中的有用的信息和知识的过程。数据挖掘的应用包括对某种情况的预测和寻找事物之间的关联。

习　题　10

1. 描述数据库技术发展的几个阶段,讨论你所知道的现代数据库。
2. 数据库技术发展的特点是什么?
3. 什么是 XML? 说明 XML 数据库的概念及分类。
4. 试说明 XML DTD 和 XML 模式的区别。
5. XML 查询语言有哪几种? XML/SQL 定义了哪些功能?
6. 什么是数据仓库? 试述数据仓库的结构和主要组成部分。
7. 什么是数据挖掘? 多维数据如何表示和操作?
8. 数据挖掘的技术和方法有哪些?
9. 讨论并归纳当前数据库的一些新技术、新方法。

附录 A

录像出租公司数据库设计实例

本部分讨论数据库设计过程中的一些技术问题,并通过应用实例的需求分析和具体结构设计讲解数据库设计过程。

下面从某录像出租公司数据库设计的需求分析入手,逐步进行数据库结构特性的设计。

A.1 应用需求

用户应用的需求描述如下:

某全国连锁性的录像出租公司,随着公司的壮大,公司使用和产生的数据日益增大,管理变得非常困难。为确保公司的持续发展,公司主管强烈要求建立数据库应用系统以解决日益庞大的数据管理问题,并便于在各个连锁店之间进行信息和资源共享。

出租公司在全国的许多城市开设有连锁店。当有新员工加盟公司时,需要使用员工注册表格,员工注册表上的信息包括姓名、职务、工资、分公司编号、分公司地址(街道、城市、省份、邮政编码)、电话。

每个分公司都有一名经理和数名主管。经理负责日常操作,而主管则监督旗下员工。在分公司员工列表上包含有分公司编号、分公司地址、分公司电话以及所有员工的信息(编号、姓名、职务)。

每个分公司都有库存的录像以备出租。每盘录像用分类号码唯一标识。多数情况下,在一个分公司中,同一盘录像有多份拷贝,因此每份拷贝用录像号码来区分。在分公司可以出租的录像清单上包含有分公司编号、分公司地址、分公司电话以及所有可以出租的录像信息(分类号、录像号、片名,种类,日租费用)。

顾客在租录像之前,必须先成为公司的一名会员。顾客加入时要填写会员注册表格,会员注册表上的信息包括会员号、姓名、会员地址、注册日期、分公司编号、分公司地址、注册人。一个顾客可以在不同的分公司分别注册,但每次注册都要填写一张注册表格。在分公司会员清单上包含有分公司编号、分公司地址、分公司电话以及所有会员的信息(会员号、姓名、地址、参加日期)。

会员注册后,可以自由租借录像,一次最多借 10 盘录像。当会员租借录像时,要填写录像租借表格,顾客租借表上包含有会员号、姓名、分公司编号、分公司地址以及顾客所借的所有录像信息(录像号,片名、日租费用、租出日期,归还日期,总租金)。

A.2　需 求 分 析

A.2.1　确定任务与目标

为了确定录像出租公司数据库应用系统的任务与目标,应该首先和公司主管谈话,并和主管指定的人员会谈。通过调查,可以确定录像出租公司数据库应用的目标是:维护公司产生的数据,支持面向会员的录像出租业务,方便分公司之间的合作和信息共享。

为了获得明确的任务,应该与公司中不同角色的人员交谈。典型的问题有:你做什么工作? 和什么数据打交道? 需要用哪些类型的数据? 公司提供哪些服务? 等。这些问题可以问公司的不同员工。当然,随着采访用户的不同,有必要调整问题。此外,还要与公司中主管、助理、监理等交谈。通过各种问题的调查,有助于开发人员形成明确的任务。交谈后,可确定录像出租公司数据库应用的任务如附表 A-1 所示。

附表 A-1　录像出租公司数据库应用的任务

任　　务	内　　容
维护(录入、修改、删除)	维护各个分公司、员工、录像、会员、录像出租业务、录像供应与订单等数据
实现查询	查询录像、录像租借、会员、录像供应商及订单
跟踪信息	跟踪库存录像状态、录像租借业务与订单信息
情况报告	报告各个分公司员工、录像、会员以及各录像租借、供应商、录像订单的情况

A.2.2　确定系统边界与标识用户

需对收集到的数据进行分析,以便定义数据库应用的主要用户。有关各个用户的大部分数据是在和主管、经理、监理、助理和采购员面谈时收集到的。录像出租公司数据库应用的主要用户如附表 A-2 所示。

附表 A-2　录像出租公司数据库应用的主要用户

用　户	需　　求
主管	报告所有分公司的员工、录像、会员与所提供的录像情况
经理	维护(录入、修改、删除)给定分公司与员工的数据; 实现对所有分公司的员工的查询; 报告给定分公司的员工、录像、会员、录像租借情况
采购员	维护(录入、修改、删除)录像、录像供应商、录像订单数据; 实现对所有分公司的录像、录像供应商、录像订单的查询; 跟踪录像订单的状态,报告在所有分公司的录像、会员、录像供应商及录像订单
…	…

系统需求说明描述了在新的数据库应用中所要包含的各种特性,如网络需求,共享访问需求,效率需求以及安全级别需求。在收集用户需求和整个系统需求的数据时,开发人员将会了解当前系统的运行方式,在新系统引进新的优良特性的同时还应该尽量保留原系统好的方面。

A.2.3　收集用户与系统的详细信息

为了找到每个用户更多的需求信息,可以采用面谈和跟班作业的方法,以了解用户所需要数据的情况。

例如,可以问一个分公司经理如下问题:

开发人员:在员工情况中,你要包含哪些类型的数据?

经理:在员工情况信息中需要包含姓名、职务、薪水。每个员工有员工号,在整个公司是唯一的。

开发人员:你要对员工信息做哪些操作?

经理:我要录入新员工的详细情况,删除离开公司的员工记录,随时修改员工信息,并列表打印分公司员工的姓名、职务、薪水。我需要分配监督人去照看员工们的工作,有时候我想与其他分公司联系,这时我需要查到其他分公司经理的名字。

可以针对数据库中要存储的所有数据问类似的问题,这些问题的回答有助于确定用户需求定义中的必要细节。

在和用户商讨用户需求的同时,还应该收集关于系统需求更一般的信息。可以问如下一些问题:

(1) 数据库中经常要进行什么操作?

(2) 什么操作对这种业务是非常关键的?

(3) 什么时候运行这些关键操作?

(4) 对于这些关键操作,它们运行的高峰期、正常期和低谷期各是什么?

(5) 数据库应用需要哪种类型的安全机制?

(6) 是否存在只能由某些成员使用的敏感数据?

(7) 要保存哪些历史数据?

(8) 对数据库应用的网络和共享访问有哪些需求?

(9) 你们需要哪种类型的操作失败保护和数据丢失的保护?

A.2.4　管理用户与数据关系

对于有多个用户的数据库应用来说,可以采用集中式或视图综合方法来管理。一种有效的方法是列出所有用户所使用的主要数据类型,如附表 A-3 所示。

从表中可以看出,所有用户之间都有数据重叠。然而,主管和采购员视图对附加数据的需求(供应商和录像订单)和其他视图是不同的。基于这个分析,可以使用集中式方法,首先把主管视图和采购员视图的需求合并起来(命名为业务视图),把经理、监理和助理视图的需求合并起来(命名为分公司视图),再开发代表业务视图和分公司视图的数据模型,再使用视图综合的方法合并这两个数据模型。

附表 A-3　用户与所使用数据间的关系

使用数据 用户	供应商	录像订单	录像	分公司	员工	租借	会员
主管	√	√	√	√	√	√	√
经理		√	√	√	√	√	√
监理			√	√	√	√	√
助理			√	√		√	√
采购员	√	√	√	√		√	√

A.2.5　确定分公司的用户需求

各分公司的用户需求分两个部分列出。首先是数据需求,需描述分公司视图使用的数据;其次是操作需求,应提供分公司在数据上执行的操作。

1. 数据需求

(1) 录像出租公司的一个分公司的数据包括分公司地址(由街道、城市、省份、邮政编码组成)、电话(最多三行)。每个分公司有个名称,在公司是唯一的。

(2) 录像出租公司的每个分公司都有若干员工,包括一名经理,一到多名监理和一些其他员工。经理负责分公司的日常运营,监理负责监督员工,员工数据包括姓名、职务、薪水。每位员工有员工号码,在全公司是唯一的。

(3) 每个分公司有录像库存。录像数据包括分类号、录像号、片名、种类、日租费用、购买价格、状态、主要演员名字、导演。分类号唯一地表示一盘录像。通常一个分公司有一盘录像的多份拷贝,每个拷贝由录像号唯一地表示。录像的种类有动作、成人、儿童、恐怖、科幻。状态指出一盘录像的某份拷贝是否可以出租。

(4) 在分公司租借录像之前,顾客必须首先注册成为当地分公司的一名会员,会员信息包括姓名、地址、注册日期。每个会员有会员号,会员号对所有分公司是唯一的,而且可以在多个分公司使用同一会员号注册。负责注册该会员的员工姓名也要加上。

(5) 注册后,会员可以租借录像,一次最多租借 10 部。租借业务数据包括租借号、会员姓名、会员号、录像号、片名、每日费用、租出日期、归还日期。租借号在整个公司是唯一的。

2. 操作需求

1) 数据录入
(1) 新分公司的详细情况。
(2) 某分公司新员工的情况。
(3) 新发行的录像的情况。

（4）某分公司某部录像拷贝的情况。

（5）某分公司新会员的情况。

（6）租借协议的情况。

2）数据修改/删除

（1）分公司信息。

（2）某分公司员工信息。

（3）给定录像的信息。

（4）给定录像的某份拷贝的信息。

（5）给定会员的信息。

（6）某会员租借某部录像的信息。

3）数据查询

（1）列出给定城市的分公司情况。

（2）按照员工的名字顺序列出指定分公司的员工姓名、职务、薪水。

（3）列出每个分公司可能的租金收入，按照分公司号排序。

（4）按照分公司号顺序列出每个分公司的经理名称。

（5）分类列出某分公司的录像名称、种类和可租借情况。

（6）按片名顺序列出某分公司指定演员的录像名称、种类和是否可租借。

（7）列出某个会员租借的全部录像的详细情况。

（8）列出某个分公司指定录像的拷贝情况。

（9）列出指定种类的所有录像名称，按片名排序。

（10）列出每个分公司每种录像的数量，按照分公司号排序。

（11）列出所有分公司的录像价值。

（12）列出每个演员的录像数量，按照演员名字排序。

（13）列出每个分公司在某年注册的会员数量，按照分公司号排序。

A.2.6　确定系统需求

在系统需求中应描述的内容：初始数据库大小、数据库增长速度、记录查找的类型和平均数量、网络和数据共享要求、性能、安全性、备份和恢复、法律问题。

1. 初始数据库大小

（1）全公司有 20 000 盘录像，400 000 盘录像拷贝可供出租。每个分公司平均有 4000 盘录像，最多有 10 000 盘录像拷贝供出租。

（2）大约 2000 名员工在各分公司工作。每个分公司平均有 15 名员工，最多有 25 名。

（3）大约有 100 000 名会员在各个分公司注册。每个分公司平均有 1000 名会员，最多有 1500 名会员。

（4）大约有 1000 名导演和 30 000 名主要演员出演的 60 000 个角色。

（5）大约有 50 个录像供应商和 1000 盘录像订单。

2. 数据库增长速度

（1）每月大约有 100 部新片,每盘录像有 20 份拷贝加到数据库中。

（2）一旦某盘录像的一份拷贝不能再租借出去(如画面质量差,丢失、被盗),则相应的记录从数据库中删除。每月大约有 100 个这样的记录。

（3）每月会有 20 名员工加入或离开。离开公司一年的员工记录从数据库中删除。每月大约删除 20 条员工记录。

（4）每月大约有 1000 名新会员注册。如果一个会员两年没有租借任何录像,将删除该会员记录。每月大约有 100 条会员记录被删除。

（5）每天各分公司共有 5000 条新的录像出租记录,该记录在创建两年后被删除。

（6）每个星期大约有 50 份新的录像订单。订单记录在创建两年后被删除。

3. 记录查找的类型和平均数量

（1）查询分公司的详细情况,大约每天 10 次。

（2）查询一个分公司的员工详细情况,大约每天 20 次。

（3）查询指定录像的情况,每天约 5000 次(周日到周四),10 000 次(周五和周六)。每天下午的 6 点到 9 点是高峰时期。

（4）查询某盘录像的某份拷贝的情况,每天约 10 000 次(周日到周四),20 000 次(周五和周六)。每天上午的 6 点到 9 点是高峰时期。

（5）查询指定会员的详细情况,每天大约 100 次。

（6）查询会员租借录像的详细情况,每天约 10 000 次(周日到周四),20 000 次(周五和周六)。每天下午的 6 点到 9 点是高峰时期。

4. 网络和共享访问需求

（1）所有分公司都必须安全地和总公司的中央数据库实现网络互联。

（2）系统必须能够支持每个分公司的三名成员同时访问。需要考虑大量同时访问的需求。

5. 性能

在上班时间但不是高峰期的时候要求:

（1）单个记录的搜索时间少于 1 秒,在高峰期少于 5 秒。

（2）多条记录的搜索时间少于 5 秒,在高峰期少于 10 秒。

（3）修改/删除记录的时间不少于 1 秒,在高峰期少于 5 秒。

6. 安全性

（1）数据库必须有口令保护。

（2）每个员工应该分配一个特定用户的数据库访问权限，主要是主管、经理、监理、助理和采购员。

（3）员工只能在他们自己的工作窗口中看到需要的数据。

7. 备份和恢复

数据库必须在半夜 12 点备份。

8. 法律问题

必须遵守国家关于管理个人数据的计算机存储方式的法律，同时调查并实现公司关于录像出租数据库应用所要遵守的法律。

A.3　概念结构设计

A.3.1　建立局部概念结构

1. 确定局部结构范围

通过需求收集与分析，可以为录像出租公司数据库应用定义如下两个局部视图：

分公司视图：由经理、监理、助理用户组成。

业务视图：由主管和采购员视图组成。

2. 设计局部概念结构

1）标识实体

构建局部概念结构的第一步就是标识在数据库中必须描述的实体。标识实体的一种方法是仔细研究用户需求说明，从说明中，可以定义提到的名词或名词短语，还应该查找主要对象，如人物、地点或利润，排除那些只表示其他对象特征的名词，例如，可以把员工号、员工名组成实体"员工"，分类号、名称、日租金、购买价格等组成实体"录像"；标识实体的另一种方法是查找那些有存在必要的对象。由以上的数据需求和操作需求，可以得到分公司视图实体表如附表 A-4 所示。

附表 A-4　分公司视图的实体表

英文名称	中文名称
branch	分公司
staff	员工
video	录像
video forrent	出租录像
member	会员
rental agree	出租协议
actor	演员
director	导演

2）标识联系

（1）标识联系及确定联系的类型。

标识实体之间的联系时，可以在用户的需求说明中寻找动词或动词短语，例如：分公司有员工、分公司被分派了出租录像、出租录像是出租协议的一部分等。由以上的数据需求和操作需求，可得分公司视图的实体间联系与其类型如附表 A-5 所示。

附表 A-5 分公司视图的实体间联系与其类型表

实 体	联 系	实 体	联系类型
分公司	有	员工	$1:m$
	被分派	出租录像	$1:m$
分公司,员工	登记	会员	$1:m$
员工	管理	分公司	$1:1$
	监督	员工	$1:m$
录像	是	出租录像	$1:m$
出租录像	是一部分	出租协议	$1:m$
会员	需求	出租协议	$1:m$
演员	出演	录像	$m:n$
导演	导演	录像	$1:m$

（2）标识实体和联系的属性。

根据需求说明和 E-R 图得到实体的属性,如附表 A-6 所示。

附表 A-6 实体的属性

实 体	属 性
分公司	分公司号（branchno）、地址（address）（复合:街道（street）、城市（city）、省份（province）、邮政编码（zipcode））、电话号码（多值,telno）
员工	员工号（staffno）、姓名（name）、职务（position）、工资（salary）
录像	分类号（catalogno）、名称（title）、种类（category）、日租金（dailyrental）、价格（price）
导演	导演姓名（directorname）
演员	演员姓名（actorname）
会员	会员号（memberno）、姓名（name）、地址（address）
出租协议	出租号（rentalno）、出租日期（dateout）、归还日期（datereturn）
出租录像	录像号（videno）、可否出租（available）

对于描述会员在分公司登记的日期的属性 datejoined 很难与会员实体或分公司实体相关联,因为一个会员可以在多个分公司登记。事实上,这个属性不能与以上任何一个实体相联,它应该与会员、分公司和员工之间的三元联系"登记"相联。

同样,描述演员在录像中的角色名称的属性 character 应与演员与录像之间的多对多联系"出演"相联。联系的属性如附表 A-7 所示。

（3）使用实体-联系（E-R）方法建模。

根据以上标识的实体和它们之间的联系得到如附图 A-1 所示的分公司局部 E-R 图。

同理,可得到业务视图的局部 E-R 图,如附图 A-2 所示。

附表 A-7 联系的属性

联系	属 性
登记	登记日期（datejoined）
出演	角色名称（character）

附图 A-1　分公司视图局部 E-R 图

附图 A-2　业务视图局部 E-R 图

（4）属性存档。

在标识属性时，应为它们取有意义且直观的名字，然后为每个属性记录如下信息：属性名称和描述、类型和长度；属性的默认值、别名或同义词；属性可否为空、是否为多值；属性是否为复合，若是，组成复合属性的简单属性是什么；属性是否派生，若是，应该怎样计算。附表 A-8 显示了录像出租公司数据库应用数据字典中部分属性的文档。

3）确定属性域

这一步主要为实体标识候选键，然后选择其中一个作为主键。通过以上需求分析可以得到各个实体的主键，如附表 A-9 所示。

A.3.2　建立全局概念结构

可以采用二元合并法将多个局部 E-R 图合并为一个全局 E-R 图。为了合并模型，可以使用已有的内容来标识模型间的相似和不同之处,并注意解决局部模型间存在的各种冲突。合并后的全局 E-R 图如附图 A-3 所示。

附表 A-8　录像出租公司数据字典中的部分属性描述

实 体	属 性	描 述	数据类型和长度	空	多值
分公司	分公司号	唯一标识一个分公司	4 位字符型	不允许	否
	街道	分公司所在街	30 位可变字符	允许	否
	城市	分公司所在城市	20 位可变字符	允许	否
	省份	分公司所在省份	10 位可变字符	允许	否
	邮政编码	分公司邮编	6 位字符	允许	否
	电话号码	分公司电话号码	11 位可变字符	允许	是
员工	员工号	唯一标识员工	5 位字符	不允许	否
	姓名	员工姓名	8 位字符	不允许	否

附表 A-9　实体的主键

实 体	主 键
分公司	分公司号(branchno)
员工	员工号(staffno)
录像	分类号(xatalogno)
导演	导演号(directorno)
演员	演员号(actorno)
会员	会员号(memberno)
出租协议	出租号(rentalno)
出租录像	录像号(videno)

附图 A-3　合并后的全局 E-R 图

A.4 逻辑结构设计

这里采用关系数据库的逻辑结构的设计方法。

1. 将 E-R 图转换为关系模式

利用学过的转换规则,得到转换结果如附表 A-10 所示。其中,PK 代表主键,FK 代表外键。

附表 A-10 由 E-R 图转换得到的表结构

actor(actorno,actorname) PK:actorno	branch(branchno, street, city, province, zipcode, mgrstaffno) PK:branchno FK:mgrstaffno references staff(staffno)
director(directorno,directorname) PK:directorno	member(memberno,name,address) PK:memberno
registration(branchno,memberno,staffno,datejoined) PK:(branchno,memberno) FK:branchno references branch(branchno) FK:memberno references member(memberno) FK:staffno references staff(staffno)	rentalagree(rentalno, dateout, datereturn, memberno,videno) PK:rentalno FK:memberno references member(memberno) FK:videno references vide(videno)
role(catalogno,actorno,character) PK:(catalogno,actorno) FK:catalogno references video(catalogno) FK:actorno references actor(actorno)	staff(staffno, position, salary, branchno, supervisorstaffno) PK:staffno FK:branchno references branch(branchno) FK:supervisorstaffno references staff(staffno)
supplier(supplierno,name,address,telno,status) PK:supplierno	telephone(telno,branchno) PK:telno FK:branchno references branch(branchno)
video(catalogno, title, category, dailyrental, price, directorno,supplierno) PK:catalogno FK:directornoreferences director(directorno) FK:supplierno references supplier(supplierno)	videorent(videono,available,catalogno,branchno) PK:videono FK:catalogno references video(catalogno) FK:branchno references branch(branchno)
videoorder(orderno, dateordered, datereceived, branchno) PK:orderno FK:branchno references branch(branchno)	videoorderline(orderno,catalogno,quantity) PK:(orderno,catalogno) FK:orderno references videoorder(orderno) FK:atalogno references video(catalogno)

2. 用关系规范化理论检查表

在这一步中,要确保上一步所建每个表至少是第 3 范式(3NF)的。如果所标识的表不是第 3 范式的,可能表明 E-R 图的某部分是错误的,或者转换时产生了错误。如果必要的话,可能需要重新构造概念结构或者表。结果表明,所创建的表满足第 3 范式。

3. 检查表是否支持操作

在这个步骤中,要检查从实体到表和联系到表的映射是否正确完成,以及所创建的表能否支持前面所列出的各种操作。

检查表是否支持操作的一种方法是检查是否支持操作的数据需求,以确保数据在一个或多个表中存在。同时,如果操作所需求的数据在多个表中,则应该检查这些表是否能够通过主键/外键机制连接起来。

A.5　物理结构设计

1. 分析操作

要进行有效的物理数据库设计,必须很好地理解数据库中的操作。为了能较清楚地标识出要研究的那些操作,可以使用操作/表交叉引用矩阵,如附表 A-11 所示,它显示了每个操作访问的表,还可以在矩阵的每个小格中,写出在一定时间间隔(如:每小时、每天、每周)内访问的数量。表中的操作分别代表:

(1) 输入在一指定分公司登记的新会员的详细信息。

(2) 修改/删除指定会员的详细信息。

(3) 根据种类排序,列出指定分公司中的所有录像的名称、种类和可用性。

(4) 根据名称排序,列出分公司中指定演员姓名的录像名称、种类和可用性。

(5) 列出指定会员当前出租的所有录像的详细信息。

附表 A-11　操作/表交叉引用矩阵

操作 表	(1)				(2)				(3)				(4)				(5)				(6)			
	I	R	U	D	I	R	U	D	I	R	U	D	I	R	U	D	I	R	U	D	I	R	U	D
branch																								
staff		×																						
video										×				×				×				×		
videoforrent										×				×				×				×		
rentalagree																		×						
member	×				×	×	×															×		
registration	×																							
actor														×										
role														×										
director														×										

注:I=插入;R=读取;U=修改;D=删除

在考虑每个操作时,不仅要知道每小时运行的平均次数和最大次数,而且还应该知道操作运行的日期和时间,包括最大负荷可能发生的时间。若操作需要经常访问某些表,那么这些操作以独立的方式进行操作,会减少许多系统性能问题。

2. 数据应用分析

在标识了重要操作以后,在这一步应该开始更详细的分析每个操作。对每个操作而言,应该确定:

(1) 该操作访问的表和列以及访问(插入、修改、删除、查询)的类型。

(2) 在查询条件中使用的列。检查这些条件是否包括:模式匹配、范围查找、准确匹配的键查询。

(3) 查询中包含在两个或多个表中用于连接的列。

(4) 查询中用于排序、分组的列。

(5) 操作运行的预期频率。

(6) 操作的性能目标。

3. 选择索引

为了提高各种查询的性能和操作执行的效率,必须建立一些索引。对于小表,因为数据可一次调到内存进行处理,故不需要额外的索引。根据 A.2.5 节中分析的录像出租公司数据库应用中数据查询的操作需求,可建立如附表 A-12 所示的索引。

附表 A-12　录像出租公司数据库应用建立的索引

表	列	事　务	建立索引原因
branch	city	(a)	查询条件
staff	name	(b)	排序
video		(d)	排序
	category	(i)	查询条件
		(j)	分组
	title	(e)、(f)、(i)	排序
		(h)	查询条件
actor	actorname	(e)	查询条件
		(l)	分组、排序
director	directorname	(f)	查询条件
member	name	(g)	查询条件
rentalagree	datareturn	(g)	查询条件
resistration	datejoined	(m)	查询条件

4. 冗余的考虑

关系的规范化可以减少数据冗余,避免数据操作异常,但并不是规范化程度越高越好,因为数据冗余的减少,往往会降低系统的查询效率。所以,如果系统性能达不到要求,并且表的更新频率较低,查询频率较高,则可考虑降低某些表的规范化程度。

1）派生数据的考虑

一个列的值可以由其他列的值得到的列就叫做派生列或者计算列。从物理设计的观点来看,一个派生列是存储在数据库中还是每次在需要的时候进行计算,它的代价是不一样的。为了确定,应该计算:

(1) 存储派生数据以及与派生它的数据操作保持一致的额外开销。

(2) 每次在需要时进行计算的开销。

在此基础上,应该选择较小开销的方式实现。例如,可以在 member 表中增加一个额外的列 noofrentals 存储每个成员当前租借的数量。具有新的派生列的 member 表结构为:member(memberno,name,address)。

如果 noofrentals 列不直接存储在 member 表中,则每当需要这个值时就必须进行统计,这包括 member 表和 rentalagree 表的连接。如果经常进行这类查询或者对于性能的考虑是很关键的时候,那么保存派生列要比每次计算它要好得多。

2）规范化程度的考虑

例如,考虑 branch 表的定义:

```
branch(branchno,street,city,province,zipcode,mgrstaffno)
```

严格地说,该表并不满足 3NF,因为 zipcode 函数决定了 city 和 province。换句话说,如果知道了邮政编码,那么也就可以知道省和城市。因此,规范化该表,把该表一分为二是必要的,如下所示:

```
branch(branchno,street,zipcode,mgrstaffno)
zip(zipcode,city,province)
```

但人们很少希望访问分公司地址时,没有省和城市。这就意味着当想得到完全的地址时,将不得不执行连接。所以,通常实现原始的 Branch 表并且满足 2NF。

5. 设计访问规则

关系 DBMS 通常提供两种类型的数据库安全:系统安全和数据安全。系统安全包括系统级的数据库访问和使用,例如,用户名和口令。数据安全包括数据库对象的访问和使用权限以及用户在这些对象上可执行的操作。具体设计与选择的 DBMS 相关功能与提供的支持有关。

参 考 文 献

[1] Silberschatz A,Korth H F,Sudarshan S 著. 数据库系统概念(第4版). 杨冬青,唐世渭,等译. 北京：机械工业出版社,2003.

[2] Michael Kifer, Arthur Bernstein, Philip M. Lewis 著. 数据库系统面向应用的方法(第2版). 陈立军,赵加奎,等译. 北京：人民邮电出版社,2006.

[3] [美]Jeffrey A. Hoffer,等著. 现代数据库管理(第7版). 袁方,等译. 北京：电子工业出版社,2006.

[4] Date C J 著. 数据库系统导论(第8版). An Introduction to Database System. 孟晓峰,王珊,姜芳芃,等译. 北京：机械工业出版社,2007.

[5] Really(加) Peter Gulutzan Trudy Pelzer 著. SQL3参考大全（SQL-99 Complete）. 齐舒创作室译. 北京：机械工业出版社,2000.

[6] Thomas Connolly 著. 数据库系统设计、实现与管理(英文第3版). 北京：电子工业出版社,2003.

[7] 王珊,萨师煊. 数据库系统概论. 第4版. 北京：高等教育出版社,2006.

[8] 尹为民,李石君,曾慧,刘斌. 现代数据库系统及应用教程. 武汉：武汉大学出版社,2005.

[9] 尹为民. 数据库原理与技术. 第2版. 北京：科学出版社,2010.

[10] 李春葆,金晶,曾慧. SQL Server 2005 应用系统开发教程. 北京：科学出版社,2009.

[11] 林慧等. Oracle 10g 入门与实践. 北京：中国铁道出版社,2005.

[12] 谭建豪. 数据挖掘技术. 北京：中国水利水电出版社,2009.

[13] 教育部高等学校计算机科学与技术教学指导委员会. 高等学校计算机科学与技术专业公共核心知识体系与课程. 北京：清华大学出版社,2008.

[14] 中国计算机学会教育专业委员会. 中国高等学校计算机科学与技术专业（应用型）学科教程(2009). 北京：清华大学出版社,2009.

[15] 数据库百科全书编委会. 数据库百科全书. 上海：上海交通大学出版社,2009.

[16] 梁亮. 信息系统体系结构现状与未来趋势. 科技信息,2010(11).